电工上岗培训读本

电子元器件及应用电路

DIANZI YUANQIJIAN JI YINGYONG DIANLU

邱勇进　主编

化学工业出版社

·北京·

图书在版编目（CIP）数据

电子元器件及应用电路/邱勇进主编. —北京：
化学工业出版社，2017.6
电工上岗培训读本
ISBN 978-7-122-29467-8

Ⅰ.①电… Ⅱ.①邱… Ⅲ.①电子元件②电子器件
③电路理论 Ⅳ.①TM

中国版本图书馆 CIP 数据核字（2017）第 073957 号

责任编辑：高墨荣 　　　　　　　　　文字编辑：孙凤英
责任校对：吴　静 　　　　　　　　　装帧设计：刘丽华

出版发行：化学工业出版社（北京市东城区青年湖南街 13 号　邮政编码 100011）
印　　刷：北京永鑫印刷有限责任公司
装　　订：三河市宇新装订厂
787mm×1092mm　1/16　印张 13¼　字数 318 千字　2017 年 7 月北京第 1 版第 1 次印刷

购书咨询：010-64518888（传真：010-64519686）　　售后服务：010-64518899
网　　址：http://www.cip.com.cn
凡购买本书，如有缺损质量问题，本社销售中心负责调换。

定　　价：**48.00 元** 　　　　　　　　　　　　　　　　版权所有　违者必究

编写人员名单

邱勇进　邱音良　王大伟　高华宪　邱淑芹　邱美娜　李淳惠

刘佳花　孔　杰　邱伟杰　韩文翀　郝　明　宋兆霞　于　贝

冷泰启　孙晓峰　高宿兰　侯丽萍　丁佃栋

前言

随着我国电力事业的飞速发展，电工技术在工业、农业、国防、交通运输、城乡家庭等各个领域得到了日益广泛的应用。为了满足大量农民工就业、在职职工转岗就业和城镇有志青年就业的需求，我们策划并组织具有实践经验的专家、教师和工程技术人员编写了"电工上岗培训读本"系列，本系列包括《电工基础》、《电工技能》、《电工识图》、《电工线路安装与调试》、《电子元器件及应用电路》、《维修电工》共6种。本系列试图从读者的兴趣和认知规律出发，一步一步地、手把手地引领初学者学习电工职业所必须掌握的基础知识和基本技能，学会操作使用基本的电气工具、仪表和设备。本系列图书编写时力图体现以下特点。

（1）在内容编排上，立足于初学者的实际需要，旨在帮助读者快速提高职业技能，结合职业技能鉴定和职业院校双证书的需求，精简整合理论课程，注重实训教学，强化上岗前培训。

（2）教材内容统筹规划，合理安排知识点、技能点，避免重复。内容突出基础知识与基本操作技能，强调实用性，注重实践，轻松直观入门。力求使读者阅读后，能很快应用到实际工作当中，从而达到花最少的时间，学最实用的技术的目的。

（3）突出职业技能培训特色，注重内容的实用性，强调动手实践能力的培养。让读者在掌握电工技能的同时，在技能训练过程中加深对专业知识、技能的理解和应用，培养读者的综合职业能力。

（4）突出了实用性和可操作性，编写中突出了工艺要领与操作技能，注意新技术、新知识、新工艺和新标准的传授。并配有知识拓展训练，具有很强的实用性和针对性，加深了对知识的学习和巩固。

本册为《电子元器件及应用电路》分册。全书共5章，内容包括常用电子仪器的使用、电子元器件识读与检测、电子生产工艺、印制电路板设计与制作、实用电子制作应用电路。本书内容新颖、丰富，理论联系实际，读者通过本书的学习，可以亲手制作电子产品来体验电子制作的乐趣。本书适合电子爱好者阅读，也可作为高等职业院校相关专业师生的教学参考书。

本书由邱勇进主编，参加本书编写的还有邱音良、宋兆霞、邱伟杰。编者对关心本书出版、热心提出建议和提供资料的单位和个人在此一并表示衷心的感谢。

由于水平有限，书中不妥之处在所难免，敬请广大读者批评指正。

编　者

..

第1章

常用电子仪器的使用

1.1 指针式万用表

万用表是一种应用最广泛的测量仪器，它是电子制作中一个必不可少的工具。它可以用来测量电阻、直流电压、交流电压、直流电流、晶体管等。

1.1.1 MF-47 型万用表

（1）面板介绍

MF-47 型万用表的面板如图 1-1 所示，万用表由表头、测量电路及转换开关等三个主要部分组成。

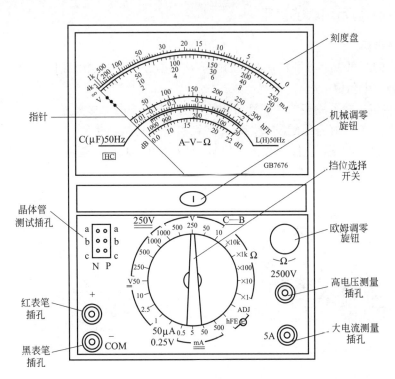

图 1-1　MF-47 指针式万用表

① 表头　它是一只高灵敏度的磁电式直流电流表，万用表的主要性能指标基本上取决于表头的性能。表头的灵敏度是指表头指针满刻度偏转时流过表头的直流电流值，这个值越小，表头的灵敏度越高。测电压时的内阻越大，其性能就越好。表盘上印有多条刻度线，其中右端标有"Ω"的是电阻刻度线，其右端为零，左端为∞，刻度值分布是不均匀的。符号"—"或"DC"表示直流，"～"或"AC"表示交流，"≃"表示交流和直流共用的刻度线。刻度线下的几行数字是与选择开关的不同挡位相对应的刻度值。另外表盘上还有一些表示表头参数的符号如 DC20kΩ/V、AC9kΩ/V 等。

② 测量线路　测量线路是用来把各种被测量转换到适合表头测量的微小直流电流的电路，它由电阻、半导体元件及电池组成。它能将各种不同的被测量（如电流、电压、电阻等）不同的量程，经过一系列的处理（如整流、分流、分压等）统一变成一定量限的微小直流电流送入表头进行测量。

③ 转换开关　转换开关的作用是用来选择各种不同的测量线路，以满足不同种类和不同量程的测量要求。

(2) 万用表符号含义

① ≃表示交直流。

② V-2.5kV 4000Ω/V 表示对于交流电压及 2.5kV 的直流电压挡，其灵敏度为 4000Ω/V。

③ A-V-Ω 表示可测量电流、电压及电阻。

④ 45～65～1000Hz 表示使用频率范围为 1000Hz 以下，标准工频范围为 45～65Hz（注：我国使用工频为 50Hz）。

⑤ 2000Ω/V DC 表示直流挡的灵敏度为 2000Ω/V。

1.1.2　MF-47 型万用表的使用

(1) 测量电阻

将万用表的红黑表笔分别接在电阻的两侧，根据万用表的电阻挡位和指针在欧姆刻度线上的指示数确定电阻值。

① 选择挡位　将万用表的功能旋钮调整至电阻挡，如图 1-2 所示。

② 欧姆调零　选好合适的欧姆挡后，将红黑表笔短接，指针自左向右偏转，这时表针应指向 0Ω（表盘的右侧，电阻刻度的 0 值），如果不在 0Ω处，就需要调整零欧姆校正钮使万用表表针指向 0Ω刻度，如图 1-3 所示。

图 1-2　调整万用表的功能旋钮

图 1-3　零欧姆校正

注意：每次更换量程前，必须重新进行欧姆调零。

③ 测量　将红黑表笔分别接在被测电阻的两端，表头指针在欧姆刻度线上的示数乘以

该电阻挡位的倍率，即为被测电阻值，如图 1-4 所示。

被测电阻的值为表盘的指针指示数乘以欧姆挡位，被测电阻值＝刻度示值×倍率（单位：欧姆），这里选用 R×100 挡测量，万用表指针指示 13，则被测电阻值为 13×100＝1300Ω＝1.3kΩ。

（2）测量直流电压

① 选择挡位 将万用表的红黑表笔连接到万用表的表笔插孔中，并将功能旋钮调整至直流电压最高挡位，估算被测量电压大小选择量程，如图 1-5 所示。

图 1-4 检测电阻   图 1-5 调整万用表功能旋钮

② 选择量程 若不清楚电压大小，应先用最高电压挡测量，逐渐换用低电压挡。图 1-6 电路中电源电压只有 9V，所以选用直流 10V 挡。

③ 测量 万用表应与被测电路并联。红表笔接开关 S3 左端，黑表笔接电阻 R2 左端，测量电阻 R2 两端电压，如图 1-6 所示。

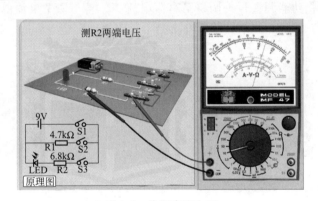

图 1-6 检测直流电压

④ 读数 仔细观察表盘，直流电压挡刻度线是第二条刻度线，用 10V 挡时，可用刻度线下第三行数字直接读出被测电压值。注意读数时，视线应正对指针。根据示数大小及所选量程读出所测电压值大小。本次测量所选量程是 10V，示数是 6.8（用 0～10 标度尺），则该所测电压值是 10/10×6.8＝6.8V。

（3）测量交流电压

① 选择挡位 将万用表的红黑表笔连接到万用表的表笔插孔中，将转换开关转到对应的交流电压最高挡位。

② 选择量程 若不清楚电压大小，应先用最高电压挡测量，图 1-7 电路中测量变压器输入市电电压，所以应选用 250V 挡。

③ 测量　万用表测电压时应使万用表与被测电路相并联，打开电源开关，然后将红、黑表笔放在变压器输入端1、2测试点，测量交流电压，如图1-7所示。

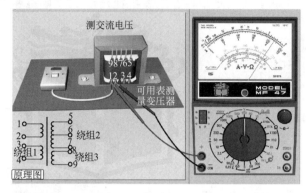

图1-7　检测交流电压

④ 读数　仔细观察表盘，交流电压挡刻度线是第二条刻度线，用250V挡时，可用刻度线下第一行数字直接读出被测电压值。注意读数时，视线应正对指针。根据示数大小及所选量程读出所测电压值大小。本次测量所选量程是交流250V，示数是218（用0～250标度尺），则该所测电压值是 $250/250 \times 218 \approx 220V$。

（4）测量直流电流

① 选择挡位　指针式万用表检测电流前，要将电流量程调整至最大挡位，即将红表笔连接到"5A"插孔，黑表笔连接负极性插孔，如图1-8所示。

② 选择量程　将功能调整开关调整至直流电流挡，若不清楚电流的大小，应先用最高电流挡（500mA挡）测量，逐渐换用低电流挡，直至找到合适电流挡，如图1-9所示。

图1-8　连接万用表表笔

图1-9　调整功能旋钮

③ 测量　将万用表串联在待测电路中进行电流的检测，并且在检测直流电流时，要注意正负极性的连接。测量时，应断开被测支路，红表笔连接电路的正极端，黑表笔连接电路的负极端，如图1-10所示。

④ 读数　仔细观察表盘，直流电流挡刻度线是第二条刻度线，用50mA挡时，可用刻度线下第二行数字直接读出被测电流值。注意读数时，视线应正对指针。根据示数大小及所选量程读出所测电流值大小。本次测量所选量程是直流50mA，示数是10（用0～50标度尺），则该所测电压值是 $50/50 \times 10 = 10mA$。

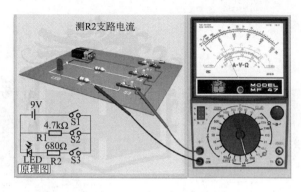

图 1-10 检测直流电流

(5) 检测晶体管

三极管有 NPN 型和 PNP 型两种类型，三极管的放大倍数可以用万用表进行检测。

① 选择挡位 将万用表的功能旋钮调整至"hFE"挡，如图 1-11 所示。然后调节欧姆校零旋钮，让表针指到标有"hFE"刻度线的最大刻度"300"处，实际上表针此时也指在欧姆刻度线"0"刻度处。

② 测量 根据三极管的类型和引脚的极性将检测三极管插入相应的测量插孔，NPN 型三极管插入标有"N"字样的插孔，PNP 型三极管插入标有"P"字样的插孔，如图 1-12 所示，即可检测出该晶体管的放大倍数为 30 倍左右。

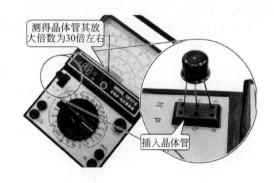

图 1-11 调整万用表功能旋钮   图 1-12 检测晶体管放大倍数

1.1.3 MF-47 型万用表的维护

① 节能意识 万用表使用完之后要将转换开关拨到 OFF 挡位。

② 更换电池 顺着 OPEN 的箭头方向，打开万用表的电池盒，看到有两个电池，一个是圆形的 1.5V 的电池，另一个是方形的 9V 的电池，如图 1-13 所示。

③ 更换保险管 打开保险管盒，更换同一型号的保险管即可，如图 1-14 所示。

1.1.4 万用表使用注意事项

① 在测量电阻时，人的两只手不要同时和测试棒一起搭在内阻的两端，以避免人体电阻的并入。

② 若使用"×1"挡测量电阻时，应尽量缩短万用电表使用时间，以减少万用电表内电池的电能消耗。

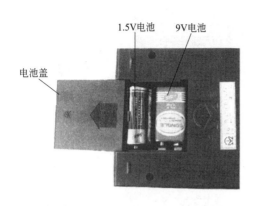

图 1-13　更换电池　　　　　　　　　　　　　　图 1-14　更换保险管

③ 测电阻时，每次换挡后都要调节零点，若不能调零，则必须更换新电池。切勿用力再旋"调零"旋钮，以免损坏。此外，不要双手同时接触两支表笔的金属部分，测量高阻值电阻更要注意。

④ 在电路中测量某一电阻的阻值时，应切断电源，并将电阻的一端断开。更不能用万用电表测电源内阻。若电路中有电容，应先放电。也不能测额定电流很小的电阻（如灵敏电流计的内阻等）。

⑤ 测直流电流或直流电压时，红表笔应接入电路中高电位一端（或电流总是从红表笔流入电表）。

⑥ 测量电流时，万用电表必须与待测对象串联；测电压时，它必须与待测对象并联。

⑦ 测电流或电压时，手不要接触表笔金属部分，以免触电。

⑧ 绝对不允许用电流挡或欧姆挡去测量电压。

⑨ 试测时应用跃接法，即在表笔接触测试点的同时，注视指针偏转情况，并随时准备在出现意外（指针超过满刻度，指针反偏等）时，迅速将电笔脱离测试点。

⑩ 测量完毕，务必将"转换开关"拨离欧姆挡，应拨到空挡或最大交流电压挡，以免他人误用，造成仪表损坏，也可避免由于将量程拨至电阻挡，而把表笔碰在一起致使表内电池长时间放电。

1.2　数字式万用表

1.2.1　VC9805A[+]型万用表

数字万用表的种类很多，但使用方法基本相同，本章节就以 VC9805A[+]型数字万用表为例来说明数字万用表的使用方法。VC9805A[+]型数字万用表面板，如图 1-15 所示。

从图 1-15 可以看出，数字万用表面板上主要由液晶显示屏、按键、挡位选择开关和各种插孔组成。

① 液晶显示屏　在测量时，数字万用表是依靠液晶显示屏（简称显示屏）显示数字来

表示被测对象的量值大小。图中的液晶显示屏可以显示 4 位数字和一个小数点，选择不同挡位时，小数点的位置会改变。

② 按键 VC9805A⁺型数字万用表面板上有三个按键，左边标"POWER"的为电源开关键，按下时内部电源启动，万用表可以开始测量；弹起时关闭电源，万用表无法进行测量。中间标"HOLD"的为锁定开关键，当显示屏显示的数字变化时，可以按下该键，显示的数字保持稳定不变。右边标"AC/DC"的为 AC/DC 切换开关键。

③ 挡位选择开关 在测量不同的量时，挡位选择开关要置于相应的挡位。挡

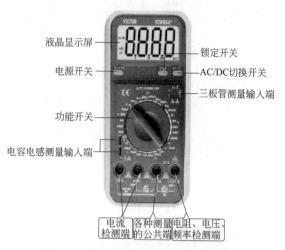

图 1-15 VC9805A⁺型数字万用表面板

位选择开关如图 1-16 所示，挡位有直流电压挡、交流电压挡、交流电流挡、直流电流挡、温度测量挡、容量测量挡、二极管测量挡和欧姆挡及三极管测量挡。

④ 插孔 面板上插孔，如图 1-17 所示。标"VΩHz"的为红表笔插孔，在测电压、电阻和频率时，红表笔应插入该插孔；标"COM"的为黑表笔插孔；标"mA"为小电流插孔，当测 0～200mA 电流时，红表笔应插入该插孔；标"20A"为大电流插孔，当测 200mA～20A 电流时，红表笔应插入该插孔。

图 1-16 挡位选择开关及各种挡位

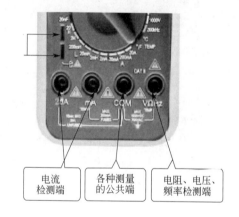

图 1-17 面板上插孔

1.2.2 VC9805A⁺型万用表的使用

（1）测量电压

① 打开数字式万用表的开关后，将红黑表笔分别插入数字式万用表的电压检测端 V/Ω 插孔与公共端 COM 插孔，如图 1-18 所示。

② 旋转数字式万用表的功能旋钮，将其调整至直流电压检测区域的 20 挡，如图 1-19 所示。

③ 将数字式万用表的红表笔连接待测电路的正极，黑表笔连接待测电路的负极，如图

1-20 所示，即可检测出待测电路的电压为 3V。

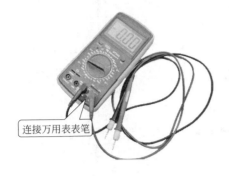

连接万用表表笔

图 1-18　连接表笔

调整万用表挡位

图 1-19　调整功能旋钮至电压挡

（2）测量电流

① 打开数字式万用表的电源开关，如图 1-21 所示。

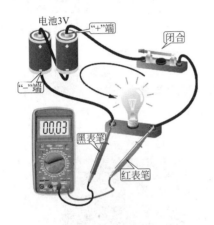

电池3V　"＋"端　闭合
"－"端　黑表笔　红表笔

图 1-20　检测电压

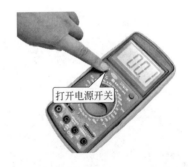

打开电源开关

图 1-21　打开电源开关

② 将数字式万用表的红黑表笔，分别连接到数字式万用表的负极性表笔连接插孔和 "10A MAX" 表笔插孔，如图 1-22 所示，以防止电流过大无法检测数值。

③ 将数字式万用表功能旋钮调整至直流电流挡最大量程处，如图 1-23 所示。

连接红表笔

图 1-22　连接表笔

调整万用表量程

图 1-23　调整数字式万用表量程

④ 将数字式万用表串联入待测电路中，红表笔连接待测电路的正极，黑表笔连接待测电路的负极，如图 1-24 所示，即可检测出待测电路的电流值为 0.15A。

(3) 测量电容器

① 打开数字式万用表的电源开关后，将数字式万用表的功能旋钮旋转至电容检测区域，如图 1-25 所示。

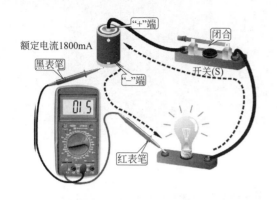

图 1-24　检测电流

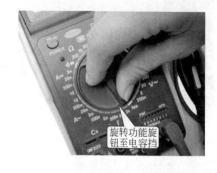

图 1-25　调整电容检测挡

② 将待测电容器的两个引脚，插入数字式万用表的电容检测插孔，如图 1-26 所示，即可检测出该电容器的容量值。

(4) 测量晶体管

① 将数字式万用表的电源开关打开，并将数字式万用表的功能旋钮旋转至晶体管检测挡，如图 1-27 所示。

图 1-26　检测电容器

图 1-27　功能开关调整至晶体管检测挡

② 将已知的待测晶体管，根据晶体管检测插孔的标识插入晶体管检测插孔中，如图 1-28 所示，即可检测出该晶体管的放大倍数。

(5) 测量电阻

① 将黑表笔插入 COM 插孔，红表笔插入 V/Ω 插孔。

② 将功能开关置于 Ω 量程，如果被测电阻大小未知，应选择最大量程，再逐步减小。

③ 将两表笔跨接在被测电阻两端，显示屏即显示被测电阻值，如图 1-29 所示。

1.2.3　万用表使用注意事项

① 在测量电阻时，应注意一定不要带电测量。

② 在刚开始测量时，数字万用表可能会出现跳数现象，应等到 LCD 液晶显示屏上所显

示的数值稳定后再读数，这样才能确保读数的正确。

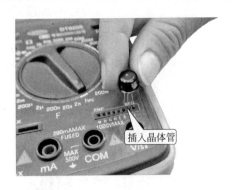

插入晶体管

图 1-28　检测晶体管

图 1-29　测量电阻

　　③ 注意数字万用表的极限参数。掌握出现过载显示、极限显示、低电压指示以及其他声光报警的特征。

　　④ 在更换电池或保险丝前，应将测试表笔从测试点移开，再关闭电源开关。

　　⑤ 严禁在测量的同时拨动量程开关，特别是在高电压、大电流的情况下。以防产生电弧烧坏将转换开关的触点烧毁。

　　⑥ 在测量高压时要注意安全，当被测电压超过几百伏时应选择单手操作测量，即先将黑表笔固定在被测电路的公共端，再用一只手持红表笔去接触测试点。

　　⑦ 在电池没有装好和电池后盖没安装时，不要进行测试操作。

　　⑧ 换功能和量程时，表笔应离开测试点。

1.3　电子示波器

　　双踪示波器具有两个信号输入端，可以在显示屏上同时显示两个不同信号的波形，并且可以对两个信号的频率、相位、波形等进行比较。普通示波器通常指中频示波器，一般适合于测量中高频信号，其值在 1~40MHz 之间，常见的类型有 20MHz、30MHz、40MHz 信号示波器。

1.3.1　UC8040 双踪示波器操作面板

　　UC8040 双踪示波器的外形结构和面板如图 1-30 所示。

　　各控制旋钮和按键的功能列于表 1-1 中。

表 1-1　UC8040 控制旋钮功能

序号	控制件名称	功　　能
1	电源开关	按下开关键,电源接通;弹起开关键断电
2	指示灯	按下开关键,指示灯亮;弹起开关键,灯灭
3	CH1 信号输入端	被测信号的输入端口;左为 CH1 通道
4	CH2 信号输入端	被测信号的输入端口;右为 CH2 通道
5	扫描速度调节旋钮	用于调节扫描速度,共 20 挡
6	水平移位旋钮	用于调节轨迹在屏幕中的水平位置

续表

序号	控制件名称	功 能
7	亮度旋钮	调节扫描轨迹亮度
8	聚焦旋钮	调节扫描轨迹清晰度
9	耦合方式选择键	用于选择 CH1 通道被测信号馈入的耦合方式,有 AC 、GND、DC 三种方式
10	耦合方式选择键	用于选择 CH2 通道被测信号馈入的耦合方式,有 AC 、GND、DC 三种方式
11	方式(垂直通道的工作方式选择键)	Y1 或 Y2:通道 Y1 或通道 Y2 单独显示 交替:两个通道交替显示 断续:两个通道断续显示,用于在扫描速度较低时的双踪显示 相加:用于显示两个通道的代数和或差的显示
12	垂直移位旋钮	用于调整 CH1 通道轨迹的垂直位置
13	垂直移位旋钮	用于调整 CH2 通道轨迹的垂直位置
14	垂直偏转因数旋钮	用于 CH1 通道垂直偏转灵敏度的调节,共 10 挡
15	垂直偏转因数旋钮	用于 CH2 通道垂直偏转灵敏度的调节,共 10 挡
16	触发电平旋钮	用于调节被测信号在某一电平触发扫描
17	电视场触发	专用触发源按键,当测量电视场频信号时将旋钮置于 TV-V 位置,这样使观测的场信号波形比较稳定
18	外触发输入	在选择外触发方式时触发信号输入插座
19	触发源选择键	用于选择触发的源信号,从上至下依次为:INT、LINE 、EXT
20	校准信号	提供幅度为 0.5V,频率为 1kHz 的方波信号,用于检测垂直和水平电路的基本功能
21	接地	安全接地,可用于信号的连接
22	轨迹旋转	当扫描线与水平刻度线不平行时,调节该处可使其与水平刻度线平行
23	内触发方式选择	CH1、CH2 通道信号的极性转换,CH1、CH2 通道工作在"相加"方式时,选择"正常"或"倒相"可分别获得两个通道代数和或差的显示
24	延迟时间选择	设置了 5 个延迟时间挡位供选择使用
25	扫描方式选择键	自动:信号频率在 20Hz 以上时选用此种工作方式 常态:无触发信号时,屏幕无光迹显示,在被测信号频率较低时选用 单次:只触发一次扫描,用于显示或拍摄非重复信号

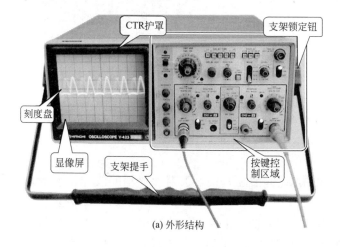

(a) 外形结构

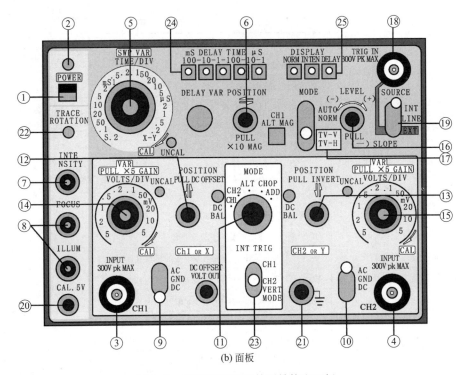

图 1-30　双踪示波器的外形结构和面板

1.3.2　UC8040 双踪示波器测量实例

① 首先将示波器的电源线接好，接通电源，其操作如图 1-31 所示。

图 1-31　接通电源

② 开机前检查键钮。见图 1-32。

③ 按下示波器的电源开关（POWER），电源指示灯亮，表示电源接通，其操作如图 1-33 所示。各个键初始状态示意图见图 1-34。

④ 调整扫描线的亮度。

⑤ 调整显示图像的水平位置钮，使示波器上显示的波形在水平方向，其操作如图 1-35 所示。

⑥ 调整垂直位置钮，使示波器上显示的波形在垂直方向，其操作如图 1-36 所示。

⑦ 将示波器的探头（BNC 插头）连接到 CH1 或 CH2 垂直输入端，另一端的探头接到

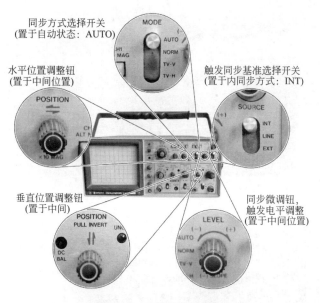

同步方式选择开关
(置于自动状态：AUTO)

水平位置调整钮
(置于中间位置)

触发同步基准选择开关
(置于内同步方式：INT)

垂直位置调整钮
(置于中间)

同步微调钮，
触发电平调整
(置于中间位置)

图1-32　开机前检查键钮

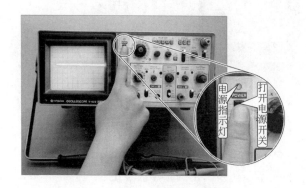

电源指示灯

打开电源开关

图1-33　按下示波器的电源开关

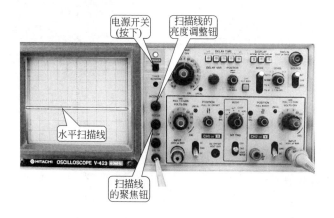

电源开关
(按下)

扫描线的
亮度调整钮

水平扫描线

扫描线
的聚焦钮

图1-34　示波器各个键钮初始状态示意图

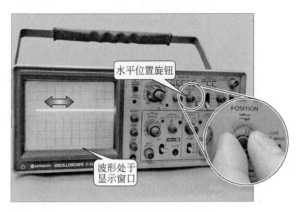

图 1-35　调整水平位置钮

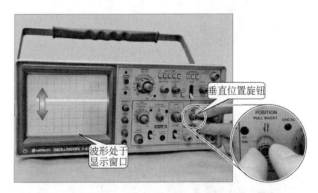

图 1-36　调整垂直位置钮

示波器的标准信号端口，显示窗口会显示出方波信号波形，检查示波器的精确度，其操作如图 1-37 所示。

⑧ 估计被测信号的大小，初步确定测量示波器的挡位，操作如图 1-38 所示。

图 1-37　检测示波器的精确度　　　　　　图 1-38　确定测量示波器的挡位

⑨ 将输入耦合方式开关拨到"AC"（测交流信号波形）或"DC"（测直流信号波形）位置，其操作如图 1-39 所示。

⑩ 测量电路的信号波形时，需要将示波器探头的接地夹接到被测信号发生器的地线上，其操作如图 1-40 所示。

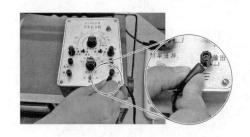

图 1-39　选择输入耦合方式开关　　　　　　图 1-40　示波器探头的接地夹接地

⑪ 将示波器的探头（带挂钩端）接到被测信号发生器的高频调幅信号的输出端，一边观察波形，一边调整幅度调整钮、频率调整钮，使波形大小适当，便于读数，其操作如图 1-41 所示。

⑫ 若信号波形有些模糊，可以适当调节聚焦钮和幅度微调钮、频率微调钮，使波形清晰，其操作如图 1-42 所示。

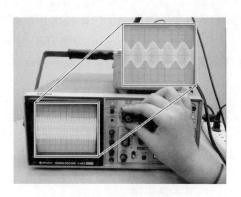

图 1-41　波器的探头信号发生器接的高频调幅　　　图 1-42　使波形清晰

⑬ 若波形暗淡不清，可以适当调节亮度调节钮，使波形明亮清楚，其操作如图 1-43 所示。

⑭ 若波形不同步，可微调触发电平钮，使波形稳定，其操作如图 1-44 所示。

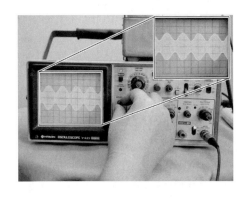

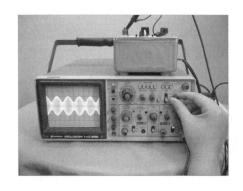

图 1-43　调节亮度调节钮　　　　　　　　图 1-44　微调触发电平钮

⑮ 观察波形，读取并记录波形相关的参数，图 1-45 所示为利用示波器测量信号发生器高频调幅信号的波形。

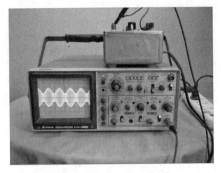

图 1-45　信号发生器高频调幅信号的波形

1.3.3　电子示波器使用注意事项

关于电子示波器的维护应做到如下几点。

① 使示波器在正常的、符合产品技术指标规定的环境条件下工作。通常示波器在 20±5℃、RH45%～80%、室内无阳光或无强光直射、附近无强电磁场等环境中进行测试工作。

② 较长时间不使用的示波器应定期对示波器进行吹风除尘并通电几小时，进行检验性的调节和测试，在通电工作的过程中，可达到驱除仪器内潮气、水分和保持仪器具有良好的电气性能与绝缘强度，并可以防止开关、按键锈蚀。

③ 不要打开示波器机箱，若将裸露的电路板、示波管或显示器进行工作或放置，这样既不安全，又容易使仪器内的元器件、部件附着尘土或机械撞损，尤其是大多数以 CRT 为显示器的电子示波器。加速阳极电压都在千伏以上到万伏级，更应注意保管和安全操作。

④ 在使用过程中，不要频繁开机与关机，并检查所用电源电压指标及使用的保险丝是否符合规定，防止仪器的电气设备损坏。

1.4　函数信号发生器

1.4.1　VC1642E 函数信号发生器操作面板

(1) 前面板说明

如图 1-46 所示。

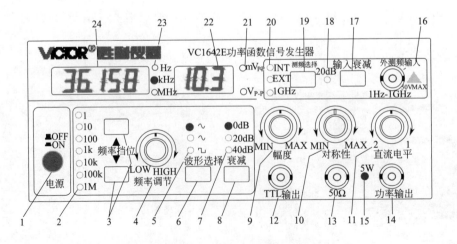

图 1-46　VC1642E 函数信号发生器前面板

1～24—见表 1-2

各控制旋钮和按键的功能列于表 1-2 中。

表 1-2 VC1642E 控制旋钮功能

序号	控制件名称	功 能
1	电源开关	按下此开关,机内 220V 交流电压接通,电路开始工作
2	频率挡位指示灯	表示输出频率所在挡位的倍率
3	频率挡位换挡键	按动此键可将输出频率升高或降低 1 个倍频程
4	频率微调旋钮	调节此电位器可在每个挡位内微调频率
5	输出波形指示灯	表示函数输出的基本波形
6	波形选择按键	按动此键可依次选择输出信号的波形,同时与之对应的输出波形指示灯点亮
7	衰减量程指示灯	表示函数输出信号的衰减量
8	衰减选择按键	按动此键可使函数输出信号幅度衰减 0dB、20dB 或 40dB
9	输出幅度调节旋钮	调节此电位器可改变函数输出和功率输出的幅度
10	对称性调节旋钮	调节此电位器可改变输出波形的对称度
11	直流电平调节旋钮	调节此电位器可改变输出信号的直流分量
12	TTL 输出插座	此端口输出与函数输出同频率的 TTL 电平的同步方波信号
13	函数输出插座	函数信号的输出口,输出阻抗 50Ω,具有过压、回输、自动关断保护的功能
14	功率输出指示灯	当频率挡位在 1～6 挡有功率输出时,此灯点亮
15	功率输出插座	功率信号输出口,在 200kHz 以下输出功率最大可达 5W,具有过压、回输保护的功能
16	外测频输入插座	当仪器进入外测频状态下,该输入端口的信号频率将显示在频率显示窗中
17	外测频输入衰减键	外测频信号输入衰减选择开关,对输入信号有 20dB 的衰减量
18	外测频输入衰减指示灯	指示灯亮起表示外测频输入信号被衰减 20dB,灯灭不衰减
19	频率显示窗口功能选择按键	按动此键可依次选择内测频、外测频、外测高频功能
20	频率显示窗口功能指示灯	表示频率显示窗口功能所处状态
21	幅度单位指示灯	显示幅度单位 Vp-p 或 mVp-p
22	幅度显示窗口	内置 3 位 LED 数码管用于显示输出幅度值
23	频率单位指示灯	显示频率单位 Hz、kHz 或 MHz
24	频率显示窗口	内置 5 位 LED 数码管用于显示频率值

(2) 后面板说明

如图 1-47 所示。

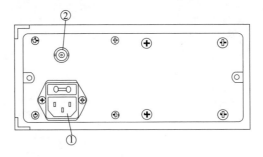

图 1-47 VC1642E 函数信号发生器后面板
①,②—见下面说明

① 220V 电源插座（盒内带保险丝，其容量为 500mA）。

② 压控频率输入插座：用于外接电压信号控制输出频率的变化，可用于扫频和调频。

1.4.2　VC1642E 函数信号发生器操作方法

使用前应先检查电源电压是否为 220V，正确后方可将电源线插头插入本仪器后面板电源插座内。

(1) 开机

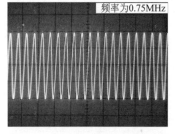

图 1-48　输出信号频率波形

插入 220V 交流电源线后，按下面板上的电源开关，频率显示窗口显示"1642"，整机开始工作。为了得到更好的使用效果，建议开机预热 30min 后再进行使用。

(2) 函数信号输出设置

① 频率设置　按动频率挡位换挡键，选定输出函数信号的频段，调节频率微调旋钮至所需频率。调节时可通过观察频率显示窗口得知输出频率，如图 1-48 所示。

② 波形设置　按动波形选择按键，可依次选择正弦波、矩形波、三角波，如图 1-49 所示。

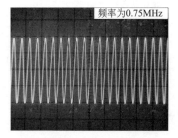
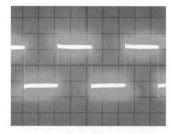
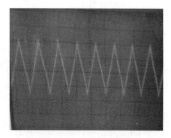

图 1-49　正弦波、矩形波、三角波波形

③ 幅度设置　调节输出幅度调节旋钮，通过观察幅度显示窗口，调节到所需的信号幅度，如图 1-50 所示。若所需信号幅度较小，可按动衰减选择按键来衰减信号幅度，如图 1-51 所示。

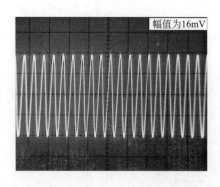
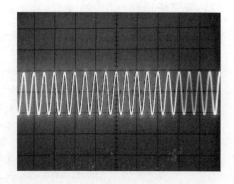

图 1-50　旋转幅度调节旋钮　　　　　　　　图 1-51　按下 20dB 衰减开关

④ 对称性设置　调节对称性调节旋钮，可使输出的函数信号对称度发生改变。通过调节可改善正弦波的失真度，使三角波调频变为锯齿波，改变矩形波的占空比等对称特性。

⑤ 直流偏置设置　通过调节直流电平调节旋钮，可使输出信号中加入直流分量，通过调节可改变输出信号的电平范围。

⑥ TTL 信号输出　由 TTL 输出插座输出的信号是与函数信号输出频率一致的同步标准 TTL 电平信号。

⑦ 功率信号输出　由功率输出插座输出的信号是与函数信号输出完全一致的信号，当频率在 0.6Hz～200kHz 范围内时可提供 5W 的输出功率，如频率在第 7 挡时，功率输出信号自动关断。

⑧ 保护说明　当函数信号输出或功率信号输出接上负载后，出现无输出信号，说明负载上存在有高压信号或负载短路，机器自动保护，当排除故障后仪器自动恢复正常工作。

(3) 频率测量

① 内测量　按动计数器功能选择按键，选择到内测频状态，此时"INT"指示灯亮起，表示计数器进入内测频状态，此时频率显示窗口中显示的为本仪器函数信号输出的频率。

② 外测量　外测量频率时，分 1Hz～10MHz 和 10～1000MHz 两个量程，按动计数器功能选择按键，选择到外测频状态，"EXT"指示灯亮起表示外测频，测量范围为 1Hz～10MHz；"EXT"与"1GHz"指示灯同时亮起表示外测高频率，测量范围为 10～1000MHz。测量结果显示在频率显示窗口中。若输入的被测信号幅度大于 3V 时，应接通输入衰减电路，可用外测频输入衰减键进行衰减电路的选通，外测频输入衰减指示灯亮起表示外测频输入信号被衰减 20dB。外测频为等精度测量方式，测频闸门自动切换，不用手动更改。

1.4.3　函数信号发生器使用注意事项

① 本仪器采用大规模集成电路，调试、维修时应有防静电装置，以免造成仪器受损。

② 勿在高温、高压、潮湿、强振荡、强磁场、强辐射、易爆环境、防雷电条件差、防尘条件差、温湿度变化大等场所使用和存放。

③ 应在相对稳定环境中使用，并提供良好的通风散热条件。校准测试时，测试仪器或其他设备的外壳应良好接地，以免意外损害。

④ 当保险丝熔断后，请先排除成因故障。注意，更换保险丝前，必须将电源线与交流市电电源切断，把仪表和被测线路断开、将仪器电源开关关断，以避免受到电击或造成人身伤害。并仅可安装具有指定电流、电压和熔断速度等额定值的保险丝。

⑤ 信号发生器的负载不能存在高压、强辐射、强脉冲信号，以防止功率回输造成仪器的永久损坏。功率输出负载不要短路，以防止功放电路过载。当出现显示窗显示不正常、死机等现象时，只要关一下机重新启动即可恢复正常。

⑥ 为了达到最佳效果，使用前应先预热 30min。

⑦ 非专业人员切勿擅自打开机壳或拆装本仪器，以免影响本仪器的性能，或造成不必要的损失。

1.5　电子计数器

1.5.1　电子计数器的结构

电子计数器是一种常用的数字式测量仪器，利用它可以测量周期信号的频率、周期、时间间隔以及累加计数和计时等。由于电子计数器主要用来测量周期信号的频率，因此常将它称为频率计数器。

(1) 电子计数器的分类

① 按功能分类　电子计数器按功能可分为以下几大类。

a. 通用计数器：通用计数器可测量频率、频率比、周期、时间间隔、累加计数等，其测量功能可扩展。

b. 频率计数器：频率计数器的功能只限于测频和计数，但测频范围往往很宽。

c. 时间计数器：时间计数器以时间测量为基础，可测量周期、脉冲参数等，其测时分辨力和准确度很高。

d. 特种计数器：特种计数器是指具有特殊功能的计数器。它包括可逆计数器、序列计数器、预置计数器等，一般用于工业测控方面。

② 按用途分类　电子计数器按用途可分为测量用计数器和控制用计数器两大类。

③ 按测频范围分类　电子计数器按测频范围可分为以下几大类。

a. 低速计数器：测量频率低于 10MHz。

b. 中速计数器：测量频率为 10～100MHz。

c. 高速计数器：测量频率高于 100MHz。

d. 微波计数器：测量频率为 1～80GHz。

(2) 电子计数器的主要技术指标

a. 测量范围：几兆赫兹至几十吉赫兹。

b. 准确度：可达 10^{-9} 以上。

c. 晶振频率及稳定度：晶体振荡器是电子计数器的内部基准，一般要求高于所要求测量准确度一个数量级（10 倍）。输出频率为 1MHz、2.5MHz、5MHz、10MHz 等，普通晶振稳定度为 10^{-5}，恒温晶振达 10^{-9}～10^{-7}。

d. 输入特性：包括耦合方式（DC、AC）、触发电平（可调）、灵敏度（10～100mV）、输入阻抗（50Ω 低阻和 1MΩ//25pF 高阻）等。

e. 闸门时间（测频）：有 1ms、10ms、100ms、1s、10s 等。

f. 时标（测周）：有 10ns、100ns、1ms、10ms 等。

g. 显示：包括显示位数及显示方式等。

测量准确度和频率上限是电子计数器的两个重要指标，电子计数器的发展体现了这两个指标的不断提高及功能的扩展和完善。

(3) 电计数器的基本组成

电子计数器的基本组成原理方框图见图 1-52。这是一种通用多功能电子计数器。电路由 A、B 输入通道、时基产生与变换单元、主门、控制单元、计数及显示单元等组成。电子计数器的基本功能是频率测量和时间测量，但测量频率和测量时间时，加到主门和控制单元的信号源不同，测量功能的转换由开关来操纵。累加计数时，加到控制单元的信号则由人工控制。至于计数器的其他测量功能，如频率比测量、周期测量等则是基本功能的扩展。

① A、B 输入通道　输入通道送出的信号，经过主门进入计数电路，它是计数电路的触发脉冲源。为了保证计数电路正确工作，要求该信号具有一定的波形、极性和适当的幅度，但输入被测信号的幅度不同，波形也多种多样，必须利用输入通道对信号进行放大、整形，使其变换为符合主门要求的计数脉冲信号。输入通道共有两路。由于两个通道在测试中的作用不同，也各有其特点。

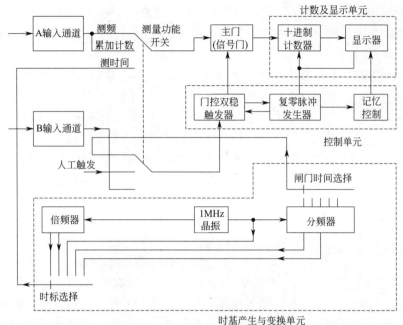

图 1-52 通用电子计数器方框图

A 输入通道是计数脉冲信号的输入电路。其组成如图 1-53（a）所示。

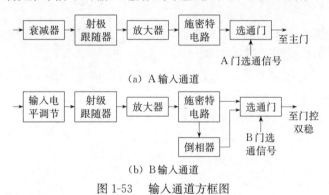

（a）A 输入通道

（b）B 输入通道

图 1-53 输入通道方框图

当测量频率时，计数脉冲是输入的被测信号经整形而得到的。当测量时间时，该信号是仪器内部晶振信号经倍频或分频后再经整形而得到的。究竟选用何种信号，由选通门的选通控制信号决定。

B 输入通道是闸门时间信号的通路，用于控制主门是否开通。其组成如图 1-53（b）所示。该信号经整形后用来触发双稳态触发器，使其翻转。以一个脉冲启开主门，而以随后的一个脉冲关门。两脉冲的时间间隔为开门时间。在此期间，计数器对经过 A 通道的计数脉冲计数。为保证信号在一定的电平时触发，输入端可对输入信号电平进行连续调节。在施密特电路之后还接有倒相器，从而可任意选择所需要的触发脉冲极性。

有的通用计数器闸门时间信号通路有两路，分别称为 B、C 通道。两通道的电路结构完全相同。B 通道用作门控双稳的"启动"通道，使双稳电路翻转；C 通道用作门控双稳"停止"通道，使其复原。两通道的输出经由或门电路加至门控双稳触发器的输入端。

② 主门 主门又称信号门或闸门，对计数脉冲能否进入计数器起着闸门的作用。主门

电路是一个标准的双输入逻辑门，如图 1-54 所示。它的一个输入端接入来自门控双稳触发器的门控信号，另一个输入端则接收计数脉冲信号。在门控信号有效期间，计数脉冲允许通过此门进入计数器计数。

在测量频率时的门控信号为仪器内部的闸门时间选择电路送来的标准信号，在测量周期或时间时则是整形后的被测信号。

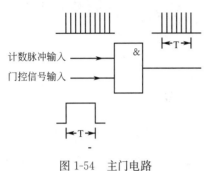

计数脉冲输入 →

门控信号输入 →

图 1-54　主门电路

③ 时基信号产生与变换单元　由 1MHz 晶振产生的标准频率信号，作为通用计数器的时间标准。该信号经倍频或分频后可提供不同的时标信号，用于计数或作门控信号。当晶振频率不同时，或要求提供的闸门信号和时标信号不同时，倍频和分频的级数也不同。

④ 控制单元　控制单元为程控电路，能产生各种控制信号去控制和协调计数器各单元工作，以使整机按一定工作程序自动完成测量任务。

⑤ 计数及显示电路　本单元用于对主门输出的脉冲计数并显示十进制脉冲数。由 2-10 进制计数电路及译码器、数字显示器等构成。它有三条输入线，一条是计数脉冲用的信号输入线，一条是复零信号线，第三条是记忆控制信号线。有的通用计数器还可以输出显示结果的 BCD 码。

1.5.2　电子计数器的操作方法

电子计数器的型号不少，但是它们的基本使用方法是雷同的；这里以 E312A 型通用计数器为例，介绍其面板装置、使用步骤。

E312A 通用电子计数器是采用大规模集成电路的数字式仪器，采用 LED 显示，具有读数直观、测量快速、准确和使用方便等优点。

如图 1-55 所示为 E312A 型通用电子计数器面板图，其面板上各旋钮的功能和使用方法如下。

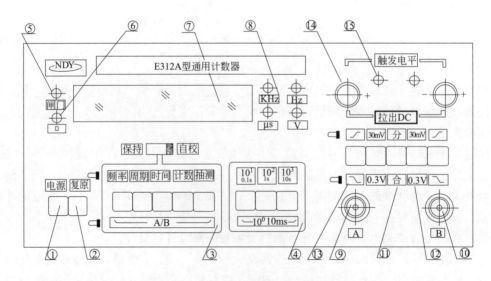

图 1-55　E312A 型通用电子计数器面板图

①～⑮—见下

(1) E312A型电子计数器旋钮的名称和作用

① 电源开关：按键开关按下为机内电源接通，仪器可正常工作。

② 复原键：每按一次，产生一次人工复原信号。

③ 功能选择模块：功能选择模块由一个3位拨动开关和5个按键开关组成。当拨动开关处于右边位置时，整机执行自校功能，显示10MHz的时钟频率，位数随间门时间的不同而不同；当拨动开关处于左边位置时，可将拨动前测得的数据一直保持显示不变，当拨动开关处于上述两个位置时，5个按键开关失去作用；当拨动开关处于中间位置时，整机的功能由5个按键开关的位置决定，5个按键开关可完成6种功能的选择；当5个按键依次按下时，将依次完成频率、周期、时间间隔的测量及计数等功能。5个按键开关之间为互锁关系，即只能按下其中的一个；当5个按键全部弹出时，仪器可进行频率比的测量。

④ 闸门选择模块：由3个按键开关组成，可选择4挡闸门和相应的4种倍乘率。"0.1s（10^{-1}）"键按下时，仪器选通0.1s闸门或10^{-1}倍乘；"1s（10^{2}）"键按下，仪器选通1s闸门或10^{-2}倍乘；"10s（10^{-3}）"键按下，仪器选通10s闸门或10^{3}倍乘；三个键都弹出时，仪器选通10ms闸门或10^{0}倍乘；至于是闸门还是倍乘，应同时结合功能选择而定，频率、自校测量时，选择的为闸门，周期、时间测量时选择的是倍乘率。

⑤ 闸门指示：闸门开启，发光二极管亮（红色）。

⑥ 晶振指示：绿色发光二极管亮，表示晶体振荡器电源接通。

⑦ 显示器：显示器为8位7段LED显示，小数点自动定位。

⑧ 单位指示：有4种单位指示。频率测量用kHz或Hz（Hz供功能扩展用）；时间测量用μs；电压测量用V（供扩展插件用）。

⑨ A输入插座：频率、周期测量时的被测信号、时间间隔测量时的启动信号以及A/B测量时的A输入信号均由此处输入。

⑩ B输入插座：时间间隔测量时的停止信号，A/B测量时的B信号均由此处输入。

⑪ 分-合键：分-合键按下时为合，B输入通道断开，A、B通道相连，被测信号从A输入端输入；弹出时为分，A、B为独立的通道。

⑫ 输入信号衰减键：此键弹出时，输入信号不衰减地进入通道；按下时，输入信号衰减10倍后进入通道。

⑬ 斜率选择键：此键用来选择输入波形的上升或下降沿。按下时，选择下降沿；弹出时，选择上升沿。

⑭ 触发电平调节器：此调节器是由带开关的推拉电位器组成的，可以通过电位器阻值的调整来进行触发电平的调节。调节电位器可使触发电平在−1.5～+1.5V（不衰减时）或−15～+15V（衰减时）之间连续调节。开关推入为AC耦合，拉出为DC耦合。

⑮ 触发电平指示灯：此指示灯用来表征触发电平的调节状态。当发光二极管均匀闪亮时，表示触发电平调节正常；常亮时，表示触发电平偏高；不亮时，表示触发电平偏低。

⑫ ～⑮ 对于A、B输入通道的作用一样。

(2) 电子计数器的使用

① 测量前的准备工作

a. 先仔细检查市电电压，确认市电电压在220V±10%范围内，方可将电源线插头插入本机后面板上的电源插座内，如图1-56所示。

图 1-56　连接电源线

b. 检查后面板"内接、外接"选择开关位置是否正确，当采用机内晶振时，应处于"内接"位置。

c. 仪器预热 3min 能正常工作，预热 2h 能达到技术指标规定的稳定度。

② 自校　测量前必须对仪器进行自校，以判断仪器工作是否正常。将前面板的 3 位拨动开关拨至"自校"位置，选择闸门选择模块的不同闸门，时标信号为 10MHz，显示的测量结果应符合下表 1-3 所示的正确值。

表 1-3　自校准显示值　　　　　　　　　　　　　　kHz

闸门时间	10ms	0.1s	1s	10s
时标信号	10 000.0	10 000.00	10 000.000	0000.0000

10s 挡测量数据的左上角光点亮，表示测量结果由于显示位数的限制而产生了溢出。

③ 频率测量　当功能选择模块中的 3 位拨动开关置于中间位置时，意味着 5 种功能均可起作用。继而按下频率键，表示仪器已进入频率测量功能。闸门选择模块中的 4 挡闸门时间可根据需要选定。频率高时可选短的闸门时间，频率低时可选长的闸门时间。

通道部分的分-合键弹出，由 A 端输入适当幅度的被测信号（幅度大时，可用衰减键）。若被测信号为正弦波，则送入后即可正常显示；若被测信号是脉冲波、三角波或锯齿波，则需要将触发电平调节器的推拉电位器拉出，采用 DC 耦合，调节触发电平即可显示被测信号的频率值。

④ 周期测量　功能选择模块中的 3 位拨动开关置于中间位置，按下周期键，此时闸门时间及模块的按键为倍乘率的选择。被测周期较长时可选择"10"倍乘率直接测量，这时，若倍乘率选得太大，就会等待较长时间才能显示测量结果。

在进行周期测量时，被测信号由 A 端输入，分-合键弹出，选择"分"工作状态。当被测信号为正弦波时，选择适当的幅度就可直接显示测量结果。当被测信号为脉冲波或三角波等时，应将触发电平调节器的电位器拉出，采用 DC 耦合，选取适当的幅度，并调节电位器使触发指示灯闪亮。

⑤ 脉冲时间间隔测量　按下时间键，正确选择闸门时间及模块的各按键，使显示位数适中。在适当幅度的作用下（单线时，公用 A 路衰减器；双线时，使用各自的衰减器）调节电位器使触发电平指示灯闪亮。

当采用单线输入时，分-合键置于"合"的位置，被测信号由 A 通道输入；两路斜率选择相同时可测量被测信号的周期，使用方法与周期测量相同。还可以通过斜率选择键选择信号的上升沿或下降沿，从而测出被测信号的脉冲持续时间和休止时间。

当采用双线输入时，启动信号由 A 端输入，停止信号由 B 端输入，分-合键置于"分"的位置。

⑥ 频率比的测量　功能选择模块中的功能选择键全部弹出，计数器进入频率比测量状态。此时闸门选择模块的按键用来选择倍乘率，分-合键置于"分"的位置，两被测信号分别由 A、B 两输入端输入。但需注意 A 输入电路的频率范围为 1Hz～10MHz，B 输入电路

的频率范围为 1Hz～2.5MHz。为防止出现误计数，两个输入电压的范围应限制在：正弦波 30mV～1V（有效值），脉冲波 0.1～3V（峰-峰值）。

⑦ 计数 按下计数键，分-合键置于"分"的位置，衰减器和触发电平调节器的推拉电位器的位置均与频率测量时相同，信号从 A 端输入，即可正常计数。计数过程中，若要观察瞬间结果，可将 3 位拨动开关置保持位置，显示即为瞬间测量结果；若希望重新开始计数，只需按一次复原键。

（3）通用电子计数器的使用注意事项

① 当给该仪器通电后，应预热一定的时间，晶振频率的稳定度才可达到规定的指标，对 E312A 型通用电子计数器预热约 2h。使用时应注意，如果不要求精确的测量，预热时间可适当缩短。

② 被测信号送入时，应注意电压的大小不得超过规定的范围，否则容易损坏仪器。

③ 仪器使用时要注意周围环境的影响，附近不应有强磁场、电场干扰，仪器不应受到强烈的振动。

④ 数字式测量仪器在测量的过程中，由于闸门的打开时刻与送入的第一个计数脉冲在时间的对应关系上是随机的，所以测量结果中不可避免地存在着 ±1 个字的测量误差，现象是显示的最末一位数字有跳动。为使它的影响相对减小，对于各种测量功能，都应力争使测量数据有较多的有效数字位数。适当地选择闸门时间或周期倍乘率即可达到此目的。

⑤ 仪器在进行各种测量前，应先进行自校检查，以检查仪器是否正常。但自校检查只能检查部分电路的工作情况，并不能说明仪器没有任何故障。例如，无法给予 A、B 两输入电路是否正常的提示，另外，自校测量无法反映晶体振荡器频率的准确度。

⑥ 使用时，应注意触发电平的调节，在测量脉冲时间间隔时尤为重要，否则会带来很大的测量误差。

⑦ 使用时，应按要求正确选用输入耦合方式。

⑧ 测量时，应尽量降低被测信号的干扰分量，以保证测量的准确度。

1.5.3 电子计数器的测量实例

下面以使用频率计数器调试 AM 调谐收音机为例，介绍频率计数器的实际应用。

① 使用频率计数器调试 AM 调谐收音机，图 1-57 所示为收音机的主电路板。

图 1-57 收音机主电路板

② AM 信号发生器和频率计数器在小型超外差收音机电路中的连接，如图 1-58 所示。

③ 首先使用电烙铁将电容器的一个引脚焊接在主电路板的三极管 VT2 的基极引脚上，

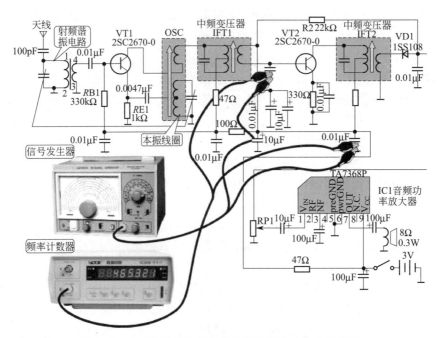

图 1-58　AM 信号发生器和频率计数器在电路中的连接

将 AM 信号发生器的输出线信号端的一个鳄鱼夹夹在电容器的另一端引脚处，如图 1-59 所示。

图 1-59　焊接电容器并连接信号发生器

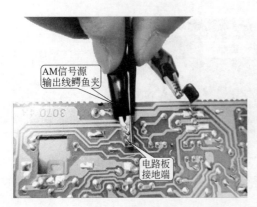

图 1-60　信号发生器输出线另一端接地

④ 将 AM 信号发生器输出线的接地端的另一个黑色鳄鱼夹夹在电路板的一接地端，如图 1-60 所示。

⑤ AM 信号发生器与电路板连接完成后，再将频率计数器与 AM 信号发生器以同样的方法连接到电路中，即一端连接电容器，另一端接地，图 1-61 所示为 AM 信号发生器和频率计数器在电路中的连接。

⑥ 连接完成后，调整中频变压器的谐振频率，在调整时对 AM 信号发生器输出的中频载波频率进行监测，使频率计数器上显示的数字是 465kHz，如图 1-62 所示。

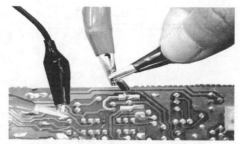

图 1-61　信号发生器和计数器连接

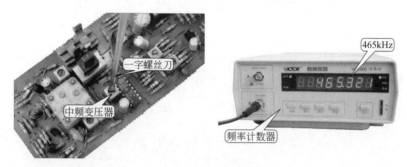

图 1-62　调整中频变压器的谐振频率

1.6　晶体管特性图示仪

晶体管测量仪器是以通用电子测量仪器为技术基础，以半导体器件为测量对象的电子仪器。用它可以测试晶体管（NPN 型和 PNP 型）的共发射极、共基极电路的输入特性、输出特性；测试各种反向饱和电流和击穿电压，还可以测量场效管、稳压管、二极管、单结晶体管、可控硅等器件的各种参数。下面以 XJ4810 型晶体管特性图示仪为例介绍晶体管图示仪的使用方法。

1.6.1　晶体管特性图示仪的组成与性能指标

XJ4810 型晶体管特性图示仪面板如图 1-63 所示。

① 集电极电源极性按钮，极性可按面板指示选择。

② 集电极峰值电压保险丝：1.5A。

③ 峰值电压：峰值电压可在 0～10V、0～50V、0～100V、0～500V 之间连续可调，面板上的标称值是近似值，作参考用。

④ 功耗限制电阻：它是串联在被测管的集电极电路中，限制超过功耗，亦可作为被测半导体管集电极的负载电阻。

⑤ 峰值电压范围：分 0～10V/5A、0～50V/1A、0～100V/0.5A、0～500V/0.1A 四挡。当由低挡改换高挡观察半导体管的特性时，须先将峰值电压调到零值，换挡后再按需要的电压逐渐增加，否则容易击穿被测晶体管。

AC 挡的设置专为二极管或其他元件的测试提供双向扫描，以便能同时显示器件正反向的特性曲线。

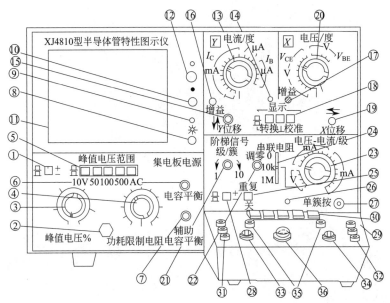

图 1-63　XJ4810 型晶体管特性图示仪
①～㊱—见下面说明

⑥ 电容平衡：由于集电极电流输出端对地存在各种杂散电容，都将形成电容性电流，因而在电流取样电阻上产生电压降，造成测量误差。为了尽量减小电容性电流，测试前应调节电容平衡，使电容性电流减至最小。

⑦ 辅助电容平衡：是针对集电极变压器次级绕组对地电容的不对称，而再次进行电容平衡调节。

⑧ 电源开关及辉度调节：旋钮拉出，接通仪器电源，旋转旋钮可以改变示波管光点亮度。

⑨ 电源指示：接通电源时灯亮。

⑩ 聚焦旋钮：调节旋钮可使光迹最清晰。

⑪ 荧光屏幕：示波管屏幕，外有坐标刻度片。

⑫ 辅助聚焦：与聚焦旋钮配合使用。

⑬ Y 轴选择（电流/度）开关：具有 22 挡四种偏转作用的开关。可以进行集电极电流、基极电压、基极电流和外接的不同转换。

⑭ 电流/度×0.1 倍率指示灯：灯亮时，仪器进入电流/度×0.1 倍工作状态。

⑮ 垂直移位及电流/度倍率开关：调节迹线在垂直方向的移位。旋钮拉出，放大器增益扩大 10 倍，电流/度各挡 I_C 标值×0.1，同时指示灯 14 亮。

⑯ Y 轴增益：校正 Y 轴增益。

⑰ X 轴增益：校正 X 轴增益。

⑱ 显示开关：分转换、接地、校准三挡，其作用如下几个方面。

a. 转换：使图像在Ⅰ、Ⅲ象限内相互转换，便于由 NPN 管转测 PNP 管时简化测试操作。

b. 接地：放大器输入接地，表示输入为零的基准点。

c. 校准：按下校准键，光点在 X、Y 轴方向移动的方向刚好为 $10°$，以达到 $10°$ 校正目的。

⑲ X 轴移位：调节光迹在水平方向的移位。

⑳ X 轴选择（电压/度）开关：可以进行集电极电压、基极电流、基极电压和外接四种功能的转换，共 17 挡。

㉑ "级/簇"调节：在 0～10 级的范围内可连续调节阶梯信号的级数。

㉒ 调零旋钮：测试前，应首先调整阶梯信号的起始级零电平的位置。当荧光屏上已观察到基极阶梯信号后，按下测试台上选择按键"零电压"，观察光点停留在荧光屏上的位置，复位后调节零旋钮，使阶梯信号的起始级光点仍在该处，这样阶梯信号的零电位即被准确校正。

㉓ 阶梯信号选择开关：可以调节每级电流大小并注入被测管的基极，作为测试各种特性曲线的基极信号源，共 22 挡。一般选用基极电流/级，当测试场效应管时选用基极源电压/级。

㉔ 串联电阻开关：当阶梯信号选择开关置于电压/级的位置时，串联电阻将串联在被测管的输入电路中。

㉕ 重复/关按键：弹出为重复，阶梯信号重复出现；按下为关，阶梯信号处于待触发状态。

㉖ 阶梯信号待触发指示灯：重复按键按下时灯亮，阶梯信号进入待触发状态。

㉗ 单簇按键开关：单簇的按动作用是使预先调整好的电压（电流）/级，出现一次阶梯信号后回到待触发位置，因此可利用它瞬间作用的特性来观察被测管的各种极限特性。

㉘ 极性按键：极性的选择取决于被测管的特性。

㉙ 测试台：其结构如图 1-64 所示。

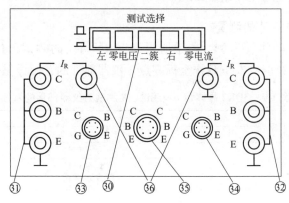

图 1-64　XJ4810 型晶体特性图示仪测试台

㉚～㊱—见下面说明

㉚ 测试选择按键

a. "左""右""二簇"：可以在测试时任选左右两个被测管的特性，当置于"二簇"时，即通过电子开关自动地交替显示左右二簇特性曲线，此时"级/簇"应置适当位置，以利于观察。比较二簇特性曲线时，请不要误按单簇按键。

b. "零电压"键：此键用于调整阶梯信号的起始级在零电平的位置，见㉒项。

c. "零电流"键：按下此键时被测管的基极处于开路状态，即能测量 I_{CEO} 特性。

㉛、㉜ 左右测试插孔：插上专用插座（随机附件），可测试 F1、F2 型管座的功率晶体管。

㉝、㉞、㉟ 晶体管测试插座。

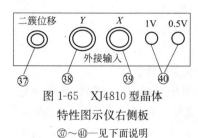

图 1-65 XJ4810 型晶体
特性图示仪右侧板
③⑦~④⓪—见下面说明

㊱ 二极管反向漏电流专用插孔（接地端）。

在仪器右侧板上分布有如图 1-65 所示的旋钮和端子。

㊲ 二簇移位旋钮：在二簇显示时，可改变右簇曲线的位置，更方便于配对晶体管各种参数的比较。

㊳ Y 轴信号输入：Y 轴选择开关置外接时，Y 轴信号由此插座输入。

㊴ X 轴信号输入：X 轴选择开关置外接时，X 轴信号由此插座输入。

④⓪ 校准信号输出端：1V、0.5V 校准信号由此二孔输出。

1.6.2 晶体管特性图示仪的操作方法

① 按下电源开关，指示灯亮，预热 15min 后，即可进行测试。

② 调节辉度、聚焦及辅助聚焦，使光点清晰。

③ 将峰值电压旋钮调至零，峰值电压范围、极性、功耗电阻等开关置于测试所需位置。

④ 对 X、Y 轴放大器进行 10°校准。

⑤ 调节阶梯调零。

⑥ 选择需要的基极阶梯信号，将极性、串联电阻置于合适挡位，调节级/簇旋钮，使阶梯信号为 10 级/簇，阶梯信号置重复位置。

⑦ 插上被测晶体管，缓慢地增大峰值电压，荧光屏上即有曲线显示。

1.6.3 晶体管特性图示仪测量实例

(1) 晶体管 h_{FE} 和 β 值的测量

以 NPN 型 3DK2 晶体管为例，查手册得知 3DK2 h_{FE} 的测试条件为 $V_{CE}=1V$、$I_C=10mA$。将光点移至荧光屏的左下角作坐标零点，仪器部件的置位详见表 1-4。

表 1-4　3DK2 晶体管 h_{FE} 测试、β 测试时仪器部件的置位

部件	置位	部件	置位
峰值电压范围	0~10V	Y 轴集电极电流	1mA/度
集电极极性	+	阶梯信号	重复
功耗电阻	250Ω	阶梯极性	+
X 轴集电极电压	1V/度	阶梯选择	20μA

逐渐加大峰值电压就能在显示屏上看到一簇特性曲线，如图 1-66 所示。读出 X 轴集电极电压 $V_{CE}=1V$ 时最上面一条曲线（每条曲线为 20μA，最下面一条 $I_B=0$ 不计在内）I_B 值和 Y 轴 I_C 值，可得

$$h_{FE}=\frac{I_C}{I_B}=\frac{8.5mA}{200\mu A}=\frac{8.5}{0.2}=42.5$$

若把 X 轴选择开关放在基极电流或基极源电压位置，即可得到图 1-67 所示的电流放大特性曲线。即

$$\beta=\frac{\Delta I_C}{\Delta I_B}$$

PNP 型晶体管 h_{FE} 和 β 的测量方法同上，只需改变扫描电压极性、阶梯信号极性，并把

光点移至荧光屏右上角即可。

（2）晶体管反向电流的测试

以 NPN 型 3DK2 晶体管为例，查手册得知 3DK2 晶体管参数 I_{CBO}、I_{CEO} 的测试条件为 V_{CB}、V_{CE} 均为 10V。测试时，仪器部件的置位详见表 1-4。

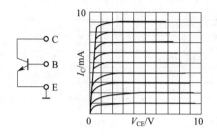

图 1-66　晶体晶体管输出特性曲线

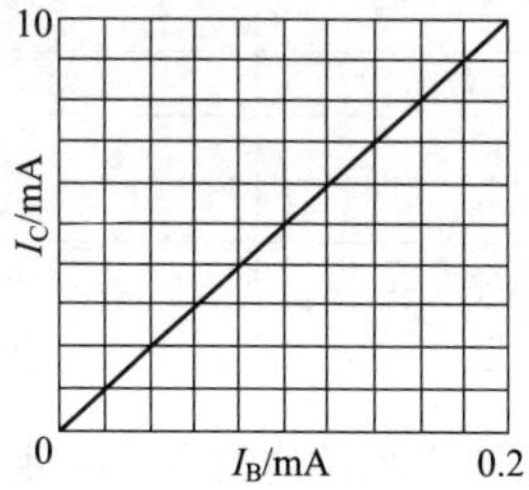

图 1-67　电流放大特性曲线

逐渐调高"峰值电压"使 X 轴 $V_{CB}=10V$，读出 Y 轴的偏移量，即为被测值、其中图 1-68（a）测 I_{CBO} 值、图 1-68（b）测 I_{CEO} 值、图 1-68（c）测 I_{EBO} 值。

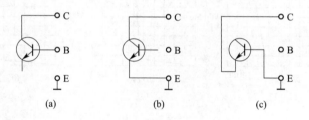

（a）　　　　　　　　（b）　　　　　　　　（c）

图 1-68　晶体管反向电流的测试

读数：$I_{CBO}=0.5\mu A(V_{CB}=10V)$，$I_{CEO}=1\mu A(V_{CE}=10V)$。

晶体管反向电流测试曲线如图 1-69 所示。

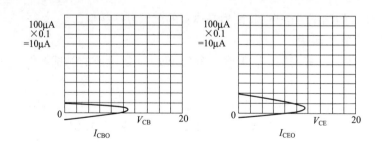

图 1-69　反向电流测试曲线

PNP 型晶体管的测试方法与 NPN 型晶体管的测试方法相同。可按测试条件，适当改变挡位，并把集电极扫描电压极性改为"－"，把光点调到荧光屏的右下角（阶梯极性为"＋"时）或右上角（阶梯极性为"－"时）即可。

（3）晶体管击穿电压的测试

以 NPN 型 3DK2 晶体管为例，查手册得知 3DK2 晶体管参数 βV_{CBO}、βV_{CEO}、

βV_{EBO}的测试条件 I_C 分别为 $100\mu A$、$200\mu A$ 和 $100\mu A$。测试时，仪器部件的置位详见表 1-5。

表 1-5　3DK2 晶体管击穿电压测试时仪器部件的置位

项目　置位　部位	βV_{CBO}	βV_{CEO}	βV_{EBO}
峰值电压范围	0～100V	0～100V	0～10V
极性	＋	＋	＋
X 轴集电极电压	10V/度	10V/度	1V/度
Y 轴集电极电流	20μA/度	20μA/度	20μA/度
功耗限止电阻	1～5kΩ	1～5kΩ	1～5kΩ

逐步调高"峰值电压"，被测管按图 1-70(a)的接法，Y 轴 $I_C=0.1mA$ 时，X 轴的偏移量为βV_{CEO}值；被测管按图 1-70(b)的接法，Y 轴 $I_C=0.2mA$ 时，X 轴的偏移量为βV_{CEO}值；被测管按图 1-70(c)的接法，Y 轴 $I_C=0.1mA$ 时，X 轴的偏移量为βV_{EBO}值。

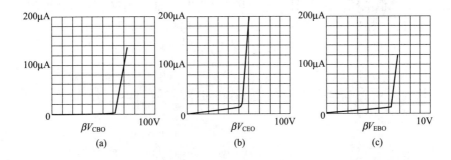

图 1-70　反向击穿电压曲线

读数：$\beta V_{CBO}=70V$（$I_C=100\mu A$）；

$\beta V_{CEO}=60V$（$I_C=200\mu A$）；

$\beta V_{EBO}=7.8V$（$I_C=100\mu A$）。

PNP 型晶体管的测试方法与 NPN 型晶体管的测试方法相似。

(4) 稳压二极管的测试

以 2CW19 稳压二极管为例，查手册得知 2CW19 稳定电压的测试条件 $I_R=3mA$。测试时。仪器部件置位详见表 1-6。

逐渐加大"峰值电压"，即可在荧光屏上看到被测管的特性曲线，如图 1-71 所示。

表 1-6　2CW19 稳压二极管测试时仪器部件的置位

部件	置位	部件	置位
峰值电压范围	AC　0～10V	X 轴集电极电压	5V/度
功耗限止电阻	5kΩ	Y 轴集电极电流	1mA/度

读数：正向压降约 0.7V，稳定电压约 12.5V。

(5) 整流二极管反向漏电电流的测试

以 2DP5C 整流二极管为例，查手册得知 2DP5C 的反向电流应≤500nA。测试时，仪器各部件的置位详见表 1-7。

表 1-7 2DP5C 整流二极管测试时仪器部件的置位

部件	置位	部件	置位
峰值电压范围	0～10V	Y 轴集电极电流	0.2μA/度
功耗限制电阻	1kΩ	倍率	Y 轴位移拉出×0.1
X 轴集电极电压	1V/度		

逐渐增大"峰值电压",在荧光屏上即可显示被测管反向漏电电流特性,如图 1-72 所示。

读数:$I_R=4\text{div}\times 0.2\mu A\times 0.1(倍率)=80\text{nA}$。

测量结果表明,被测管性能符合要求。

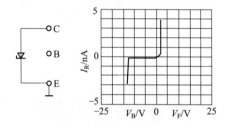

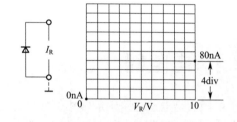

图 1-71 稳压二极管的特性曲线   图 1-72 二极管反向电流测试

(6) 二簇特性曲线比较测试

以 NPN 型 3DG6 晶体管为例,查手册得知 3DG6 晶体管输出特性的测试条件为 $I_C=10\text{mA}$、$V_{CE}=10\text{V}$。测试时,仪器部件的置位详见表 1-18。

表 1-18 二簇特性曲线测试时仪器部件的置位

部件	置位	部件	置位
峰值电压范围	0～10V	Y 轴集电极电流	1mA/度
极性	+	"重复/关"开关	重复
功耗限制电阻	250Ω	阶梯信号选择开关	10μA/级
X 轴集电极电压	1V/度	阶梯极性	+

将被测的两只晶体管,分别插入测试台左、右插座内,然后按表 1-18 置位各功能键,参数调至理想位置。按下测试选择按钮的"二簇"键,逐步增大峰值电压,即可在荧光屏上显示二簇特性曲线,如图 1-73 所示。

当测试配对管要求很高时,可调节"二簇位移旋钮"(37),使右簇曲线左移,视其曲线重合程度,可判定其输出特性的一致程度。

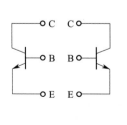

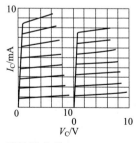

图 1-73 二簇特性曲线

第2章

电子元器件识读与检测

2.1 电阻器

电阻器是电子电路中最常用的元器件之一，电阻器简称电阻。电阻器种类很多，通常可以分为固定电阻器、电位器和敏感电阻器。

2.1.1 固定电阻器

(1) 外形与图形符号

固定电阻器是一种阻值固定不变的电阻器。常见固定电阻器的实物外形与图形符号如图2-1所示。在图2-1(b)中，上方为国家标准的电阻器符号，下方为国外常用的电阻器符号（在一些国外技术资料常见）。

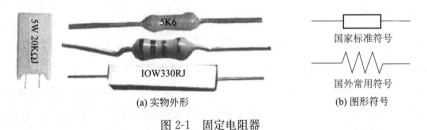

(a) 实物外形　　　(b) 图形符号

图 2-1　固定电阻器

(2) 功能

固定电阻器的主要功能有降压、限流、分流和分压。固定电阻器功能说明如图2-2所示。

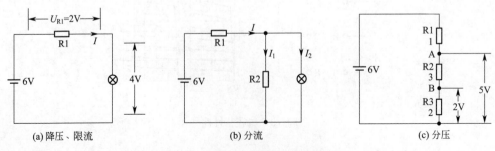

(a) 降压、限流　　　(b) 分流　　　(c) 分压

图 2-2　固定电阻器的功能说明图

① 降压、限流　在图 2-2(a)所示电路中，电阻器 R1 与灯泡串联，如果用导线直接代替 R1，加到灯泡两端的电压有 6V，流过灯泡的电流很大，灯泡将会很亮；串联电阻器 R1 后，由于 R1 上有 2V 电压，灯泡两端的电压就被降低到 4V，同时由于 R1 对电流有阻碍作用，流过灯泡的电流也就减小。电阻器 R1 在这里就起着降压、限流的作用。

② 分流　在图 2-2(b)所示电路中，电阻器 R2 与灯泡并联在一起，流过 R1 的电流 I 除了一部分流过灯泡外，还有一路经 R2 流回到电源，这样流过灯泡的电流减小，灯泡变暗。R2 的这种功能称为分流。

③ 分压　在图 2-2(c)所示电路中，电阻器 R1、R2 和 R3 串联在一起，从电源正极出发，每经过一 个电阻器，电压会降低一次，电压降低多少取决于电阻器阻值的大小，阻值越大，电压降低越多，图中的 R1、R2 和 R3 将 6V 电压分成 5V 和 2V 的电压。

(3) 标称阻值

为了表示阻值的大小，电阻器在出厂时会在表面标注阻值。标注在电阻器上的阻值称为标称阻值。电阻器的实际阻值与标称阻值往往有一定的差距，这个差距称为误差。电阻器标称阻值和误差的标注方法主要有直标法和色环法。

① 直标法　直标法是指用文字符号（数字和字母）在电阻器上直接标注出阻值和误差的方法。直标法的阻值单位有欧姆（Ω）、千欧（kΩ）和兆欧（MΩ）。

误差大小表示一般有两种方式：一是用罗马数字Ⅰ、Ⅱ、Ⅲ分别表示误差为±5%、±10%、±20%，如果不标注误差，则误差为±20%；二是用字母来表示，各字母对应的误差见表 2-1，如 J、K 分别表示误差为±5%、±10%。

表 2-1　字母与阻值误差对照表

字母	对应误差
W	±0.05%
B	±0.1%
C	±0.25%
D	±0.5%
F	±1%
G	±2%
J	±5%
K	±10%
M	±20%
N	±30%

直标法常见形式主要有以下几种。

a. 用"数值＋单位＋误差"表示。图 2-3(a)中所示的 4 个电阻器都采用这种方式，它们分别标注 12kΩ±10%、12kΩⅡ、12kΩ10%、12kΩK，虽然误差标注形式不同，但都表示电阻器的阻值为 12kΩ，误差为±10%。

b. 用单位代表小数点表示。图 2-3(b)中所示的四只电阻器采用这种表示方式，1k2 表示 1.2kΩ，3M3 表示 3.3MΩ，3R3（或 3Ω3）表示 3.3Ω，R33（或 Ω33）表示 0.33Ω。

c. 用"数值＋单位"表示。这种标注法没有标出误差，表示误差为±20%。图 2-3（c）中所示的两只电阻器均采用这种方式，它们分别标注 12kΩ、12k，表示的阻值都为 12kΩ，误差为±20%。

d. 用数字直接表示。一般 1kΩ 以下的电阻器采用这种形式。图 2-3(d)中所示的两只电阻器均采用这种表示方式，12 表示 12Ω，120 表示 120Ω。

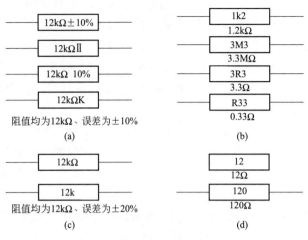

图 2-3 直标法表示阻值的常见形式

② 色环法 色环法是指在电阻器上标注不同颜色圆环来表示阻值和误差的方法。图 2-4 中所示的两只电阻器就采用了色环法来标注阻值和误差，其中一只电阻器上有 4 条色环，称为四环电阻器；另一只电阻器上有 5 条色环，称为五环电阻器，五环电阻器的阻值精度较四环电阻器更高。

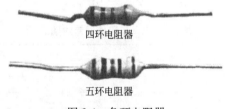

图 2-4 色环电阻器

a. 色环含义。要正确识读色环电阻器的阻值和误差，须先了解各种色环代表的意义。色环电阻器各色环代表的意义见表 2-2。

表 2-2 色环电阻器各色环代表的意义及数值

色环颜色	第一环 （有效数）	第二环 （有效数）	第三环 （倍乘数）	第四环 （误差数）
棕	1	1		±1%
红	2	2		±2%
橙	3	3		—
黄	4	4		—
绿	5	5		±0.5%
蓝	6	6		±0.2%
紫	7	7		±0.1%
灰	8	8		—
白	9	9		—
黑	0	0		—
金	—	—		±5%
银	—	—		±10%
无色环	—	—		±20%

b. 四环电阻器的识读。四环电阻器阻值与误差的识读如图 2-5 所示。四环电阻器的识读具体过程如下。

（a）判别色环排列顺序。四环电阻器色环顺序判别规律如下。

第一环 红色(代表"2")
第二环 黑色(代表"0")
第三环 红色(代表"10^2")
第四环 金色(代表"±5%")

标称阻值为$20×10^2Ω×(1±5\%)=2kΩ×(95\%～105\%)$

图 2-5　四环电阻器阻值和误差的识读

四环电阻器的第四条色环为误差环，一般为金色或银色，因此如果靠近电阻器一个引脚的色环颜色为金、银色，该色环必为第四环，从该环向另一引脚方向排列的 3 条色环顺序依次为三、二、一。

对于色环标注标准的电阻器，一般第四环与第三环间隔较远。

（b）识读色环。按照第一、二环为有效数环，第三环为倍乘数环，第四环为误差数环，再对照表 2-2 各色环代表的数字识读出色环电阻器的阻值和误差。

c. 五环电阻器的识读。五环电阻器阻值与误差的识读方法与四环电阻器基本相同，不同之处在于五环电阻器的第一、二、三环为有效数环，第四环为倍乘数环，第五环为误差数环。另外，五环电阻器的误差数环颜色除了有金、银色外，还可能是棕、红、绿、蓝和紫色。五环电阻器阻值与误差的识读如图 2-6 所示。

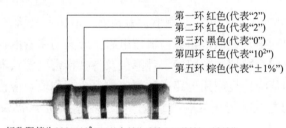

第一环 红色(代表"2")
第二环 红色(代表"2")
第三环 黑色(代表"0")
第四环 红色(代表"10^2")
第五环 棕色(代表"±1%")

标称阻值为$220×10^2Ω×(1±1\%)=22kΩ×(99\%～101\%)$

图 2-6　五环电阻器阻值和误差的识读

（4）额定功率

额定功率是指在一定的条件下电阻器长期使用允许承受的最大功率。电阻器额定功率越大，允许流过的电流越大。固定电阻器的额定功率要按国家标准进行标注，其标称系列有1/8W、1/4W、1/2W、1W、2W、5W 和 10W 等。小电流电路一般采用功率为 1/8～1/2W的电阻器，而大电流电路常采用功率为 1W 以上的电阻器。

电阻器额定功率识别方法如下所述。

① 对于标注了功率的电阻器，可根据标注的功率值来识别功率大小。图 2-7（a）中所示的电阻器标注的额定功率值为 10W，阻值为 330Ω，误差为±5％。

② 对于没有标注功率的电阻器，可根据长度和直径来判别其功率大小。长度和直径值越大，功率越大，图 2-7（b）中所示的一大一小两个色环电阻器，体积大的电阻器功率更大。

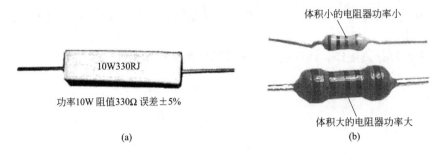

图 2-7　根据体积大小来判别功率

③ 在电路图中，为了表示电阻器的功率大小，一般会在电阻器符号上标注一些标志。电阻器上标注的标志与对应功率值如图 2-8 所示，1W 以下用线条表示，1W 以上的直接用数字表示功率大小（旧标准用罗马数字表示）。

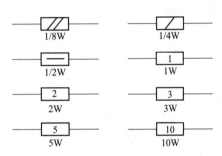

图 2-8　电路图中电阻器的功率标志

（5）选用

固定电阻器有多种类型，选择哪一种材料和结构的电阻器，应根据应用电路的具体要求而定。

① 高频电路应选用分布电感和分布电容小的非线绕电阻器，例如碳膜电阻器、金属电阻器和金属氧化膜电阻器等。

② 高增益小信号放大电路应选用低噪声电阻器，例如金属膜电阻器、碳膜电阻器和线绕电阻器，而不能使用噪声较大的合成碳膜电阻器和有机实心电阻器。

③ 线绕电阻器的功率较大、电流噪声小、耐高温、但体积较大。普通线绕电阻器常用于低频电路中作限流电阻器、分压电阻器、泄放电阻器或大功率管的偏压电阻器。精度较高的线绕电阻器多用于固定衰减器、电阻箱、计算机及各种精密电子仪器中。

所选电阻器的电阻值应接近应用电路中计算值的一个标称值，应优先选用标准系列的电阻器。一般电路使用的电阻器允许误差为 ±5% ～ ±10%。精密仪器及特殊电路中使用的电阻器，应选用精密电阻器。

所选电阻器的额定功率，要符合应用电路中对电阻器功率容量的要求，一般不应随意加大或减小电阻器的功率。若电路要求是功率型电阻器，则其额定功率可高于实际应用电路要求功率的 1～2 倍。

（6）检测

固定电阻器常见故障有开路、短路和变值。检测固定电阻器使用万用表的欧姆挡。

在检测时，先识读出电阻器上的标称阻值，然后选用合适的挡位并进行欧姆校零。测量时为了减小测量误差，应尽量让万用表表针指在欧姆刻度线中央，若表针在刻度线上过于偏左或偏右时，应切换更大或更小的挡位重新测量。

下面以测量一只标称阻值为 2kΩ 的色环电阻器为例来说明电阻器的检测方法，测量接线如图 2-9 所示，具体步骤如下所述。

① 将万用表的挡位开关拨至 R×100Ω 挡。

② 进行欧姆校零。将红、黑表笔短路，观察表针是否指在"Ω"刻度线的"0"刻度

处，若未指在该处，应调节欧姆校零旋钮，让表
针准确指在"0"刻度处。

③ 将红、黑表笔分别接电阻器的两个引脚，
再观察表针指在"Ω"刻度线的位置，图中表针
指在刻度"20"，那么被测电阻器的阻值为 20×
100Ω＝2kΩ。若万用表测量出来的阻值与电阻器
的标称阻值相同，说明该电阻器正常（若测量出
来的阻值与电阻器的标称阻值有些偏差，但在误
差允许范围内，电阻器也算正常）；若测量出来

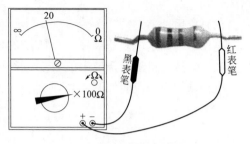

图 2-9　固定电阻器的检测

的阻值为无穷大，说明电阻器开路；若测量出来的阻值为 0，说明电阻器短路；若测量出来
的阻值大于或小于电阻器的标称阻值，并超出误差允许范围，说明电阻器变值。

2.1.2　电位器

（1）外形与图形符号

电位器是一种阻值可以通过调节而变化的电阻器，又称可变电阻器。常见电位器的实物
外形与图形符号如图 2-10 所示。

(a) 实物外形　　　　　　　(b) 图形符号

图 2-10　电位器

（2）结构与原理

电位器种类很多，但结构基本相同，电位器的结构示意图如图 2-11 所示。

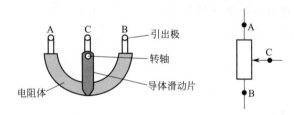

图 2-11　电位器的结构示意图

从图 2-11 所示结构图中可看出，电位器有 A、C、B 三个引出极。在 A、B 极之间连接
着一段电阻体，该电阻体的阻值用 R_{AB} 表示，对于一只电位器，R_{AB} 的值是固定不变的，该
值为电位器的标称阻值；C 极连接一个导体滑动片，该滑动片与电阻体接触，A 极与 C 极
之间电阻体的阻值用 R_{AC} 表示，B 极与 C 极之间电阻体的阻值用 R_{BC} 表示，R_{AC}
＋R_{BC}＝R_{AB}。

当转轴逆时针旋转时，滑动片往 B 极滑动，R_{BC} 减小，R_{AC} 增大；当转轴顺时针旋转
时，滑动片往 A 极滑动，R_{BC} 增大，R_{AC} 减小；当滑动片移到 A 极时，R_{AC} ＝0Ω，

而 $R_{BC} = R_{AB}$ 。

（3）应用

电位器与固定电阻器一样，都具有降压、限流和分流的功能。不过，由于电位器具有阻值可调性，故它可随时调节阻值来改变降压、限流和分流的程度。

电位器的应用说明如图 2-12 所示。

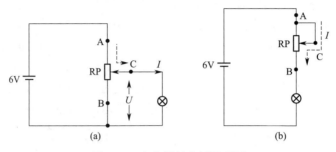

图 2-12　电位器的应用说明图

① 应用一　在图 2-12（a）所示电路中，电位器 RP 的滑动端与灯泡连接，当滑动端向下移动时，灯泡会变暗。灯泡变暗的原因有以下几个方面。

a. 滑动端下移时，AC 段的阻体变长，R_{AC} 增大，对电流阻碍大，流经 AC 段阻体的电流减小，从 C 端流向灯泡的电流也随之减少，同时由于 R_{AC} 增大使 AC 段阻体降压增大，加到灯泡两端电压 U 降低。

b. 当滑动端下移时，在 AC 段阻体变长的同时，CB 段阻体变短，R_{BC} 减小，流经 AC 段的电流除了一路从 C 端流向灯泡时，还有一路经 BC 段阻体直接流回电源负极，由于 BC 段电阻 变短，分流增大，使 C 端输出流向灯泡的电流减小。

电位器 AC 段的电阻起限流、降压作用，而 CB 段的电阻起分流作用。

② 应用二　在图 2-12（b）所示电路中，电位器 RP 的滑动端 C 与固定端 A 连接在一起，由于 AC 段阻体被 A、C 端直接连接的导线短路，电流不会流过 AC 段阻体，而是直接由 A 端经导线到 C 端，再经 CB 段阻体流向灯泡。当滑动端下移时，CB 段的阻体变短，R_{BC} 阻值变小，对电流阻碍小，流过的电流增大，灯泡变亮。

电位器 RP 在该电路中起着降压、限流作用。

（4）检测

电位器检测使用万用表的欧姆挡。在检测时，先测量电位器两个固定端之间的阻值，正常测量值应与标称阻值一致，然后再测量一个固定端与滑动端之间的阻值，同时旋转转轴，正常测量值应在 0Ω 到标称阻值范围内变化。若是带开关电位器，还要检测开关是否正常。

电位器检测分两步，只有每步测量均正常才能说明电位器正常。电位器的检测如图 2-13 所示。电位器的检测过程如下所述。

第一步：测量电位器两个固定端之间的阻值。将万用表拨至 R×1kΩ 挡（该电位器标称阻值为 20kΩ），红、黑表笔分别接电位器两个固定端，如图 2-13（a）所示，然后在刻度盘上读出阻值大小。若电位器正常，测得的阻值应与电位器的标称阻值相同或相近（在误差允许范围内）；若测得的阻值为∞，说明电位器两个固定端之间开路；若测得的阻值为 0Ω，说明电位器两个固定端之间短路；若测得的阻值大于或小于标称阻值，说明电位器两个固定端之间的阻体变值。

第二步：测量电位器一个固定端与滑动端之间的阻值。万用表仍置于 R×1kΩ 挡，红、黑表笔分别接电位器任意一个固定端和滑动端，如图 2-13(b)所示，然后旋转电位器转轴，同时观察刻度盘表针。

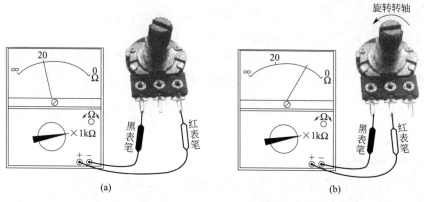

图 2-13　电位器的检测

若电位器正常，表针会发生摆动，指示的阻值应在 0～20kΩ 范围内连续变化；若测得的阻值始终为∞，说明电位器固定端与滑动端之间开路；若测得的阻值为 0Ω，说明电位器固定端与滑动端之间短路；若测得的阻值变化不连续、有跳变，说明电位器滑动端与阻体之间接触不良。

2.1.3　敏感电阻器

敏感电阻器是指阻值随某些外界条件的改变而变化的电阻器。敏感电阻器的种类很多，常见的有热敏电阻器、光敏电阻器、湿敏电阻器、压敏电阻器、力敏电阻器、气敏电阻器和磁敏电阻器等。

（1）热敏电阻器

热敏电阻器是一种对温度敏感的电阻器，当温度变化时其阻值也会随之变化。

① 外形与图形符号　热敏电阻器外形与图形符号如图 2-14 所示。

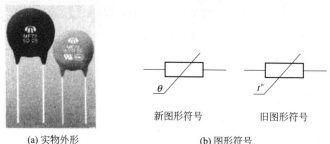

(a) 实物外形　　　　　(b) 图形符号

图 2-14　热敏电阻器

② 种类　热敏电阻器种类很多，通常可分为负温度系数（NTC）热敏电阻器和正温度系数（PTC）热敏电阻器两类。

a.NTC 热敏电阻器。NTC 热敏电阻器的阻值随温度升高而减小。NTC 热敏电阻器是由氧化锰、氧化钴、氧化镍、氧化铜和氧化铝等金属氧化物为主要原料制作而成的。根据使用温度条件不同，NTC 热敏电阻器可分为低温（−60～300℃）、中温（300～600℃）、高温

（＞600℃）3 种。

NTC 的温度每升高 1℃，阻值会减小 1％～6％，阻值减小程度视不同型号而定。NTC 热敏电阻器广泛用于温度补偿和温度自动控制电路，如冰箱、空调、温室等温控系统常采用 NTC 热敏电阻器作为测温元件。

b. PTC 热敏电阻器。PTC 热敏电阻器的阻值随温度升高而增大。PTC 热敏电阻器是在钛酸钡中掺入适量的稀土元素制作而成。

PTC 热敏电阻器可分为缓慢型和开关型。缓慢型 PTC 热敏电阻器的温度每升高 1℃，其阻值会增大 0.5％～8％。开关型 PTC 热敏电阻器有一个转折温度（又称居里点温度，钛酸钡材料 PTC 热敏电阻器的居里点温度一般为 120℃左右），当温度低于居里点温度时，阻值较小，并且温度变化时阻值基本不变（相当于一个闭合的开关），一旦温度超过居里点温度，其阻值会急剧增大（相当于开关断开）。

缓慢型 PTC 热敏电阻器常用在温度补偿电路中。开关型 PTC 热敏电阻器由于具有开关性质，常用在开机瞬间接通而后又马上断开的电路中，如彩电的消磁电路和冰箱的压缩机启动电路就用到开关型 PTC 热敏电阻器。

③ 应用　热敏电阻器具有温度变化而阻值变化的特点，一般用在与温度有关的电路中。热敏电阻器的应用说明如图 2-15 所示。

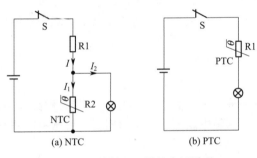

图 2-15　热敏电阻器的应用说明

a. NTC 热敏电阻器的应用。在图 2-15(a)所示电路中，R2(NTC)与灯泡相距很近，当开关 S 闭合后，流过 R1 的电流分作两路，一路流过灯泡，另一路流过 R2。由于开始 R2 温度低，阻值大，经 R2 分掉的电流小，灯泡流过的电流大而很亮。因为 R2 与灯泡距离近，受灯泡的烘烤而温度上升，阻值变小，分掉的电流增大，流过灯泡的电流减小，灯泡变暗，回到正常亮度。

b. PTC 热敏电阻器的应用。在图 2-15(b)所示电路中，当合上开关 S 时，有电流流过 R1（开关型 PTC）和灯泡，由于开始 R1 温度低，阻值小（相当于开关闭合），流过电流大，灯泡很亮。随着电流流过 R1，R1 温度升高，当 R1 温度达到居里点温度时，R1 的阻值急剧增大（相当于开关断开），流过的电流很小，灯泡无法被继续点亮而熄灭，在此之后，流过的小电流维持 R1 为高温高阻值，灯泡一直处于熄灭状态。如果要灯泡重新亮，可先断开 S，然后等待几分钟，让 R1 冷却下来，再闭合 S，灯泡会亮一下又熄灭。

④ 检测　热敏电阻器检测分两步，只有两步测量均正常才能说明热敏电阻器正常，在这两步测量时还可以判断出电阻器的类型（NTC 或 PTC）。

热敏电阻器的检测过程如图 2-16 所示。热敏电阻器的检测步骤如下所述。

a. 测量常温下（25℃左右）的标称阻值。根据标称阻值选择合适的欧姆挡，图 2-16 中的热敏电阻器的标称阻值为 25Ω，故选择 R×1Ω 挡，将红、黑表笔分别接热敏电阻器的两个电极，然后在刻度盘上查看测得阻值的大小。若阻值与标称阻值一致或接近，说明热敏电阻器正常；若阻值为 0Ω，说明热敏电阻器短路；若阻值为无穷大，说明热敏电阻器开路；若阻值与标称阻值偏差过大，说明热敏电阻器性能变差或损坏。

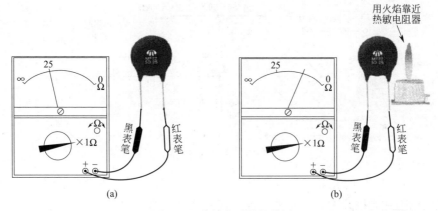

图 2-16 热敏电阻器的检测

b. 改变温度测量阻值。用火焰靠近热敏电阻器（不要让火焰接触电阻器，以免烧坏电阻器），如图 2-16(b)所示，让火焰的热量对热敏电阻器进行加热，然后将红、黑表笔分别接触热敏电阻器两个电极，再在刻度盘上查看测得阻值的大小。若阻值与标称阻值比较有变化，说明热敏电阻器正常；若阻值往大于标称阻值方向变化，说明热敏电阻器为 PTC 型；若阻值往小于标称阻值方向变化，说明热敏电阻器为 NTC 型；若阻值不变化，说明热敏电阻器损坏。

(2) 光敏电阻器

光敏电阻器是一种对光线敏感的电阻器，当照射的光线强弱变化时，阻值也会随之变化，通常光线越强阻值越小。根据光的敏感性不同，光敏电阻器可分为可见光光敏电阻器、红外线光敏电阻器和紫外线光敏电阻器。

① 外形与图形符号 光敏电阻器外形与图形符号如图 2-17 所示。

(a) 实物外形   (b) 图形符号

图 2-17 光敏电阻器

② 应用 光敏电阻器可广泛应用于各种光控电路，如对灯光的控制、调节等场合，也可用于光控开关，下面给出几个典型应用电路。

a. 光敏电阻调光电路。图 2-18 是一种典型的光控调光电路，其工作原理是：当周围光线变弱时引起光敏电阻 RG 的阻值增加，使加在电容 C 上的分压上升，进而使可控硅的导通角增大，达到增大照明灯两端电压的目的。反之，若周围的光线变亮，则 RG 的阻值下降，导致可控硅的导通角变小，照明灯两端电压也同时下降，使灯光变暗，从而实现对灯光照度的控制。

注意：上述电路中整流桥给出的必须是直流脉动电压，不能将其用电容滤波变成平滑直流电压，否则电路将无法正常工作。原因在于直流脉动电压既能给可控硅提供过零关断的基

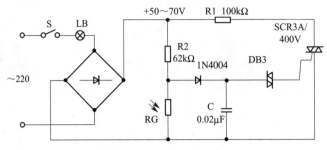

图 2-18　光控调光电路

本条件，又可使电容 C 的充电在每个半周从零开始，准确完成对可控硅的同步移相触发。

b. 光敏电阻式光控开关。以光敏电阻为核心元件的带继电器控制输出的光控开关电路有许多形式，如自锁亮激发、暗激发及精密亮激发、暗激发等等，下面给出几种典型电路。

图 2-19 是一种简单的暗激发继电器开关电路。其工作原理是：当照度下降到设置值时由于光敏电阻阻值上升激发 VT1 导通，VT2 的激励电流使继电器工作，常开触点闭合，常闭触点断开，实现对外电路的控制。

图 2-20 是一种精密的暗激发时带继电器开关电路。其工作原理是：当照度下降到设置值时由于光敏电阻阻值上升使运放 IC 的反相端电位升高，其输出激发 VT 导通，VT 的激励电流使继电器工作，常开触点闭合，常闭触点断开，实现对外电路的控制。

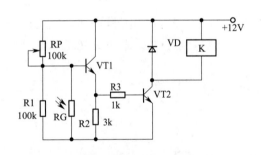

图 2-19　简单的暗激发光控开关

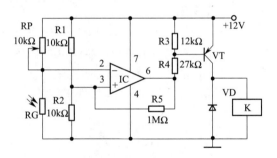

图 2-20　精密的暗激发光控开关

③ 主要参数　光敏电阻的参数很多，主要参数有暗电流和暗电阻、亮电流与亮阻、额定功率、最大工作电压及光谱响应等。

a. 亮电流和亮阻。在两端加有电压的情况下，有光照射时流过光敏电阻器的电流称为亮电流；在有光照射时光敏电阻器的阻值称为亮阻，亮阻一般在几十千欧以下。

b. 暗电流和暗阻。在两端加有电压的情况下，无光照射时流过光敏电阻器的电流称为暗电流；在无光照射时光敏电阻器的阻值称为暗阻，暗阻通常在几百千欧以上。

c. 灵敏度。灵敏度是指光敏电阻不受光照射时的电阻值（暗电阻）与受光照射时的电阻值（亮电阻）的相对变化值。

d. 光谱响应。光谱响应又称光谱灵敏度，是指光敏电阻在不同波长的单色光照射下的灵敏度。若将不同波长下的灵敏度画成曲线，就可以得到光谱响应的曲线。

e. 光照特性。光照特性指光敏电阻输出的电信号随光照强度变化而变化的特性。从光敏电阻的光照特性曲线可以看出，随着光照强度的增加，光敏电阻的阻值开始迅速下降。若进一步增大光照强度，则电阻值变化减小，然后逐渐趋向平缓。在大多数情况下，该特性为非线性。

f. 伏安特性曲线。伏安特性曲线用来描述光敏电阻的外加电压与光电流的关系，对于光敏器件来说，其光电流随外加电压的增大而增大。

g. 温度系数。光敏电阻的光电效应受温度影响较大，部分光敏电阻在低温下的光电灵敏度较高，而在高温下的灵敏度则较低。

h. 额定功率。额定功率是指光敏电阻用于某种线路中所允许消耗的功率，当温度升高时，其消耗的功率就降低。

④ 检测　光敏电阻器检测分两步，只有两步检测均正常才能说明光敏电阻器正常。光敏电阻器的检测如图 2-21 所示。光敏电阻器的检测步骤如下所述。

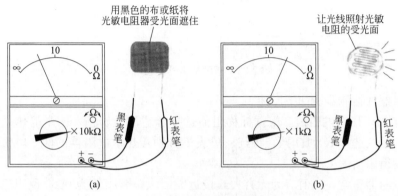

图 2-21　光敏电阻器的检测

a. 测量暗阻。根据标称阻值选择合适的欧姆挡，图中的光敏电阻器的标称阻值为 25Ω，故选择 R×1Ω 挡，将红、黑表笔分别接光敏电阻器两个电极，然后在刻度盘上查看测得阻值的大小。若光敏电阻器正常，阻值应为无穷大或接近无穷大；若阻值为 0Ω，说明光敏电阻器短路；若阻值偏小，说明光敏电阻器漏电，不能使用；b. 测量亮阻。如图 2-21(b) 所示，将光敏电阻器与一只 15W 灯泡串联，再与 220V 电压连接。

若光敏电阻器正常，其阻值会变小，灯泡会亮；若灯泡不亮，说明光敏电阻器开路。

(3) 压敏电阻器

压敏电阻器是一种对电压敏感的特殊电阻器，当两端电压低于标称电压时，其阻值接近无穷大；当两端电压超过标称电压值时，阻值急剧变小；当两端电压回落至标称电压值以下时其阻值又恢复到接近无穷大。

① 外形与图形符号　压敏电阻器的实物外形与图形符号如图 2-22 所示。

② 主要参数　压敏电阻器参数很多，主要参数有标称电压、漏电流、通流量和绝缘电阻。

a. 标称电压。标称电压又称敏感电压、击穿电压或阈值电压，它是指压敏电阻器通过 1mA 直流电流时两端的电压值。

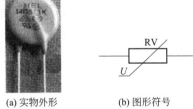

(a) 实物外形　　(b) 图形符号

图 2-22　压敏电阻器

b. 漏电流。漏电流也称等待电流，是指压敏电阻器在规定的温度和最大直流电压下，流过压敏电阻器的电流。

c. 通流量。通流量也称通流容量，是指在规定的条件（规定的时间间隔和次数，施加标准的冲击电流）下，允许通过压敏电阻器上的最大脉冲（峰值）电流值。

d. 绝缘电阻。压敏电阻器的引出线（引脚）与电阻体绝缘表面之间的电阻值。

③ 检测 压敏电阻器的检测分两步，只有两步检测均通过才能确定其正常。压敏电阻器的检测如图 2-23 所示。

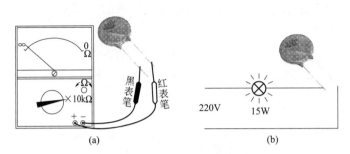

图 2-23 压敏电阻器的检测

压敏电阻器的检测步骤如下所述。

a. 测量未加电压时的阻值。根据标称阻值选择合适的欧姆挡，图中的热敏电阻器的标称阻值为 25Ω，故选择 $R \times 1\Omega$ 挡，将红、黑表笔分别接热敏电阻器的两个电极，然后在刻度盘上查看测得阻值的大小。

若压敏电阻器正常，阻值应为无穷大或接近无穷大；若阻值为 0Ω，说明压敏电阻器短路；若阻值偏小，说明压敏电阻器漏电，不能使用。

b. 检测加高压时能否被击穿（即阻值是否变小）。如图 2-23(b) 所示，将压敏电阻器与一只 15W 灯泡串联，再与 220V 电压连接。若压敏电阻器正常，其阻值会变小，灯泡会亮；若灯泡不亮，说明压敏电阻器开路。

(4) 湿敏电阻器

湿敏电阻器是一种对湿度敏感的电阻器，当湿度变化时其阻值也会随之变化。湿敏电阻器可分为正温度系数湿敏电阻器（阻值随湿度增大而增大）和负温度系数湿敏电阻器（阻值随湿度增大而减小）。

① 外形与图形符号 湿敏电阻器外形与图形符号如图 2-24 所示。

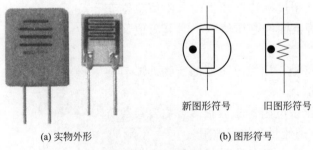

新图形符号　　　　旧图形符号

(a) 实物外形　　　　　　　(b) 图形符号

图 2-24 湿敏电阻器

② 主要参数 湿敏电阻器的主要参数有相对湿度、温度系数、灵敏度、湿滞效应、响应时间等。

a. 相对湿度。在某一温度下，空气中所含水蒸气的实际密度与同一温度下饱和密度之比，通常用"RH"表示。例如，20%RH，则表示空气相对湿度20%。

b. 温度系数。在环境湿度恒定时，湿敏电阻在温度每变化1℃时其湿度指示的变化量。

c. 灵敏度。湿敏电阻检测湿度时的分辨率。

d. 湿滞效应。湿敏电阻在吸湿和脱湿过程中电器参数表现的滞后现象。

e. 响应时间。湿敏电阻在湿度检测环境快速变化时，其电阻值的变化情况（反应速度）。

③ 检测　湿敏电阻器检测分两步，在进行这两步检测时还可以检测出其类型（正温度特性或负温度特性），只有两步检测均正常才能说明湿敏电阻器正常。湿敏电阻器的检测如图2-25所示。

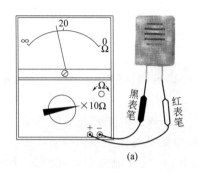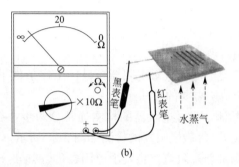

图 2-25　湿敏电阻器的检测

湿敏电阻器的检测步骤如下所述。

a. 在正常条件下测量阻值。根据标称阻值选择合适的欧姆挡，如图2-25(a)所示，图中的湿敏电阻器的标称阻值为200Ω，故选择R×10Ω挡，将红、黑表笔分别接湿敏电阻器的两个电极，然后在刻度盘上查看测得阻值的大小。若湿敏电阻器正常，测得的阻值与标称阻值一致或接近；若阻值为0Ω，说明湿敏电阻器短路；若阻值为无穷大，说明湿敏电阻器开路；若阻值与标称阻值偏差过大，说明湿敏电阻器性能变差或损坏。

b. 改变湿度测量阻值。将红、黑表笔分别接湿敏电阻器的两个电极，再把湿敏电阻器放在水蒸气上方（或者用嘴对湿敏电阻器哈气），如图2-25(b)所示，然后在刻度盘上查看测得阻值的大小。若湿敏电阻器正常，测得的阻值与标称阻值比较应有变化；若阻值往大于标称阻值方向变化，说明湿敏电阻器为正温度特性；若阻值往小于标称阻值方向变化，说明湿敏电阻器为负温度特性；若阻值不变化，说明湿敏电阻器损坏。

(5) 气敏电阻器

气敏电阻器是一种对某种或某些气体敏感的电阻器，当空气中某种或某些气体含量发生变化时，置于其中的气敏电阻器阻值就会发生变化。

① 外形与图形符号　气敏电阻器的外形与图形符号如图2-26所示。

② 主要参数　气敏电阻的主要参数有允许工作电压范围、工作电压、灵敏度、响应时间、恢复时间等。

a. 允许工作电压范围。在保证基本电参数的情况下，气敏电阻器工作电压允许的变化范围。

b. 工作电压。工作条件下，气敏电阻器两极间的电压。

c. 灵敏度。气敏电阻器在最佳工作条件下，接触气体后其电阻值随气体浓度变化的特

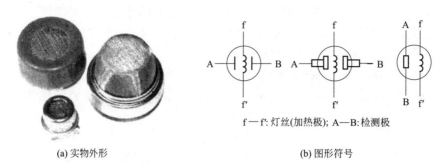

f—f′:灯丝(加热极); A—B:检测极

(a) 实物外形   (b) 图形符号

图 2-26 气敏电阻器

性。如果采用电压测量法，其值等于接触某种气体前后负载电阻上的电压降之比。

d. 响应时间。气敏电阻器在最佳工作条件下，接触待测气体后，负载电阻的电压变化到规定值所需的时间。

e. 恢复时间。气敏电阻器在最佳工作条件下，脱离被测气体后，负载电阻上的电压恢复到规定值所需要的时间。

③ 检测 气敏电阻器的检测通常分两步，在进行这两步检测时还可以判断其特性（P型或 N 型）。气敏电阻器的检测如图 2-27 所示。气敏电阻器的检测步骤如下所述。

a. 测量静态阻值。将气敏电阻器的加热极 F1、F2 串接在电路中，如图 2-27(a) 所示，再将万用表置于 R×1kΩ 挡，将红、黑表笔分别接湿敏电阻器的 A、B 极，然后闭合开关，让电流对气敏电阻器加热，同时在刻度盘上查看阻值大小。

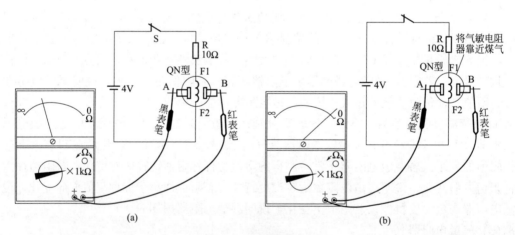

图 2-27 气敏电阻器的检测

若气敏电阻器正常，阻值应先变小，然后慢慢增大，在几分钟后阻值稳定，此时的阻值称为静态电阻；若阻值为 0Ω，说明气敏电阻器短路；若阻值为无穷大，说明气敏电阻器开路；若在测量过程中阻值始终不变，说明气敏电阻器已失效。

b. 测量接触敏感气体时的阻值。将红、黑表笔分别接湿敏电阻器的两个电极，再把湿敏电阻器放在水蒸气上方（或者用嘴对湿敏电阻器哈气），如图 2-27 (b) 所示，然后在刻度盘上查看测得阻值的大小。若气敏电阻器正常，测得的阻值与标称阻值比较应有变化；若阻值往大于标称阻值方向变化，说明湿敏电阻器为正温度特性；若阻值往小于标称阻值方向变化，说明湿敏电阻器为负温度特性；若阻值不变化，说明湿敏电阻器损坏。

2.2　电容器

电容器是一种可以存储电荷的元件。相距很近且中间有绝缘介质（如空气、纸和陶瓷等）的两块导电极板就构成了电容器。电容器通常分为固定电容器和可变电容器。

2.2.1　固定电容器

(1) 结构、外形与图形符号

电容器的结构、外形与图形符号如图 2-28 所示。

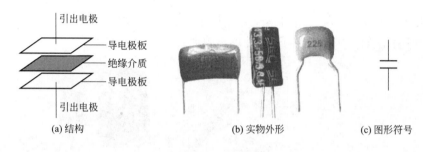

(a) 结构　　　　　　　　　　(b) 实物外形　　　　　　(c) 图形符号

图 2-28　电容器

(2) 主要参数

电容器主要参数有容量、允许误差、额定电压和绝缘电阻等。

① 容量与允许误差　电容器能存储电荷，其存储电荷的多少称为容量。这一点与蓄电池类似，不过蓄电池存储电荷的能力比电容器大得多。电容器的容量越大，存储的电荷越多。电容器的容量大小与下面的因素有关。

a. 两导电极板相对面积。相对面积越大，容量越大。

b. 两极板之间的距离。极板相距越近，容量越大。

c. 两极板中间的绝缘介质。在极板相对面积和距离相同的情况下，绝缘介质不同的电容器，其容量不同。

标注在电容器上的容量称为标称容量。允许误差是指电容器标称容量与实际容量之间允许的最大误差范围。

② 额定电压　额定电压又称电容器的耐压值，它是指在正常条件下电容器长时间使用两端允许承受的最高电压。一旦加到电容器两端的电压超过额定电压，两极板之间的绝缘介质容易被击穿而失去绝缘能力，造成两极板直接短路。

③ 绝缘电阻　电容器两极板之间隔着绝缘介质，绝缘电阻用来表示绝缘介质的绝缘程度。绝缘电阻越大，表明绝缘介质绝缘性能越好。如果绝缘电阻比较小，绝缘介质绝缘性能下降，就会出现一个极板上的电流会通过绝缘介质流到另一个极板上，这种现象称为漏电。由于绝缘电阻小的电容器存在着漏电，故不能继续使用。

一般情况下，无极性电容器的绝缘电阻为无穷大，而有极性电容器（电解电容器）的绝缘电阻很大，但一般达不到无穷大。

(3) 极性

固定电容器可分为无极性电容器和有极性电容器。

① 无极性电容器　无极性电容器的引脚无正、负极之分。无极性电容器的容量小，但耐压高。无极性电容器外形与图形符号如图 2-29 所示。

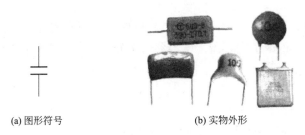

(a) 图形符号　　　　　　(b) 实物外形

图 2-29　无极性电容器

② 有极性电容器　有极性电容器又称电解电容器，引脚有正、负之分。有极性电容器的容量大，但耐压较低。有极性电容器外形与图形符号如图 2-30 所示。

新符号　旧符号　国外符号

(a) 图形符号　　　　　　(b) 实物外形

图 2-30　有极性电容器

有极性电容器引脚有正、负之分，在电路中不能乱接，若正、负位置接错，轻则电容器不能正常工作，重则电容器炸裂。有极性电容器正确的连接方法是：电容器正极接电路中的高电位，负极接电路中的低电位。有极性电容器正确和错误的接法分别如图 2-31 所示。

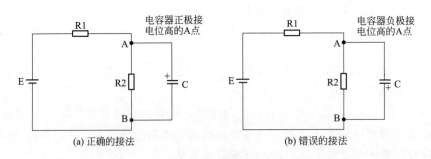

(a) 正确的接法　　　　　　(b) 错误的接法

图 2-31　有极性电容器正确与错误连接方法

③ 有极性电容器的极性判别　由于有极性电容器有正、负之分，在电路中又不能乱接，所以在使用有极性电容器前需要判别出正、负极。有极性电容器的正、负极判别方法如下所述。

a. 对于未使用过的新电容器，可以根据引脚长短来判别。引脚长的为正极，引脚短的为负极，如图 2-32 所示。

b. 根据电容器上标注的极性判别。电容器上标"＋"的为正极，标"－"的为负极，如图 2-33 所示。

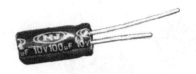

图 2-32　引脚长的引脚为正极

图 2-33　标"－"的引脚为负极

c. 用万用表判别。万用表拨至 R×10kΩ 挡，测量电容器两极之间阻值，正、反各测一次，每次测量时表针都会先向右摆动，然后慢慢往左返回，待表针稳定不移动后再观察阻值大小，两次测量会出现阻值一大一小，以阻值大的那次为准，如图 2-34（b）所示，黑表笔接的为正极，红表笔接的为负极。

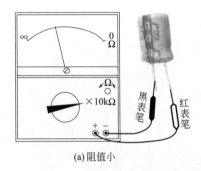
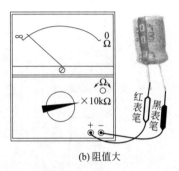

(a) 阻值小　　　　　　　　　　　　　　(b) 阻值大

图 2-34　用万用表检测电容器的极性

(4) 容量标注

电容器容量标注方法很多，下面介绍一些常用的容量标注方法。

① 直标法　直标法是指在电容器上直接标出容量值和容量单位。

电解电容器常采用直标法，图 2-35 所示左方电容器的容量为 2200μF，耐压为 63V，误差为 ±20%；右方电容器的容量为 68nF，J 表示误差为 ±5%。

② 小数点标注法　容量较大的无极性电容器常采用小数点标注法。小数点标注法的容量单位是 μF。

图 2-36 中所示的两个实物电容器的容量分别是 0.01μF 和 0.033μF。有的电容器用 μ、n、p 来表示小数点，同时指明容量单位，如图 2-36 中的 p1、4n7、3μ3 分

图 2-35　直标法例图

别表示容量 0.1pF、4.7nF、3.3pF。如果用 R 表示小数点，单位则为 μF，如 R33 表示容量是 0.33μF。

③ 整数标注法　容量较小的无极性电容器常采用整数标注法，单位为 pF。

若整数末位是 0，如标"330"则表示该电容器容量为 330pF；若整数末位不是 0，如标"103"，则表示容量为 $10×10^3$ pF。图 2-37 中所示的几只电容器的容量分别是 180pF、330pF 和 22000pF。如果整数末尾是 9，不是表示 10^9，而是表示 10^{-1}，如 339 表示 3.3pF。

④ 色码标注法　色码标注法是指用不同颜色的色环、色带或色点表示容量大小的方法，色码标注法的单位为 pF。

电容器的色码标注法与色环电阻器相同，第一、二色码分别表示第一、二位有效数，第三色码表示倍乘数，第四色码表示误差数。

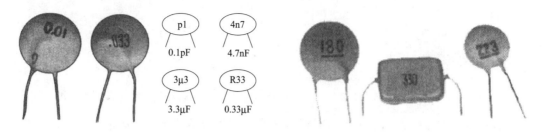

图 2-36　小数点标注法例图　　　　　　　　　图 2-37　整数标注法例图

在图 2-38 中，左方的电容器往引脚方向，色码颜色依次为棕、红、橙，表示容量为 $12 \times 10^3 = 12000 \mathrm{pF} = 0.012 \mu\mathrm{F}$，右方电容器只有两条色码，颜色为红、橙，较宽的色码要当成两条相同的色码，该电容器的容量为 $22 \times 10^3 = 22000 \mathrm{pF} = 0.022 \mu\mathrm{F}$。

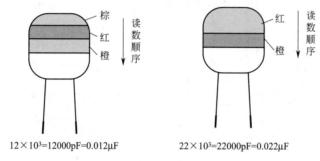

$12 \times 10^3 = 12000 \mathrm{pF} = 0.012 \mu\mathrm{F}$　　　　$22 \times 10^3 = 22000 \mathrm{pF} = 0.022 \mu\mathrm{F}$

图 2-38　色码标注法例图

(5) 检测

① 无极性电容器的检测　检测时，万用表拨至 $R \times 10\mathrm{k}\Omega$ 或 $R \times 1\mathrm{k}\Omega$ 挡（对于容量小的电容器选 $R \times 10\mathrm{k}\Omega$ 挡位），测量电容器两引脚之间的阻值。

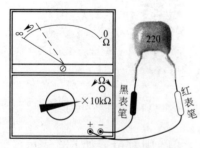

图 2-39　无极性电容器的检测

如果电容器正常，表针先往右摆动，然后慢慢返回到无穷大处，容量越小向右摆动的幅度越小，该过程如图 2-39 所示。表针摆动过程实际上就是万用表内部电池通过表笔对被测电容器充电过程，被测电容器容量越小充电越快，表针摆动幅度越小，充电完成后表针就停在无穷大处。

若检测时表针无摆动过程，而是始终停在无穷大处，说明电容器不能充电，该电容器开路；若表针能往右摆动，也能返回，但回不到无穷大处，说明电容器能充电，但绝缘电阻小，该电容器漏电；若表针始终指在阻值小或 0Ω 处不动，这说明电容器不能充电，并且绝缘电阻很小，该电容器短路。

注：对于容量小于 $0.01 \mu\mathrm{F}$ 的正常电容器，在测量时表针可能不会摆动，故无法用万用表判断是否开路，但可以判别是否短路和漏电。如果怀疑容量小的电容器开路，万用表又无法检测时，可找相同容量的电容器代换，如果故障消失，就说明原电容器开路。

② 电解电容器的检测　万用表拨至 $R \times 1\mathrm{k}\Omega$ 挡或 $R \times 10\mathrm{k}\Omega$ 挡（对于容量很大的电容器，可选择 $R \times 100\Omega$ 挡），测量电容器正、反向电阻。

如果电容器正常，在测正向电阻（黑表笔接电容器正极引脚，红表笔接负极引脚）时，表针先向右作大幅度摆动，然后慢慢返回到无穷大处（用 R×10kΩ 挡测量可能到不了无穷大处，但非常接近也是正常的），如图 2-40（a）所示；在测反向电阻时，表针也是先向右摆动，也能返回，但一般回不到无穷大处，如图 2-40（b）所示。即正常电解电容器的正向电阻大，反向电阻小，它的检测过程与判别正、负极是一样的。

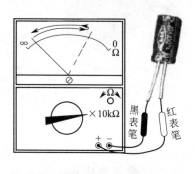

(a) 测正向电阻   (b) 测反向电阻

图 2-40 电解电容器的检测

若正、反向电阻均为无穷大，表明电容器开路；若正、反向电阻都很小，说明电容器漏电；若正、反向电阻均为 0Ω，说明电容器短路。

③ 可变电容器的检测 用手轻轻旋动转轴，应感觉十分平滑，不应感觉有时松有时紧甚至有卡滞现象。将载轴向前、后、上、下、左、右等各个方向推动时，转轴不应有松动的现象。

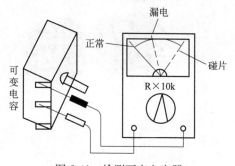

图 2-41 检测可变电容器

用一只手旋动转轴，另一只手轻摸动片组的外缘，不应感觉有任何松脱现象。转轴与动片之间接触不良的可变电容器，是不能再继续使用的。

将万用表置于 R×10kΩ 挡，检测方法如图 2-41 所示。一只手将两个表笔分别接可变电容器的动片和定片的引出端，另一只手将转轴缓缓旋动几个来回，万用表指针都应在无穷大位置不动。在旋动转轴的过程中，如果指针有时指向零，说明动片和定片之间存在短路点；如果形成某一角度，万用表读数不为无穷大而是出现一定阻值，说明可变电容器动片与定片之间存在漏电现象。

2.2.2 可变电容器

可变电容器又称可调电容器，是指容量可以调节的电容器。可变电容器可分为微调电容器、单联电容器和多联电容器等。

(1) 微调电容器

微调电容器又称半可变电容器，通常是指不带调节手柄的可变电容器。微调电容器的实物外形与图形符号如图 2-42 所示。

(2) 单联电容器

单联电容器是由多个连接在一起的金属片作定片，以多个与金属转轴连接的金属片作动片构成的。单联电容器的实物外形和图形符号如图 2-43 所示。

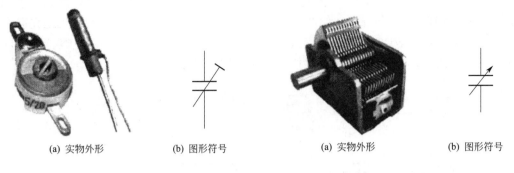

| (a) 实物外形 | (b) 图形符号 | (a) 实物外形 | (b) 图形符号 |

图 2-42　微调电容器　　　　　　　　　　图 2-43　单联电容器

(3) 多联电容器

多联电容器是指将两个或两个以上的可变电容器结合在一起并且可同时调节的电容器。常见的多联电容器有双联电容器和四联电容器，多联电容器的实物外形和图形符号如图2-44 所示。

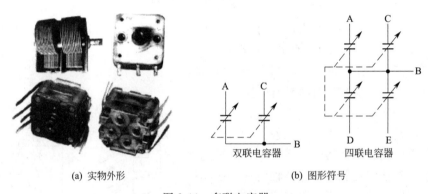

(a) 实物外形　　　　　　　　　　(b) 图形符号

图 2-44　多联电容器

2.3　电感器

2.3.1　外形与图形符号

将导线在绝缘支架上绕制一定的匝数（圈数）就构成了电感器。常见的电感器的实物外形如图 2-45(a) 所示。根据绕制的支架不同，电感器可分为空心电感器（无支架）、磁芯电感器（磁性材料支架）和铁芯电感器（硅钢片支架）。它们的图形符号如图 2-45(b) 所示。

2.3.2　主要参数

电感器的主要参数有电感量、误差、品质因数和额定电流等。

(1) 电感量

电感器由线圈组成，当电感器通过电流时就会产生磁场，电流越大，产生的磁场越强，穿过电感器的磁场（又称为磁通量）就越大。

电感器的电感量大小主要与线圈的匝数（圈数）、绕制方式和磁芯材料等有关。线圈匝

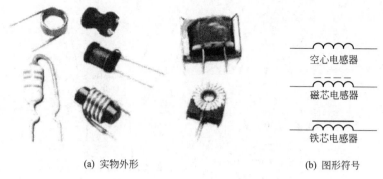

空心电感器

磁芯电感器

铁芯电感器

(a) 实物外形   (b) 图形符号

图 2-45 电感器

数越多、绕制的线圈越密集，电感量就越大；有磁芯的电感器比无磁芯的电感量大；电感器的磁芯磁导率越高，电感量也就越大。

（2）误差

误差是指电感器上标称电感量与实际电感量的差距。对于精度要求高的电路，电感器的允许误差范围通常为 $\pm 0.2\%\sim\pm 0.5\%$，一般的电路可采用误差为 $\pm 10\%\sim\pm 15\%$ 的电感器。

（3）品质因数

品质因数也称 Q 值，是衡量电感器质量的主要参数。品质因数是指当电感器两端加某一频率的交流电压时，其感抗及与直流电阻的比值。

提高品质因数既可通过提高电感器的电感量来实现，也可通过减小电感器线圈的直流电阻来实现。例如粗线圈绕制而成的电感器，直流电阻较小，其 Q 值高；有磁芯的电感器较空心电感器的电感量大，其 Q 值也高。

（4）额定电流

额定电流是指电感器在正常工作时允许通过的最大电流值。电感器在使用时，流过的电流不能超过额定电流，否则电感器就会因发热而使性能参数发生改变，甚至会因过流而烧坏。

2.3.3 参数标注

电感器的参数标注方法主要有直标法和色标法。

（1）直标法

电感器采用直标法标注时，一般会在外壳上标注电感量、误差和额定电流值。如图 2-46 所示列出了几个采用直标法标注的电感器。

在标注电感量时，通常会将电感量值及单位直接标出。在标注误差时，分别用Ⅰ、Ⅱ、Ⅲ表示 $\pm 5\%$、$\pm 10\%$、$\pm 20\%$。在标注额定电流时，用 A、B、C、D、E 分别表示 50mA、150mA、300mA、0.7A 和 1.6A。

（2）色标法

色标法是采用色点或色环标在电感器上来表示电感量和误差的方法。色码电感器采用色标法标注，其电感量和误差标注方法同色环电阻器，单位为 μH。色码电感器的各种颜色含义及代表的数值与色环电阻器相同，具体见表 2-1。色码电感器颜色的排列顺序方法也与色环电阻器相同。色码电感器与色环电阻器识读不同仅在于单位不同，色码电感器单位为

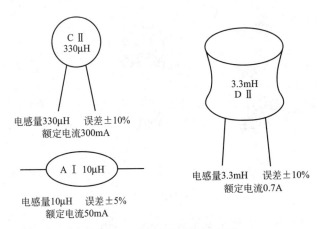

图 2-46　电感器的直标法例图

μH。色码电感器参数的识别如图 2-47 所示，图中的色码电感器上标注"红、棕、黑、银"表示电感量为 21μH，误差为 $\pm10\%$。

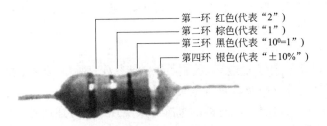

电感量为 $21\times1\mu$H$\times(1\pm10\%)=21\mu$H$\times(90\%\sim110\%)$

图 2-47　色码电感器参数的识别

2.3.4　种类

电感器的种类繁多，分类方式也多种多样。按照外形电感器可分为空芯电感器和磁芯电感器。按照工作性质电感器可分为高频电感器（即天线线圈、振荡线圈）、低频电感器（即各种扼流圈、滤波线圈）。按照封装形式电感器可分为普通电感器（色标电感、色环电感器）、环氧树脂电感器和贴片电感器等。按照电感量电感器可分为固定电感器和可调电感器。

(1) 可调电感器

可调电感器是指电感量可以调节的电感器。可调电感器的实物外形与图形符号如图 2-48 所示。

可调电感器是通过调节磁芯在线圈中的位置来改变电感量，磁芯进入线圈内部越多，电感器的电感量越大。如果电感器没有磁芯，可以通过减少或增多线圈的匝数来降低或提高电感器的电感量。另外，改变线圈之间的疏密程度也能调节电感量。

(2) 高频扼流圈

高频扼流圈又称高频阻流圈，它是一种电感量很小的电感器，常用在高频电路中，其图形符号如图 2-49(a) 所示。

高频扼流圈又分为空心和磁芯两种。空心高频扼流圈多用较粗铜线或镀银铜线绕制而成，可以通过改变匝数或匝距来改变电感量；磁芯高频扼流圈用铜线在磁芯材料上绕制一定

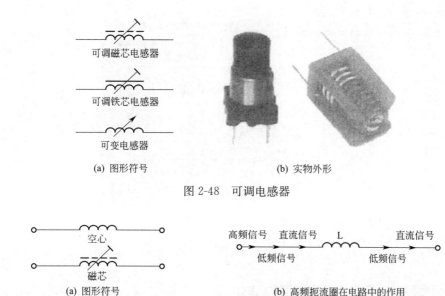

(a) 图形符号　(b) 实物外形

图 2-48　可调电感器

(a) 图形符号　(b) 高频扼流圈在电路中的作用

图 2-49　高频扼流圈

的匝数构成，其电感量可以通过调节磁芯在线圈中的位置来改变。

高频扼流圈在电路中的作用是“阻高频，通低频”。如图 2-49(b) 所示，当高频扼流圈输入高、低频信号和直流信号时，高频信号不能通过，只有低频信号和直流信号能通过。

(3) 低频扼流圈

低频扼流圈又称低频阻流圈，是一种电感量很大的电感器，常用在低频电路（如音频电路和电源滤波电路）中，其图形符号如图 2-50(a) 所示。

低频扼流圈是用较细的漆包线在铁芯（硅钢片）或铜芯上绕制很多匝数而制成的。低频扼流圈在电路中的作用是“通直流，阻低频”。如图 2-50(b) 所示，当低频扼流圈输入高、低频信号和直流信号时，高、低频信号均不能通过，只有直流信号才能通过。

(a) 图形符号　(b) 低频扼流圈在电路中的作用

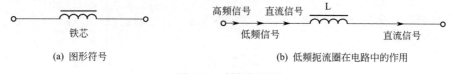

图 2-50　低频扼流圈

(4) 色码电感器

色码电感器是一种高频电感线圈，它是在磁芯上绕上一定匝数的漆包线，再用环氧树脂或塑料封装而制成的。色码电感器的实物外形如图 2-51 所示。

色码电感器的工作频率范围一般在 10kHz～200MHz，电感量在 0.1～3300μH 范围内。色码电感器是具有固定电感量的电感器，其电感量标注与识读方法与色环电阻器相同，但色码电感器的电感量单位为 μH。

(5) 贴片电感器

贴片电感器主要分为小功率贴片电感器和大功率贴片电感器，小功率贴片电感器的外形体积与贴片式普通电感器类似，表面颜色多为灰黑色。贴片电感器的实物外形如图 2-52 所示。

图 2-51 色码电感器

图 2-52 贴片电感器

2.3.5 检测

电感器在使用过程中，常会出现断路、短路等现象，可通过测量和观察来判断。

(1) 普通电感器的检测

电感器实际上就是线圈，由于线圈的电阻一般比较小，测量时一般用万用表的 $R \times 1\Omega$ 挡。电感器的检测如图 2-53 所示。

线径粗、匝数少的电感器电阻小，接近于 0Ω，线径细、匝数多的电感器阻值较大。在测量电感器时，万用表可以很容易检测出是否开路（开路时测出的电阻为无穷大），但很难判断它是否匝间短路，因为电感器匝间短路时电阻减小，解决方法是：当怀疑电感器匝间有短路，万用表又无法检测出来时，可更换新的同型号电感器，故障排除则说明原电感器已损坏。

(2) 色码电感器的检测

如图 2-54 所示，将万用表置于 $R \times 1$ 挡，红、黑表笔各接色码电感器的任一引出端，此时指针应向右摆动。根据测出的电阻值大小，判断电感器的好坏。被测色码电感器电阻值为零，其内部有短路性故障，被测色码电感器直流电阻值的大小与绕制电感器线圈所用的漆包线径、绕制圈数有直接关系，只要能测出电阻值，则可认为被测色码电感器是正常的。

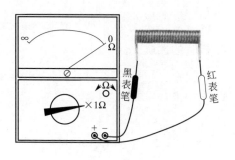

图 2-53　电感器的检测

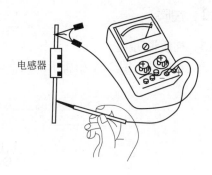

图 2-54　色码电感器的检测

2.4　二极管

2.4.1　构成

当 P 型半导体（含有大量的正电荷）和 N 型半导体（含有大量的电子）结合在一起时，P 型半导体中的正电荷向 N 型半导体中扩散，N 型半导体中的电子向 P 型半导体中扩散，于是在 P 型半导体和 N 型半导体中间就形成一个特殊的薄层，这个薄层称为 PN 结，该过程如图 2-55 所示。

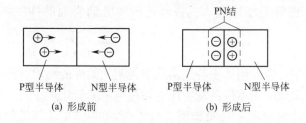

图 2-55　PN 结的形成

从含有 PN 结的 P 型半导体和 N 型半导体两端各引出一个电极并封装起来就构成了二极管。与 P 型半导体连接的电极称为正极（或阳极），用"＋"或"A"表示，与 N 型半导体连接的电极称为负极（或阴极），用"－"或"K"表示。

2.4.2　结构与图形符号

二极管内部结构和图形符号如图 2-56 所示。

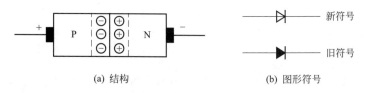

图 2-56　二极管

2.4.3 性质

(1) 性质说明

下面通过分析图 2-57 中所示的两个电路来说明二极管的性质。

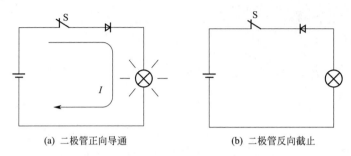

(a) 二极管正向导通　　　　　　　(b) 二极管反向截止

图 2-57　二极管的性质说明图

在图 2-57(a) 所示电路中，当闭合开关 S 后，发现灯泡会发光，说明有电流流过二极管，二极管导通；而在图 2-57(b) 所示电路中，当开关 S 闭合后灯泡不亮，说明无电流流过二极管，二极管不导通。通过观察这两个电路中二极管的接法可以发现：在图 2-57(a) 所示电路中，二极管的正极通过开关 S 与电源的正极连接，二极管的负极通过灯泡与电源的负极相连；在图 2-57(b) 所示电路中，二极管的负极通过开关 S 与电源的正极连接，二极管的正极通过灯泡与电源的负极相连。

由此可以得出这样的结论：当二极管正极与电源正极连接，负极与电源负极相连时，二极管能导通，反之二极管不能导通。二极管这种单方向导通的性质称为二极管的单向导电性。

(2) 伏安特性曲线

在电子工程技术中，常采用伏安特性曲线来说明元器件的性质。伏安特性曲线又称电压电流特性曲线，它用来说明元器件两端电压与通过电流的变化规律。

二极管的伏安特性曲线用来说明加到二极管两端的电压 U 与通过电流 I 之间的关系。二极管的伏安特性曲线如图 2-58(a) 所示，图 2-58(b)、(c) 则是为解释伏安特性曲线而画的电路。

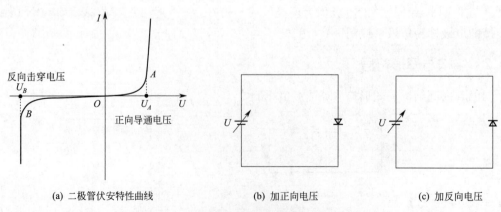

(a) 二极管伏安特性曲线　　　　(b) 加正向电压　　　　(c) 加反向电压

图 2-58　二极管的伏安特性曲线及电路说明

在图 2-58(a) 所示的坐标图中，第一象限内的曲线表示二极管的正向特性，第三象限内的曲线则是表示二极管的反向特性。下面从两方面来分析伏安特性曲线。

① 正向特性　是指给二极管加正向电压（二极管正极接高电位，负极接低电位）时的特性。在图 2-58(b) 所示电路中，电源直接接到二极管两端，此电源电压对二极管来说是正向电压。将电源电压 U 从 0V 开始慢慢调高，在刚开始时，由于电压 U 很低，流过二极管的电流极小，可认为二极管没有导通，只有当正向电压达到图 2-58(a) 所示的 U_A 电压时，流过二极管的电流急剧增大，二极管导通。这里的 U_A 电压称为正向导通电压，又称门电压（或阈值电压）。不同材料的二极管，其门电压是不同的，硅材料二极管的门电压为 0.5～0.7V，锗材料二极管的门电压为 0.2～0.3V。

从上面的分析可以看出，二极管的正向特性是：当二极管加正向电压时不一定能导通，只有正向电压达到门电压时，二极管才能导通。

② 反向特性　是指给二极管加反向电压（二极管正极接低电位，负极接高电位）时的特性。在图 2-58(c) 所示电路中，电源直接接到二极管两端，此电源电压对二极管来说是反向电压。将电源电压 U 从 0V 开始慢慢调高，在反向电压不高时，没有电流流过二极管，二极管不能导通。当反向电压达到图 2-58(a) 所示 U_B 电压时，流过二极管的电流急剧增大，二极管反向导通了，这里的 U_B 电压称为反向击穿电压，反向击穿电压一般很高，远大于正向导通电压，不同型号的二极管反向击穿电压不同，低的十几伏，高的有几千伏。普通二极管反向击穿导通后通常是损坏性的，所以反向击穿导通的普通二极管一般不能再使用。

从上面的分析可以看出，二极管的反向特性是：当二极管加较低的反向电压时不能导通，但反向电压达到反向击穿电压时，二极管会反向击穿导通。

二极管的正、反向特性与生活中的开门类似。当你从室外推门（门是朝室内开的）时，如果力很小，门是推不开的，只有力气较大时门才能被推开，这与二极管加正向电压，只有达到门电压才能导通相似；当你从室内往外推门时，是很难推开的，但如果推门的力气非常大，门也会被推开，不过门被开的同时一般也就损坏了，这与二极管加反向电压时不能导通，但反向电压达到反向击穿电压（电压很高）时，二极管会击穿导通相似。

2.4.4　主要参数

二极管的主要参数有以下几个。

(1) 最大整流电流 I_F

二极管长时间使用时允许流过的最大正向平均电流称为最大整流电流，或称为二极管的额定工作电流。当流过二极管的电流大于最大整流电流时，二极管容易被烧坏。二极管的最大整流电流与 PN 结面积、散热条件有关。PN 结面积大的面接触型二极管的 I_F 大，点接触型二极管的 I_F 小；金属封装二极管的 I_F 大，而塑封二极管的 I_F 小。

(2) 最高反向工作电压 U_R

最高反向工作电压是指二极管正常工作时两端能承受的最高反向电压。最高反向工作电压一般为反向击穿电压的一半。在高压电路中需要采用 U_R 大的二极管，否则二极管易被击穿损坏。

(3) 最大反向电流 I_R

最大反向电流是指二极管两端加最高反向工作电压时流过的反向电流。该值越小，表明二极管的单向导电性越好。

（4）最高工作频率 f_M

最高工作频率是指二极管在正常工作条件下的最高频率。如果加给二极管的信号频率高于该频率，二极管将不能正常工作，f_M 的大小通常与二极管的 PN 结面积有关，PN 结面积越大，f_M 越低，故点接触型二极管的 f_M 较高，而面接触型二极管的 f_M 较低。

2.4.5　极性判别

二极管引脚有正、负之分，在电路中乱接轻则不能正常工作，重则损坏二极管。二极管极性判别可采用下面一些方法。

（1）根据标注或外形判断极性

为了让人们更好区分出二极管正、负极，有些二极管会在表面标注一定的标志来指示正、负极，有些特殊的二极管，从外形也可看出正、负极。

如图 2-59 所示左上方的二极管表面标有二极管符号，其中三角形端对应的电极为正极，另一端为负极；左下方的二极管标有白色圆环的一端为负极；右方的二极管金属螺栓为负极，另一端为正极。

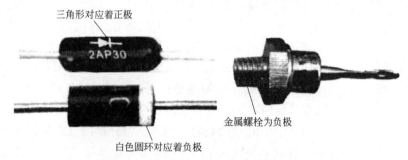

图 2-59　根据标注或外形判断二极管的极性

（2）用指针万用表判断极性

对于没有标注极性或无明显外形特征的二极管，可用指针万用表的欧姆挡来判断极性。万用表拨至 R×100Ω 或 R×1kΩ 挡，测量二极管两个引脚之间的阻值，正、反各测一次，会出现阻值一大一小，如图 2-60 所示，以阻值小的一次为准，如图 2-60(a) 所示，黑表笔接的为二极管的正极，红表笔接的为二极管的负极。

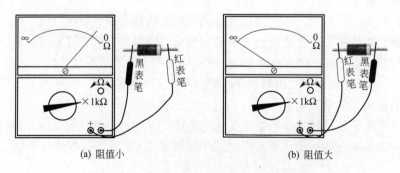

(a) 阻值小　　　　　　　　　　　　　(b) 阻值大

图 2-60　用指针万用表判断二极管的极性

（3）用数字万用表判断极性

数字万用表与指针万用表一样，也有欧姆挡，但由于两者测量原理不同，数字万用表欧姆挡无法判断二极管的正、负极（因为测量正、反向电阻时阻值都显示无穷大符号"1"），不过数字万用表有一个二极管专用测量挡，可以用该挡来判断二极管的极性。用数字万用表判断二极管极性如图2-61所示。

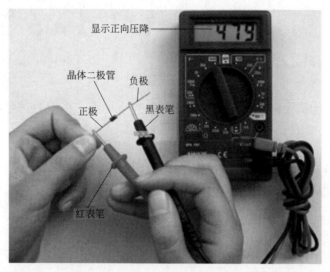

图 2-61 用数字万用表判断二极管极性

在检测判断时，数字万用表拨至"⊷"挡（二极管测量专用挡），然后红、黑表笔分别接被测二极管的两极，正、反各测一次，测量会出现一次显示"1"，另一次显示100~800的数字，如图2-61所示，以显示100~800数字的那次测量为准，红表笔接的为二极管的正极，黑表笔接的为二极管的负极。

2.4.6 常见故障及检测

二极管的常见故障有开路、短路和性能不良。

在检测二极管时，万用表拨至R×1kΩ挡，测量二极管正、反向电阻，测量方法与极性判断相同，可参见图2-60。正常锗材料二极管正向阻值在1kΩ左右，反向阻值在500kΩ以上；正常硅材料二极管正向电阻在1~10kΩ，反向电阻为∞（注：不同型号万用表测量值略有差距）。也就是说，正常二极管的正向电阻小、反向电阻很大。若测得二极管正、反电阻均为0Ω，说明二极管短路；若测得二极管正、反向电阻均为∞，说明二极管开路；若测得正、反向电阻差距小（即正向电阻偏大、反向电阻偏小），说明二极管性能不良。

2.4.7 识读二极管

晶体二极管的种类有很多，根据制作半导体材料的不同，可分为锗二极管、硅二极管和砷化镓二极管。根据结构的不同，可分为点接触型和面接触型二极管。根据实际功能的不同，可分为整流二极管、检波二极管、稳压二极管、恒流二极管、开关二极管等。

电路中常用的晶体二极管实物外形如图2-62所示。

根据标注或外形判断二极管的极性。

通常可根据晶体二极管上标志的符号来判断，如标志不清或无标志时，可根据二极管的正向电阻小、反向电阻大的特点，利用万用表的欧姆挡来判断极性。

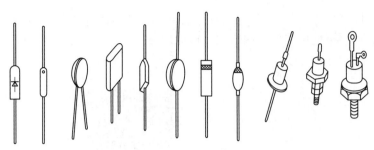

图 2-62　二极管

① 观察外壳上的符号标记通常在二极管的外壳上标有二极管的符号，带有三角形箭头的一端为正极，另一端是负极，如图 2-63 所示。

② 观察外壳上的色点在点接触二极管的外壳上，一般标有色 2～3 点（白色或红色）的一端为正极。还有的二极管上标有色环，带色环的一端则为负极，如图 2-63 所示。

③ 观察二极管的引脚通常长或细脚为正极，如图 2-63 所示。

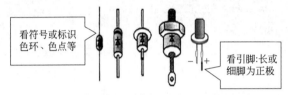

图 2-63　根据标注或外形判断二极管的极性

④ 如图 2-64 所示，将万用表拨到欧姆挡的 R×100 或 R×1k 挡上，将万用表的两个表笔分别与二极管的两个管脚相连，正反测量两次，若一次电阻值大（几十～几百千欧），一次电阻值小（硅管为几百～几千欧，锗管为 100Ω～1kΩ），说明二极管是好的，以阻值较小的一次测量为准，黑表笔所接的一端为正极，红表笔所接的一端则为负极。

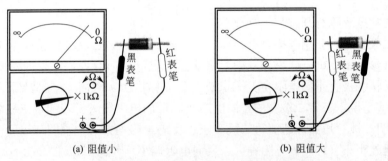

(a) 阻值小　　　　　　　　　(b) 阻值大

图 2-64　用万用表判断二极管的极性

因为二极管是单相导通的电子元件，因此测量出的正反向电阻值相差越大越好。如果相差不大，说明二极管的性能不好或已经损坏；如果测量时万用表针不动，说明二极管内部已断路；如果所测量的电阻值为零，说明二极管内部短路。

2.4.8　常用的二极管

(1) 稳压二极管

稳压二极管又称齐纳二极管或反向击穿二极管，它在电路中起稳压作用。稳压二极管的实物外形和图形符号如图 2-65 所示。

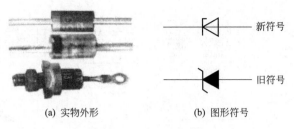

(a) 实物外形   (b) 图形符号

图 2-65　稳压二极管

稳压二极管的检测如图 2-66 所示。通过使用万用表 R×100Ω 或 R×1kΩ 挡测量，正向电阻小、反向电阻接近或为无穷大；对于稳压值小于 9V 的稳压二极管，用万用表 R×10kΩ 挡测反向电阻时，稳压二极管会被击穿，测出的阻值会变小。

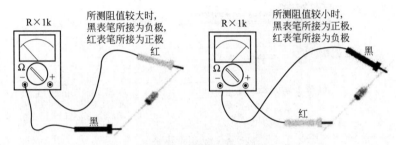

图 2-66　检测稳压二极管

(2) 发光二极管

发光二极管是一种电—光转换器件，能将电信号转换成光。发光二极管的实物外形和图形符号如图 2-67 所示。

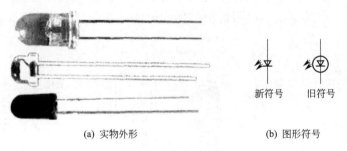

(a) 实物外形   (b) 图形符号

图 2-67　发光二极管

对于未使用过的发光二极管，引脚长的为正极，引脚短的为负极。也可以通过观察发光二极管内电极来判别引脚极性，内电极大的引脚为负极。

发光二极管的检测如图 2-68 所示。通过使用万用表 R×10kΩ 挡测量，红、黑表笔分别接发光二极管的两个引脚，正、反各测一次，两次测量中阻值会出现一大一小，以阻值小的那次为准，黑表笔接的引脚为正极，红表笔接的引脚为负极。

(3) 光电二极管

光电二极管是一种光-电转换器件，能将光转换成电信号。光电二极管的实物外形和图形符号如图 2-69 所示。

与普通二极管一样，光电二极管也有正、负极。对于未使用过的光电二极管，引脚长的

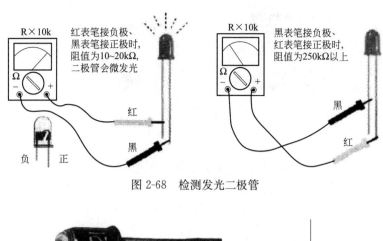

图 2-68　检测发光二极管

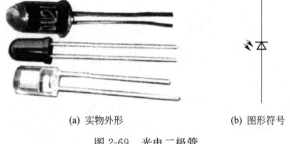

(a) 实物外形　　　　　　　(b) 图形符号

图 2-69　光电二极管

为正极，引脚短的为负极。光电二极管也具有正向电阻小、反向电阻大的特点。根据这一特点可以用万用表检测光电二极管的极性。

　　光电二极管的检测如图 2-70 所示。通过使用万用表 R×1kΩ 挡测量，用黑色物体遮住光电二极管，然后红、黑表笔分别接光电二极管的两个电极，正、反各测一次，两次测量中阻值会出现一大一小的情况，以阻值小的那次为准，黑表笔接的为正极，红表笔接的为负极。

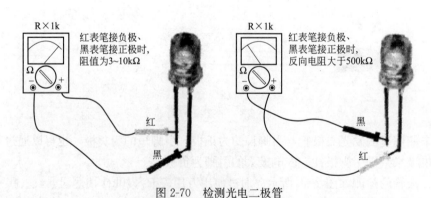

图 2-70　检测光电二极管

(4) 变容二极管

　　变容二极管在电路中可以相当于电容，并且容量可调。变容二极管的实物外形和图形符号如图 2-71 所示。

　　变容二极管的检测方法与普通二极管基本相同。检测时万用表拨至 R×10kΩ 挡，测量变容二极管正、反向电阻，正常的变容二极管反向电阻为无穷大，正向电阻一般在 200kΩ

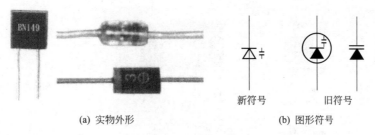

(a) 实物外形　　　　　　　　　　(b) 图形符号

图 2-71　变容二极管

左右（不同型号该值略有差距）。

（5）双向触发二极管

双向触发二极管简称双向二极管，它在电路中可以双向导通。双向触发二极管的实物外形和图形符号如图 2-72 所示。

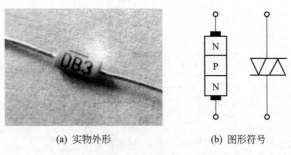

(a) 实物外形　　　　　　　　　　(b) 图形符号

图 2-72　双向触发二极管

万用表拨至 R×10kΩ 挡，测量双向触发二极管正、反向电阻值。若双向触发二极管正常，正、反向电阻均为无穷大。若测得的正、反向电阻很小或为 0Ω，说明双向触发二极管漏电或短路，不能使用。

2.5　三极管

2.5.1　外形与图形符号

三极管又称晶体三极管，是一种具有放大功能的半导体器件。三极管的实物外形和图形符号如图 2-73 所示。

2.5.2　结构

三极管有 PNP 型和 NPN 型两种。PNP 型三极管的构成如图 2-74 所示。

将两个 P 型半导体和一个 N 型半导体按图 2-74(a) 所示的方式结合在一起，两个 P 型半导体中的正电荷会向中间的 N 型半导体移动，N 型半导体中的负电荷会向两个 P 型半导体移动，结果在 P、N 型半导体的交界处形成 PN 结，如图 2-74(b) 所示。

在两个 P 型半导体和一个 N 型半导体上通过连接导体各引出一个电极，然后封装起来就构成了三极管。三极管 3 个电极分别称为集电极（用 c 或 C 表示）、基极（用 b 或 B 表示）和发射极（用 e 或 E 表示）。PNP 型三极管的图形符号如图 2-74(c) 所示。

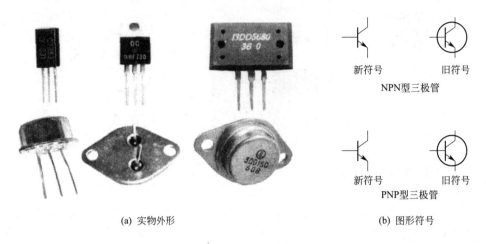

(a) 实物外形　　　　　　　　(b) 图形符号

图 2-73　三极管

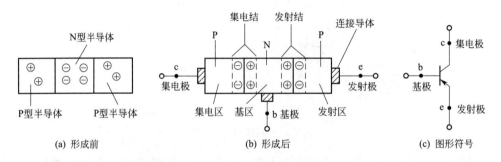

(a) 形成前　　　　　　　(b) 形成后　　　　　　　(c) 图形符号

图 2-74　PNP 型三极管的构成

　　三极管内部有两个 PN 结，其中基极和发射极之间的 PN 结称为发射结，基极与集电极之间的 PN 结称为集电结。两个 PN 结将三极管内部分作三个区，与发射极相连的区称为发射区，与基极相连的区称为基区，与集电极相连的区称为集电区。发射区的半导体掺入杂质多，故有大量的电荷，便于发射电荷；集电区掺入的杂质少且面积大，便于收集发射区送来的电荷；基区处于两者之间，发射区流向集电区的电荷要经过基区，故基区可控制发射区流向集电区电荷的数量，基区就像设在发射区与集电区之间的关卡。

　　NPN 型三极管的构成与 PNP 型三极管类似，它是由两个 N 型半导体和一个 P 型半导体构成的，具体结构如图 2-75 所示。

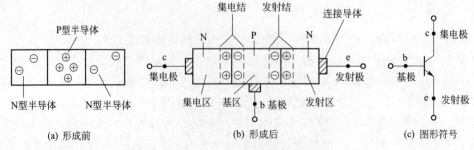

(a) 形成前　　　　　　　(b) 形成后　　　　　　　(c) 图形符号

图 2-75　NPN 型三极管的构成

2.5.3 主要参数

三极管的主要参数有以下几个。

(1) 电流放大倍数

三极管的电流放大倍数有直流电流放大倍数和交流电流放大倍数。三极管集电极电流 I_c 与基极电流 I_b 的比值称为三极管的直流电流放大倍数。

(2) 穿透电流 I_{CEO}

穿透电流又称集电极-发射极反向电流，它是指在基极开路时，给集电极与发射极之间加一定的电压，由集电极流往发射极的电流。穿透电流的大小受温度的影响较大，三极管的穿透电流越小，热稳定性越好，通常锗管的穿透电流较硅管要大些。

(3) 集电极最大允许电流 I_{CM}

当三极管的集电极电流 I_c 在一定的范围内变化时，其 β 值基本保持不变，但当增大到某一值时，β 值会下降。使电流放大系数 β 明显减小（约减小到 $2/3\beta$）的 I_c 电流称为集电极最大允许电流。三极管用作放大时，电流不能超过 I_{CM}。

(4) 穿透电压 U_{BR}

击穿电压是指基极开路时，允许加在集射极之间的最高电压。在使用时，若三极管集射极之间的电压 $U_{CE} > U_{BR(CEO)}$，集电极电流 I_c 将急剧增大，这种现象称为击穿。击穿的三极管属于永久损坏，故选用三极管时要注意其击穿电压不能低于电路的电源电压，一般三极管的击穿电压应是电源电压的两倍。

(5) 集电极最大允许功耗 P_{CM}

三极管在工作时，集电极电流流过集电结时会产生热量，使三极管温度升高。在规定的散热条件下，集电极电流 I_c 在流过三极管集电极时允许消耗的最大功率称为集电极最大允许功耗 P_{CM}。当三极管的实际功耗超过 P_{CM} 时，温度会上升很高而烧坏。三极管散热良好时的 P_{CM} 较正常时要大。

2.5.4 检测

三极管的检测包括类型检测、电极检测和好坏检测。

(1) 类型检测

三极管类型有 NPN 型和 PNP 型，三极管的类型可用万用表欧姆挡进行检测。

① 检测规律　NPN 型和 PNP 型三极管的内部都有两个 PN 结，故三极管可视为两只二极管的组合，万用表在测量三极管任意两个引脚之间时有 6 种情况，如图 2-76 所示。

从图中不难得出这样的规律：当万用表的黑表笔接 P 极、红表笔接 N 极时，测得的是 PN 结的正向电阻，该阻值小；当黑表笔接 N 极，红表笔接 P 极时，测得是 PN 结的反向电阻，该阻值很大（接近无穷大）；当黑、红表笔接得两极都为 P 极（或两极都为 N 极）时，测得阻值大（两个 PN 结不会导通）。

② 类型检测方法　在检测三极管类型时，万用表拨至 R×100Ω 挡或 R×1kΩ 挡，测量三极管任意两脚之间的电阻，当测量出现一次阻值小时，黑表笔接的为 P 极，红表笔接的为 N 极，如图 2-77(a) 所示；然后黑表笔不动（即让黑表笔仍接 P 极），将红表笔接到另外一个极，有两种可能：若测得阻值很大，红表笔接的极一定是 P 极，该三极管为 PNP 型，红表笔先前接的极为基极，如图 2-77(b) 所示；若测得阻值小，则红表笔接的为 N 极，则

该三极管为 NPN 型，黑表笔所接的极为基极。

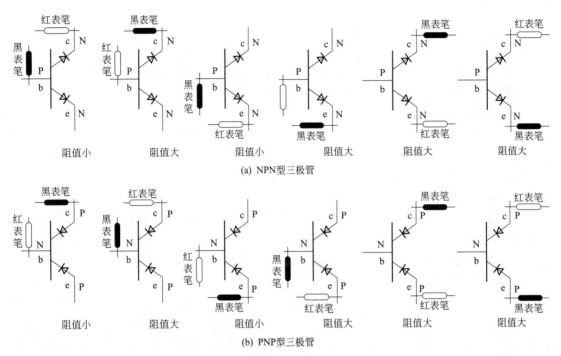

(a) NPN型三极管

(b) PNP型三极管

图 2-76　万用表测三极管任意两脚的 6 种情况

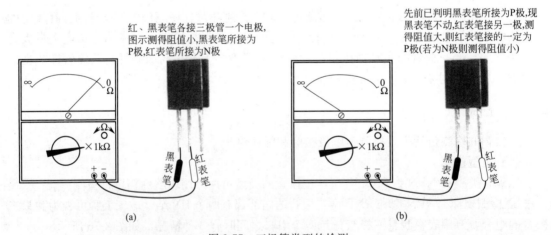

红、黑表笔各接三极管一个电极，图示测得阻值小，黑表笔所接为P极，红表笔所接为N极

先前已判明黑表笔所接为P极，现黑表笔不动，红表笔接另一极，测得阻值大，则红表笔接的一定为P极(若为N极则测得阻值小)

(a)　　　　　　　　　　(b)

图 2-77　三极管类型的检测

(2) 集电极与发射极的检测

三极管有发射极、基极和集电极 3 个电极，在使用时不能混用。由于在检测类型时已经找出基极，下面介绍如何用万用表欧姆挡检测出发射极和集电极。

① NPN 型三极管集电极和发射极的判别　NPN 型三极管集电极和发射极的判别如图 2-78 所示。

将万用表置于 R×100Ω 挡或 R×1kΩ 挡，黑表笔接基极以外任意一个极，再用手接触该极与基极（手相当于一个电阻，即在该极与基极之间接一个电阻），红表笔接另外一个极，测量并记下阻值的大小，该过程如图 2-78(a) 所示；然后红、黑表笔互换，用手再捏住基极

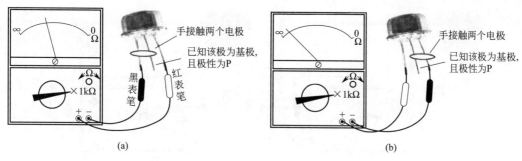

图 2-78 NPN 型三极管发射极和集电极的判别

与对换后黑表笔所接的极，测量并记下阻值大小，该过程如图 2-78(b) 所示。两次测量会出现阻值一大一小，以阻值小的那次为准，如图 2-78(a) 所示，黑表笔接的为集电极，红表笔接的为发射极。

注意：如果两次测量出来的阻值大小区别不明显，可先将手沾点水，让手的电阻减小，再用手接触两个电极进行测量。

② PNP 型三极管集电极和发射极的判别　PNP 型三极管集电极和发射极的判别如图 2-79 所示。

将万用表置于 R×100Ω 挡或 R×1kΩ 挡，红表笔接基极以外任意一个极，再用手接触该极与基极，黑表笔接余下的一个极，测量并记下阻值的大小，该过程如图 2-79(a) 所示；然后红、黑表笔互换，用手再接触基极与对换后红表笔所接的极，测量并记下阻值大小，该过程如图 2-79(b) 所示。两次测量会出现阻值一大一小，以阻值小的那次为准，如图 2-79(a) 所示，红表笔接的为集电极，黑表笔接的为发射极。

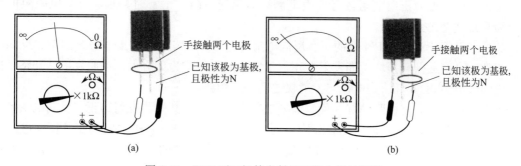

图 2-79 PNP 型三极管发射极和集电极的判别

③ 利用 hFE 挡来判别发射极和集电极　如果万用表有 hFE 挡（三极管放大倍数测量挡），可利用该挡判别三极管的电极，使用这种方法应在已检测出三极管的类型和基极时使用。

利用万用表的三极管放大倍数挡来判别极性的测量过程如图 2-80 所示。

将万用表拨至"hFE"挡（三极管放大倍数测量挡），再根据三极管类型选择相应的插孔，并将基极插入基极插孔中，另外两个极分别插入另外两个插孔中，记下此时测得放大倍数值，如图 2-80(a) 所示；然后让三极管的基极不动，将另外两极互换插孔，观察这次测得放大倍数，如图 2-80(b) 所示，两次测得的放大倍数会出现一大一小，以放大倍数大的那次为准，如图 2-80(b) 所示，c 极插孔对应的电极是集电极，e 极插孔对应的电极为发射极。

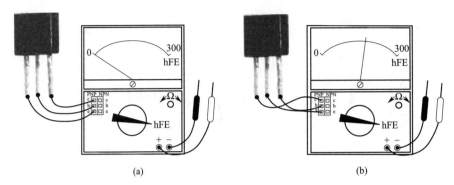

(a)   (b)

图 2-80 利用 hFE 挡来判别发射极和集电极

(3) 三极管好坏检测

三极管的好坏检测具体包括以下几个方面。

① 测量集电结和发射结的正、反向电阻 三极管内部有两个 PN 结，任意一个 PN 结损坏，三极管就不能使用，所以三极管检测先要测量两个 PN 结是否正常。检测时，万用表拨至 R×100Ω 挡或 R×1kΩ 挡，测量 PNP 型或 NPN 型三极管集电极和基极之间的正、反向电阻（即测量集电结的正、反向电阻），然后再测量发射极与基极之间的正、反向电阻（即测量发射结的正、反向电阻）。正常时，集电结和发射结正向电阻都比较小，为几百欧至几千欧；而反向电阻都很大，为几百千欧至无穷大。

② 测量集电极与发射极之间的正、反向电阻 对于 PNP 型三极管，红表笔接集电极，黑表笔接发射极测得为正向电阻，正常为十几千欧至几百千欧（用 R×1kΩ 挡测得），互换表笔测得为反向电阻，与正向电阻阻值相近；对于 NPN 型三极管，黑表笔接集电极，红表笔接发射极，测得为正向电阻，互换表笔测得为反向电阻。正常时，正、反向电阻阻值相近，为几百欧至无穷大。

如果三极管任意一个 PN 结的正、反向电阻不正常，或发射极与集电极之间正、反向电阻不正常，说明三极管损坏。如发射结正、反向电阻阻值均为无穷大，说明发射结开路；集射极之间阻值为 0Ω，说明集电极与发射极之间击穿短路。

综上所述，一只三极管的好坏检测需要进行六次测量：其中测发射结正、反向电阻各一次（两次），集电结正、反向电阻各一次（两次）和集电极与发射极之间的正、反向电阻各一次（两次）。只有这六次检测都正常才能说明三极管是正常的，只要有一次测量发现不正常，该三极管就不能使用。

2.6 晶闸管

2.6.1 单向晶闸管

(1) 外形与图形符号

单向晶闸管又称可控硅，它有 3 个电极，分别是阳极（A）、阴极（K）和栅极（G）。晶闸管的实物外形与图形符号如图 2-81 所示。

(2) 结构原理

① 结构 单向晶闸管内有 3 个 PN 结，它们是由相互交叠的 4 层 P 区和 N 区所构成的。

(a) 实物外形　　　　　　　　　　(b) 图形符号

图 2-81　单向晶闸管

如图 2-81(a) 所示。晶闸管的 3 个电极是从 P1 引出阳极 A，从 N2 引出阳极 K，从 P2 引出控制极 G，因此可以说它是一个四层三端半导体器件。

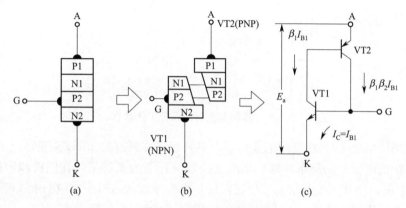

图 2-82　单向晶闸管结构

为了便于说明，可以把图 2-82(a) 所示晶闸管看成是由两部分组成的，如图 2-82(b) 所示，这样可以把晶闸管等效为两只三极管组成的一对互补管。左下部分为 NPN 型管，右上部分为 PNP 型管，如图 2-82(c) 所示。

② 工作原理　当接上电源 E_a 后，VT1 及 VT2 都处于放大状态，若在 G、K 极间加入一个正触发信号，就相当于在 VT1 基极与发射极回路中有一个控制电流 I_C，它就是 VT1 的基极电流 I_{B1}。经放大后，VT1 产生集电极电流 I_{C1}。此电流流出 VT2 的基极，成为 VT2 的基极电流 I_{B2}。于是，VT2 产生了集电极电流 I_{C2}。I_{C2} 再流入 VT1 的基极，再次得到放大。这样依次循环下去，一瞬间便可使 VT1 和 VT2 全部导通并达到饱和。所以，当晶闸管加上正电压后，一输入触发信号，它就会立即导通。晶闸管一经导通后，由于导致 VT1 基极上总是流过比控制极电流 I_G 大得多的电流，所以即使触发信号消失后，晶闸管仍旧能保持导通状态。只有降低电源电压 E_a，使 VT1、VT2 集电极电流小于某一维持导通的最小值，晶闸管才能转为关断状态。

如果把电源 E_a 反接，VT1 和 VT2 都不具备放大工作条件，即使有触发信号，晶闸管也无法工作而处于关断状态。同样，在没有输入触发信号或触发信号极性相反时，即使晶闸管加上正向电压，它也无法导通。上述的几种情况如图 2-83 所示。

总而言之，单向晶闸管具有可控开关的特性，但是这种控制作用是触发控制，它与一般半导体三极管构成的开关电路的控制作用是不同的。

(3) 主要参数

单向晶闸管的主要参数有以下几个。

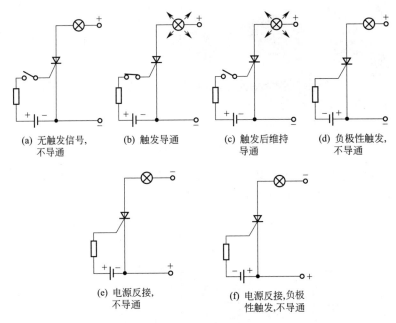

(a) 无触发信号, 不导通   (b) 触发导通   (c) 触发后维持 导通   (d) 负极性触发, 不导通

(e) 电源反接, 不导通   (f) 电源反接,负极 性触发,不导通

图 2-83 单向晶闸管的几种工作状态

① 额定平均电流 I_T 是在规定的条件下，晶闸管允许通过的 50Hz 正弦波电流的平均值。

② 正向转折电压 U_{BO} 是指在额定结温及控制极开路的条件下，在阳极和阴极间加以正弦半波正向电压，使其由关断状态发生正向转折变为导通状态时所对应的电压峰值。

③ 正向阻断峰值电压 U_{DRM} 定义为正向转折电压减去 100V 后的电压值。

④ 反向击穿电压 U_{BR} 是指在额定结温下，阳极和阴极间加以正弦波反向电压，反向漏电流急剧上升时所对应的电压峰值。

⑤ 反向峰值电压 U_{RRM} 定义为反向击穿电压减去 100V 后的电压值。

⑥ 正向平均压降 U_T 是指在规定的条件下，当通过的电流为其额定电流时，晶闸管阳极、阴极间电压降的平均值。

⑦ 维持电流 I_H 是指维持晶闸管导通的最小电流。

⑧ 控制极触发电压 U_{GT} 和触发电流 I_{GT} 在规定的条件下，加在控制极上的可以使晶闸管导通的所必需的最小电压和电流。

(4) 检测

晶闸管电极可以用万用表检测，也可以根据晶闸管封装形式来判断。螺栓形晶闸管的螺栓一端为阳极 A，较细的引线端为门极 G，较粗的引线端为阴极 K；平板形晶闸管的引出线端为门板 G，平面端为阳极 A，另一端为阴极 K；金属壳封装（TO-3）的晶闸管，其外壳为阳极 A。

① 电极检测 如图 2-84 所示，将万用表拨至 R×100Ω 挡，两支表笔各任意接两个电极。只要测得低电阻值，证明测得是 PN 结正向电阻，这时黑表笔接的是阳极，红表笔接的是控制极。这是因为 G-A 之间反向电阻趋于无穷大，A-K 间电阻也总是无穷大，均不会出现低阻的情况。

② 好坏检测 如图 2-85 所示，将万用表拨至 R×1Ω 挡。开关 S 打开，晶闸管截止，测出的电阻值很大或无穷大；开关 S 闭合时，相当于给控制极加上正向触发信号，晶闸管导

通，测出电阻值很小（几欧或几十欧），则表示该管质量良好。

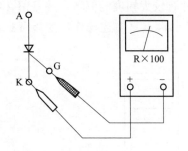 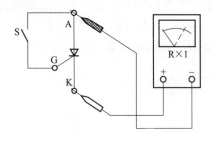

图 2-84　用万用表判断单向晶闸管电极　　　　图 2-85　用万用表判别单向晶闸管好坏

2.6.2　双向晶闸管

（1）外形与图形符号

双向晶闸管的实物外形与图形符号如图 2-86 所示。双向晶闸管有 3 个电极：主电极 T1、主电极 T2、控制极 G。

（2）结构

双向晶闸管与单向晶闸管一样，也具有触发控制特性。不过，它的触发控制特性与单向晶闸管有很大的不同，这就是无论在阳极和阴极间接入何种极性的电压，只要在它的控制极上加上一个触发脉冲，也不管这个脉冲是什么极性的，都可以使双向晶闸管导通。

由于双向晶闸管在阳、阴极间接任何极性的工作电压都可以实现触发控制，因此双向晶闸管的主电极也就没有阳极、阴极之分，通常把这两个主电极称为 T1 电极和 T2 电极，将接在 P 型半导体材料上的主电极称为 T1 电极，将接在 N 型半导体材料上的电极称为 T2 电极。

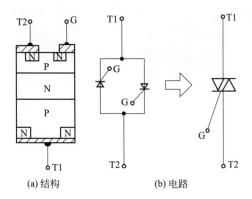

(a) 结构　　　　　　　(b) 电路

图 2-86　双向晶闸管

（3）检测

双向晶闸管的检测包括电极检测、好坏检测。

① 电极检测　如图 2-87 所示，将万用表拨至 R×10Ω 挡，测出晶闸管相互导通的两个引脚，这两个引脚与第三个引脚均不通，即第三个引脚为 T2 极，相互导通的两引脚为 T1 极和 G 极。当黑表笔接 T1 极，红表笔接控制极 G 所测得的正向电阻总要比反向电阻小一些，根据这一特性识别 T1 极和 G 极。

② 好坏检测　如图 2-88 所示，将万用表拨在 R×10Ω 挡，黑表笔接 T2，红表笔接 T1，然后将 T2 与 G 瞬间短路一下，立即离开，此时若表针有较大幅度的偏转，并停留在某一位置上，说明 T1 与 T2 已触发导通；把红、黑表笔调换后再重复上述操作，如果 T1、T2 仍保持导通，说明这只双向晶闸管质量良好，反之则是坏的。

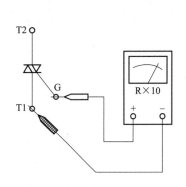

图 2-87　用万用表判断双向晶闸管电极

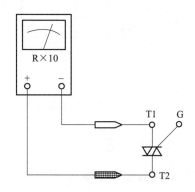

图 2-88　用万用表判别双向晶闸管好坏

2.7　集成电路

(1) 外形与图形符号

① 集成电路外形和封装　集成电路的封装形式有晶体管式封装、扁平封装和直插式封装。集成电路的管脚排列次序有一定的规律，一般是从外壳顶部向下看，从左下角按逆时针方向读数，其中第一脚附近一般有参考标志，如凹槽、色点等。常见集成电路的外形和封装形式如图 2-89 所示。

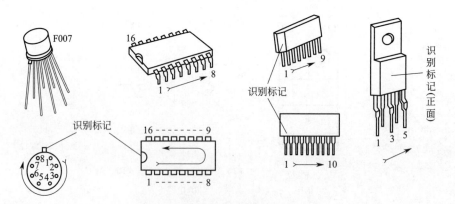

图 2-89　常见集成电路的外形和封装

② 集成电路的电路符号　集成电路的文字符号通常用 IC 表示，集成电路的电路符号比较复杂，变化也比较多，图 2-90 是集成电路的几种电路符号。

(2) 引脚识别

在集成电路的引脚排列图中，可以看到它的各个引脚编号，如①脚、②脚、③脚等，检修、更换集成电路的过程中，往往需要在集成电路实物上找到相应的引脚。下面根据集成电路的不同封装形式，介绍各种集成电路的引脚分布规律。

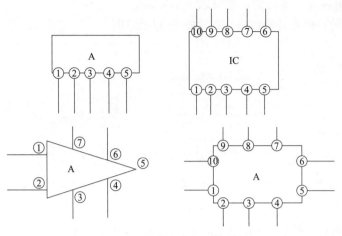

图 2-90 集成电路的电路符号

① 单列集成电路引脚分布规律 单列集成电路有直插和曲插两种，两种单列集成电路的引脚分布规律相同，但在识别引脚号时则有所差异。

a. 单列直插集成电路。所谓单列直插集成电路就是它的引脚只有一列，且引脚为直的（不是弯曲的），这类集成电路的引脚分布规律如图 2-91 所示。

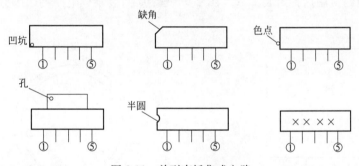

图 2-91 单列直插集成电路

b. 单列曲插集成电路。单列曲插集成电路的引脚也是呈一列排列的，但引脚不是直的，而是弯曲的，即相邻两根引脚弯曲方向不同。图 2-92 是几种单列曲插集成电路的引脚分布规律示意图。

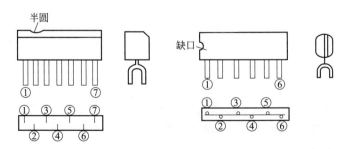

图 2-92 单列曲插集成电路

② 双列集成电路引脚分布规律 双列直插集成电路是使用量最多的一种集成电路，这种集成电路的外封装材料最常见的是塑料，也可以是陶瓷，集成电路的引脚分成两列，两列

引脚数相等，引脚可以是直插的，也可以是贴片式的。

图 2-93 是 4 种双列直插集成电路的引脚分布示意图。

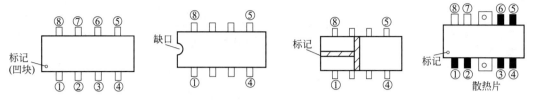

图 2-93　双列直插集成电路

③ 四列集成电路引脚分布规律　四列集成电路的引脚分成四列，且每列的引脚数相等，所以这种集成电路的引脚是 4 的倍数。四列集成电路常见于贴片式集成电路、大规模集成电路和数字集成电路中，图 2-94 是四列集成电路引脚分布示意图。

将四列集成电路正面朝上，且将型号朝着自己，可见集成电路的左下方有一个标记，左下方第一根引脚为①脚，然后逆时针方向依次为各引脚。如果集成电路左下方没有这一识别标记，也是将集成电路如图示一样放好，将印有型号面朝上，且正向面对自己，此时左下角的引脚即为①脚。

④ 金属封装集成电路引脚分布规律　采用金属封装的集成电路现在已经比较少见，过去生产的集成电路常用这种封装形式。图 2-95 是金属封装集成电路的引脚分布示意图。

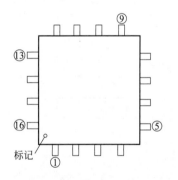

图 2-94　四列集成电路引脚

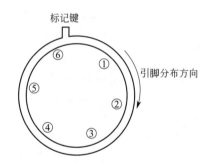

图 2-95　金属封装集成电路引脚

这种集成电路的外壳是金属圆帽形的，引脚识别方法为：将引脚朝上，从突出键标记端起为①脚，顺时针方向依次为各引脚。

（3）检测

① 集成电路的基本检测方法　集成电路的检测分为在线检测和脱机检测。

a. 在线检测是测量集成电路各脚的直流电压，与集成电路各脚直流电压的标准值相比较，以此来判断集成电路质量的好坏。

b. 脱机检测是测量集成电路各脚间的直流电阻，并与集成电路各脚间直流电阻的标准值相比较，从而判断集成电路的好坏。如果测得的数据与集成电路资料上的数据相符，则可判断该集成电路是好的。

② 在线检测的技巧　在线检查集成电路各引脚的直流电压时，为防止表笔在集成电路各引脚间滑动造成短路，可将万用表的黑表笔与直流电压的"地"端固定连接，方法是在"地"端焊接一段带有绝缘层的铜导线，将铜导线的裸露部分缠绕在黑表笔上，放在电路板

的外边，防止与板上的其他地方连接。这样用一只手握住红表笔，找准欲测量集成电路的引脚并接触好，另一只手可扶住电路板，保证测量时表笔不会滑动。

③ 在线测量集成电路各脚的直流电流的技巧　测量电流需要将表笔串联在电路中，而集成电路引脚众多，焊接下来很不容易。用一个壁纸刀将集成电路的引脚与印制板的铜箔走线之间刻一个小口，将两个表笔搭在断口的两端，就可以方便地把万用表的直流电流挡串接在电路中。测量完该集成电路引脚的电流后，再用焊锡将断口连接起来即可。

④ 集成电路的替换检测　集成电路的内部结构比较复杂，引脚数目也比较多，如果没有专用设备要直接测出集成电路的好坏是很难的，因此，当集成电路整机线路出现故障时，检测者往往用替换法来进行集成电路的检测。

用同型号的集成块进行替换实验，是见效最快的一种检测方法。但是要注意，若因负载短路，使大电流 I 流过集成电路造成的损坏，在没有排除负载短路故障的情况下，用相同型号的集成块进行替换实验，其结果是造成集成块的又一次损坏，因此，替换实验的前提是必须保证负载不短路。

2.8　电声器件

电声器件是一种电-声换能器，它可以将电能转换成声能，或者将声能转换成电能。电声器件包括扬声器、耳机、蜂鸣器、驻极体话筒等。

2.8.1　扬声器

(1) 外形与图形符号

扬声器又称喇叭，是一种最常用的电声转换器件，它将模拟的语音电信号转化成声波，是收音机、录音机、电视机和音响设备中的重要器件。电动式扬声器是最常见的一种结构，电动式扬声器由纸盆、音圈、音圈支架、磁铁、盆架等组成。扬声器的常见外形和符号如图2-96所示。

图 2-96　扬声器

(2) 种类
扬声器可按以下方式进行分类。

① 按换能方式可分为动圈式（即电动式）、电容式（即静电式）、电磁式（即舌簧式）和压电式（即晶体式）等。

② 按频率范围可分为低音扬声器、中音扬声器和高音扬声器。

③ 按扬声器形状可分为纸盆式、号筒式和球顶式扬声器等。

(3) 工作原理

扬声器的种类很多，但工作原理大同小异，这里仅介绍应用最为广泛的动圈式扬声器的工作原理。动圈式扬声器的结构如图 2-97 所示。

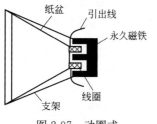

图 2-97 动圈式扬声器的结构

从图中可以看出，动圈式扬声器主要由永久磁铁、线圈（或称为音圈）和与线圈做在一起的纸盆等构成。当电信号通过引出线流进线圈时，线圈产生磁场，由于流进线圈的电流是变化的，故线圈产生的磁场也是变化的，线圈变化的磁场与磁铁的磁场相互作用，线圈和磁铁不断出现排斥和吸引，质量小的线圈产生运动（时而远离磁铁，时而靠近磁铁），线圈的运动带动与它相连的纸盆振动，纸盆就发出声音，从而实现了电-声转换。

(4) 检测

检测扬声器质量的好坏如图 2-98 所示。

① 万用表检测法　将万用表置 R×1 挡，把任意一只表笔与扬声器的任一引出端相接，用另一只表笔断续触碰扬声器另一引出端，此时，扬声器应发出"喀喀"声，指针亦相应摆动。如触碰时扬声器不发声，指针也不摆动，说明扬声器内部音圈断路或引线断裂。

② 电池触碰法　使用一节干电池连接上导线瞬间地短路喇叭，看有没有"咔嚓咔嚓"的声音，如果有的话就是好的。

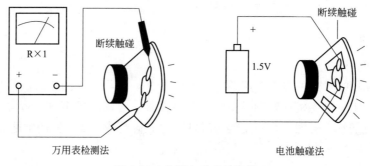

图 2-98 检测电动式扬声器

2.8.2 耳机

(1) 外形与图形符号

耳机是一种能将电能转换为声能的电声转换器，它的结构与电动式扬声器相似，也是由磁铁、音圈、振动膜片等组成的，但耳机的音圈大多是固定的。耳机的外形与电路符号如图 2-99 所示。

(2) 种类与工作原理

耳机的种类很多，可分为动圈式、动铁式、压电式、静电式、气动式、等磁式和驻极体式七类，动圈式、动铁式和压电式耳机较为常见，其中动圈式耳机使用最为广泛。

动圈式耳机：是一种最常用的耳机，其结构、工作原理与动圈式扬声器相同，可以看作是微型动圈式扬声器。动圈式耳机的优点是制作相对容易，且线性好、失真小、频响宽。

图 2-99 耳机的外形与符号

动铁式耳机：又称电磁式耳机，动铁式耳机的音圈是绕在一个位于永磁场的中央被称为"平衡衔铁"的精密铁片上。这块铁片在磁力的作用下带动振膜发声。动圈是直接带动振膜，而动铁是通过一个结构精密的连接棒传导到一个微型振膜的中心点，从而产生振动并发声。

压电式耳机：这种耳机的发声元件是压电陶瓷片。当瓷片两端加上不断变化的音频电压时，瓷片就发生振动，从而发出声音。压电式耳机效率高、频率高，其缺点是失真大、驱动电压高、低频响应差、抗冲击差。这种耳机的使用远不及动圈式耳机广泛。

(3) 检测

如图 2-100 所示，将万用表置于 R×1 挡，黑表笔接耳机插头的公共点，红表笔分别接触左右声道，触电时测出的 2 个电阻应相同，一般为 20～30Ω，同时还可以听到耳机发出的"喀喀"声。

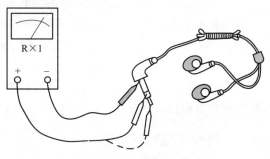

图 2-100　检测耳机

如果在测量时耳机无声，万用表指针也不偏转，说明相应的耳机有引线断裂或内部焊点脱开的故障。若指针摆至零位附近，说明相应耳机内部引线或耳机插头处有短路的地方。若指针指示阻值正常，但发声很轻，一般是耳机振膜片与磁铁间的间隙不对造成的。

2.8.3　蜂鸣器

蜂鸣器是一种一体化结构的电子讯响器，广泛应用于计算机、打印机、复印机、报警器、电子玩具、汽车电子设备、电话机、定时器等电子产品中用作发声器件。

(1) 外形与图形符号

蜂鸣器的外形与电路符号如图 2-101 所示，蜂鸣器在电路中用字母"H"或"HA"表示。

横向图　　纵向图

(a) 实物外形　　　　　　　(b) 图形符号

图 2-101　蜂鸣器

(2) 种类及结构原理

蜂鸣器主要有压电式蜂鸣器和电磁式蜂鸣器两种类型。

① 压电式蜂鸣器　压电式蜂鸣器主要由多谐振荡器、压电蜂鸣片、阻抗匹配器及共鸣箱、外壳等组成。有的压电式蜂鸣器外壳上还装有发光二极管。多谐振荡器由晶体管或集成电路构成。当接通电源后（1.5～15V 直流工作电压），多谐振荡器起振，输出 1.5～2.5kHz 的音频信号，阻抗匹配器推动压电蜂鸣片发声。压电蜂鸣片由锆钛酸铅或铌镁酸铅压电陶瓷材料制成。在陶瓷片的两面镀上银电极，经极化和老化处理后，再与黄铜片或不锈

钢片粘在一起。

②电磁式蜂鸣器　电磁式蜂鸣器由振荡器、电磁线圈、磁铁、振动膜片及外壳等组成。接通电源后，振荡器产生的音频信号电流通过电磁线圈，使电磁线圈产生磁场。振动膜片在电磁线圈和磁铁的相互作用下，周期性地振动发声。

（3）有源和无源蜂鸣器的区别

根据内部是否含有振荡器，蜂鸣器可分为有源蜂鸣器和无源蜂鸣器两种。

有源蜂鸣器和无源蜂鸣器的区别方法如下。

万用表拨至 R×1Ω 档，用黑表笔接蜂鸣器"＋"引脚，红表笔间断碰触另一引脚，蜂鸣器发出"咔嚓声"，并且电阻较小（通常为 8Ω 或 16Ω 左右）的为无源蜂鸣器；能发出持续声音且电阻在几百欧以上的是有源蜂鸣器。

有源蜂鸣器直接接上额定电源（新的蜂鸣器在标签上都有注明）就可连续发声；而无源蜂鸣器则和电磁扬声器一样，需要接在音频输出电路中才能发声。

2.8.4　驻极体电容式话筒

（1）外形与图形符号

驻极体电容式话筒是一种用驻极体材料制作的新型话筒，具有体积小、频带宽、噪声小、灵敏度高等特点，被广泛应用于助听器、录音机、无线话筒等产品中。驻极体电容式话筒的外形与电路符号如图 2-102 所示。

（2）检测

如图 2-103 所示，将万用表置于 R×1k 挡，红表笔接话筒负极（芯线），黑表笔接话筒正极（引线屏蔽层）。此时，测量值约为 1kΩ，然后正对话筒说话，万用表指针应随发声而摆动。

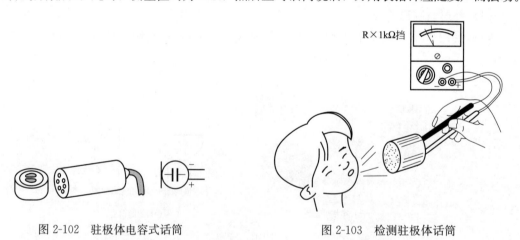

图 2-102　驻极体电容式话筒　　　　图 2-103　检测驻极体话筒

2.9　光耦合器

（1）外形与图形符号

光耦合器亦称光电隔离器，简称光耦。光耦合器以光为媒介传输电信号。它对输入、输出电信号有良好的隔离作用，在各种电路中得到广泛的应用。光耦合器一般由光的发射、光的接收及信号放大三部分组成。输入的电信号驱动发光二极管，使之发出一定波长的光，被光探测器接收而产生光电流，再经过进一步放大后输出。光耦合器的种类很多，常用的大多为近距离使用的反射型光耦合器和投射型光耦合器。光耦合器的结构与外形如图 2-104 所示。

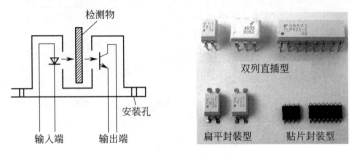

图 2-104　光耦合器

（2）检测

光耦合器检测主要有输入级检测、输出级检测、绝缘性能检测等。

① 输入级检测　检测红外发光二极管的单向导电性。

如图 2-105 所示，将万用表置于 R×1k 挡，检测发光二极管的正反向电阻，正常情况下正向电阻比反向电阻小很多，若相差很大，则说明管子已经损坏。

② 输出级检测　检测接收管暗电阻。

如图 2-106 所示，将万用表置于 R×1k 挡，红表笔接光电三极管发射极 E，黑表笔接集电极 C，测得的电阻越大越好，暗电阻越大说明光电三极管的暗电流越小，其工作稳定性越好。

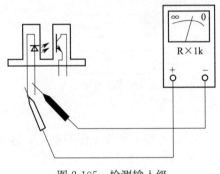

图 2-105　检测输入级

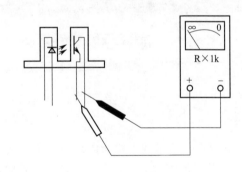

图 2-106　检测输出级

③ 检测输入级和输出级间的绝缘性能。

如图 2-107 所示，将万用表置于 R×10k 挡，测量输入级和输出级之间的绝缘电阻应为无穷大，否则，说明输入级和输出级之间存在漏电现象，没有达到隔离要求，不能使用。

④ 估测灵敏度　按图 2-108 所示连接测试电路，将万用表置于 R×10k 挡，当黑纸片插入光耦合器的凹槽中，挡住接收管的红外光，万用表指示电阻值为最大值，上下移动黑纸片，万用表指针摆动幅度越大表示灵敏度越高。

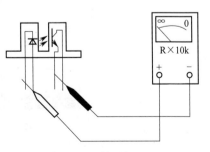

图 2-107　检测输入级和输出级间的绝缘性能

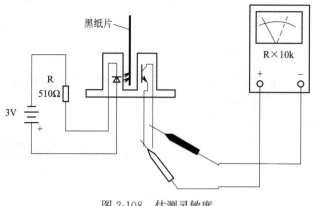

图 2-108　估测灵敏度

2.10　干簧管

(1) 外形与图形符号

干簧管是一种利用磁场直接磁化触点而让触点开关产生接通或断开动作的器件。干簧管的外形与电路符号如图 2-109 所示。

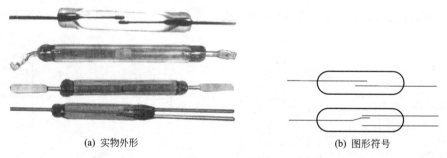

(a) 实物外形　　　　　　　　　　　　(b) 图形符号

图 2-109　干簧管

图 2-109 所示的干簧管内部只有常开或常闭触点，还有一些干簧管不但有触点，还有线圈，这种干簧管称为干簧管继电器。干簧管继电器的外形与电路符号如图 2-110 所示。

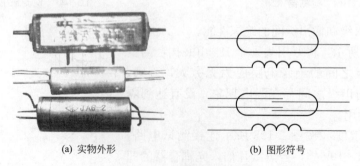

(a) 实物外形　　　　　　　　　　　　(b) 图形符号

图 2-110　干簧管继电器

(2) 工作原理

① 干簧管的工作原理　干簧管的工作原理如图 2-111 所示。

当干簧管未加磁场时，内部两个簧片不带磁性，处于断开状态。若将磁铁靠近干簧管，内部两个簧片被磁化而带上磁性，一个簧片磁性为 N，另一个簧片磁性为 S，两个簧片磁性相异产生吸引，从而使两簧片的触点接触。

② 干簧管继电器的工作原理　干簧管继电器的工作原理如图 2-112 所示。

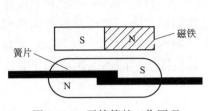

图 2-111　干簧管的工作原理

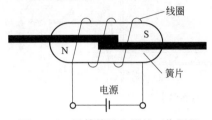

图 2-112　干簧管继电器的工作原理

当干簧管继电器线圈未加电压时，内部两个簧片不带磁性，处于断开状态。若给干簧管继电器线圈加电压，线圈产生磁场，线圈的磁场将内部两个簧片磁化而带上磁性，一个簧片磁性为 N，另一个簧片磁性为 S，两个簧片磁性相异产生吸引，从而使两簧片的触点接触。

(3) 应用

图 2-113 所示是一个光控开门控制电路，它可根据有无光线来启动电动机工作，让电动机驱动大门打开。图中的光控开门控制电路主要是由干簧管继电器 GHG、继电器 K1 和安装在大门口的光敏电阻 RG 及电动机组成的。

在白天，将开关 S 断开，自动光控开门电路不工作。在晚上，将 S 闭合，在没有光线照射大门时，光敏电阻 RG 阻值很大，流过干簧管继电器线圈的电流很小，干簧管继电器不工作，若有光线照射大门（如汽车灯）时，光敏电阻阻值变小，流过干簧管继电器线圈的电流很大，线圈产生磁场将管内的两块簧片磁化，两块簧片吸引而使触点接触，有电流流过继电器 K1 线圈，线圈产生磁场吸合常开

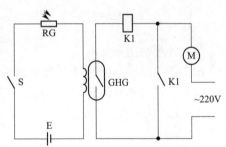

图 2-113　光控开门控制电路

触点 K1，K1 闭合，有电流流向电动机，电动机运转，通过传动机构将大门打开。

(4) 检测

① 干簧管的检测　干簧管的检测包括常态检测和施加磁场检测。

常态检测是指未施加磁场时对干簧管进行检测。在常态检测时，万用表选择 R×1Ω 挡，测量干簧管两引脚之间的电阻，如图 2-114(a) 所示，对于常开触点的正常阻值应为∞，若

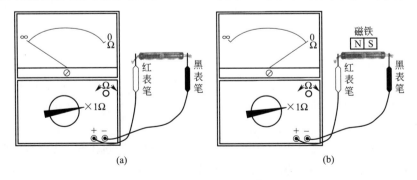

图 2-114　干簧管的检测

阻值为0Ω，说明干簧管簧片触点短路。

在施加磁场检测时，万用表选择 R×1Ω 挡，测量干簧管两引脚之间的电阻，同时用一块磁铁靠近干簧管，如图 2-114(b) 所示，正常阻值应由∞变为0Ω，若阻值始终为∞，说明干簧管触点无法闭合。

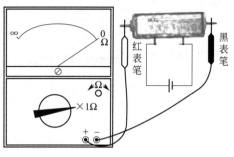

图 2-115　干簧管继电器通电检测

② 干簧管继电器的检测　对于干簧管继电器，在常态检测时，除了要检测触点引脚间的电阻外，还要检测线圈引脚间的电阻，正常触点间的电阻为∞，线圈引脚间的电阻应为十几欧至几十千欧。

干簧管继电器常态检测正常后，还需要给线圈通电进行检测。干簧管继电器通电检测如图 2-115 所示，将万用表拨至 R×1Ω 挡，测量干簧管继电器触点引脚之间的电阻，然后给线圈引脚通额定工作电压，正常触点引脚间的阻值应由∞变为0Ω，若阻值始终为∞，说明干簧管触点无法闭合。

2.11　数字显示器件

2.11.1　LED 数码管

(1) 外形与图形符号

LED 数码管由 8 段发光二极管组成。其中 7 段组成"8"字，1 段组成小数点。通过不同的组合，可用来显示数字 0~9 及符号"."。

① LED 数码管的外形结构　LED 数码管的外形结构如图 2-116 所示。

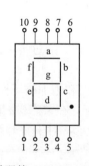

图 2-116　LED 数码管

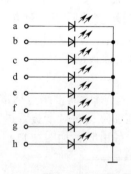

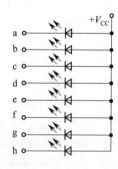

图 2-117　LED 数码管的内部构造

② LED 数码管的内部结构　LED 数码管的内部构造分共阴极型和共阳极型 2 种，共阳极型即各发光二极管的正极相互连通，共阴极型即各发光二极管的负极相互连通，如图 2-117 所示。

(2) 检测

如图 2-118 所示，将数字式万用表置于二极管测量挡，通过测量 LED 数码管各脚之间是否导通，来识别数码管是共阳极型还是共阳极型，当某一笔段的发光二极管正向导通，该笔段就应该发光，就可以判别各引脚所对应的笔段有无损坏。

2.11.2 液晶数字显示器

(1) 外形与图形符号

液晶数字显示器 LCD 是一种功耗极小的场效应器件，属于无源显示器件，它本身不能发光，只能反射或透射外部光线。当显示器的公共极和透明导电极之间加 2～10V 交流电压时，就会使透明电极（笔段）的亮度发生显著变化，从而显示出数字或符号。液晶数字显示器实物如图 2-119 所示。

图 2-118　检测 LED 数码管

(2) 检测

如图 2-120 所示，将数字式万用表置于二极管测量挡，当黑表笔接液晶数码显示管的公共极，红表笔分别接透明的笔段电极引脚时，则应显示出对应的数字笔段，数字万用表显示为"溢出"状态（仅显示最高数字"1"）。

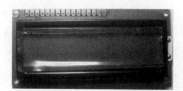

图 2-119　液晶数字显示器

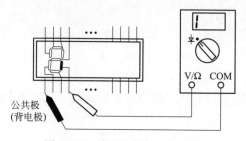

图 2-120　检测液晶数字显示器

电子生产工艺

3.1 组装工艺

(1) 导线的加工

① 下料　按工艺文件中导线加工表中的要求，用斜口钳或下线机等工具对所需导线进行剪切。下料时应做到长度准、切口整齐、不损伤导线及绝缘皮（漆）。

② 剥头　将绝缘导线的两端用剥线钳等工具去掉一段绝缘层而露出芯线的过程称为剥头。剥头长度一般为 10～12mm。剥头时应做到绝缘层剥除整齐，芯线无损伤、断股等。

③ 捻头　对多股芯线，剥头后用镊子或捻头机把松散的芯线绞合整齐称为捻头。捻头时应松紧适度（其螺旋角一般在 30°～40°）、不卷曲、不断股。

④ 浸锡或搪锡　为了提高导线的可焊性，防止虚焊、假焊，要对导线进行浸锡或搪锡处理。浸锡或搪锡即把经前 3 步处理的导线剥头插入锡锅中浸锡或用电烙铁搪锡。

浸锡时间 1～3s 为宜，浸锡后应立刻浸入酒精中散热，以防止绝缘层收缩或破裂。被浸锡的表面应光滑明亮，无拉尖和毛刺，焊料层薄厚均匀，无残渣和焊剂粘附。若需导线量很少时，也可用电烙铁搪锡。

(2) 元器件引脚的加工

在组装电子整机产品的印制电路板部件时，为了满足安装尺寸与印制电路板配合，提高焊接质量，避免虚焊，使元器件排列整齐、美观，元器件在安装前应预先将其引线弯曲成一定的形状。

① 元器件引线的成形　元器件引线的折弯成形，应根据焊点间距，做成需要的形状，图 3-1 所示为引线折弯的各种形状。如图 3-1(a)、(b)、(c) 所示为卧式形状，如图 3-1(d)、(e) 所示为立式形状。图 3-1(a) 可直接贴到印制电路板上；图 3-1 (b)、(d) 则要求与印制电路板有 2～5mm 的距离，用于双面印制电路板或发热元器件；图 3-1(c)、(e) 引线较长，多用于焊接时怕热的元器件。

图 3-2 所示为三极管和圆形外壳集成电路的引线成形要求。图 3-3 所示为扁平封装集成电路的引线成形要求，扁平封装集成电路的引线在出厂前已经加工成形，一般不需要再进行成形。

② 元器件引线的搪锡　元器件因长期暴露于空气中存放，其引线表面有氧化层，为提高其可焊性，必须作搪锡处理。元器件引线在搪锡前可用刮刀或砂纸去除元器件引线的氧化

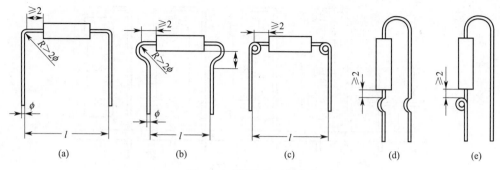

图 3-1　元器件的引线成形

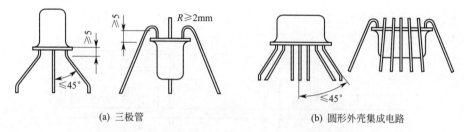

(a) 三极管　　　　　　　　　(b) 圆形外壳集成电路

图 3-2　三极管和圆形外壳集成电路的引线成形

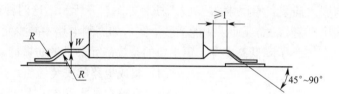

图 3-3　扁平封装集成电路的引线成形

层。注意不要划伤和折断引线。但对扁平封装的集成电路，则不能用刮刀，而只能用绘图橡皮轻擦清除氧化层，并应先成形，后搪锡。

（3）元器件的插装形式

元器件的插装方法可分为手工插装和自动插装。不论采用哪种插装方法，其插装形式都可分为立式插装、卧式插装、倒立插装、横向插装和嵌入插装。

① 卧式插装　卧式插装是将元器件紧贴印制电路板的板面水平放置，元器件与印制电路板之间的距离可视具体要求而定，如图 3-4 所示。

卧式插装的优点是元器件的重心低，比较牢固稳定，受振动时不易脱落，更换时比较方便。由于元器件是水平放置，故节约了垂直空间。

② 立式插装　立式插装是将元器件垂直插入印制电路板，如图 3-5 所示。立式插装的优点是插装密度大，占用印制电路板的面积小，插装与拆卸都比较方便。

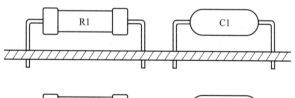

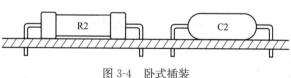

图 3-4　卧式插装

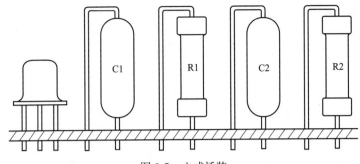

图 3-5　立式插装

③ 横向插装　横向插装如图 3-6 所示。它是将元器件先垂直插入印制电路板，然后将其朝水平方向弯曲。该插装形式适用于具有一定高度的元器件，以降低高度。

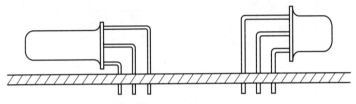

图 3-6　横向插装

④ 倒立插装与嵌入插装　倒立插装与嵌入插装如图 3-7 所示。这两种插装形式一般情况下应用不多，是为了特殊的需要而采用的插装形式（如高频电路中减少元器件引脚带来的天线作用）。嵌入插装除为了降低高度外，更主要的是提高元器件的防振能力和加强牢靠度。

（4）集成电路的安装

集成电路在装入印制电路板前，首先要判断引线的排列顺序，然后再检查引线是否与印制电路板的孔位相同，否则，就可能装错或装不进孔位，甚至将引线弄弯。插装集成电路时，不能用力过猛，以防止弄断或弄偏引线。

集成电路的封装形式很多，有晶体管式封装、单列直插式封装、双列直插式封装和扁平式封装。

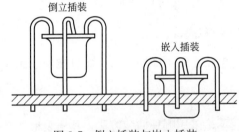

图 3-7　倒立插装与嵌入插装

在使用时，一定要弄清楚引线排列的顺序及第一引脚是哪一个，然后再插入印制电路板。

（5）重大器件的安装

某些元器件的体积、重量都比晶体管和集成电路大且重，如果安装方法不当，就会造成元器件松动，甚至造成电路板焊盘脱落，影响整机的质量。

① 中频变压器及输入、输出变压器带有固定脚，安装时将固定脚插入印制电路板的相应孔位，先焊接固定脚，再焊接其他引脚。

② 对于较大体积的电源变压器，一般要采用螺钉固定。螺钉上最好加上弹簧垫圈，以防止螺钉或螺母的松动。

③ 磁棒的安装一般采用塑料支架固定。先将塑料支架插到印制电路板的支架孔位上，然后用电烙铁从印制电路板的反面给塑料脚加热熔化，使之形成铆钉将支架牢固地固定在电路板上，待塑料脚冷却后，再将磁棒插入即可。

④ 对于体积较大的电解电容器，可采用弹性夹固定，如图 3-8 所示。

图 3-8 体积较大的电解电容器的固定

3.2 焊接工艺

3.2.1 焊接工具

(1) 外热式电烙铁

外热式电烙铁的外形如图 3-9 所示，它由烙铁头、烙铁芯、外壳、手柄、电源线和插头等部分组成。电阻丝绕在薄云母片绝缘的圆筒上，组成烙铁芯，烙铁头安装在烙铁芯里面，电阻丝通电后产生的热量传送到烙铁头上，使烙铁头温度升高，故称为外热式电烙铁。常用的电烙铁有 25W、75W 和 100W 等几种。在焊接印制电路板组件时，通常使用功率为 25W 的电烙铁。

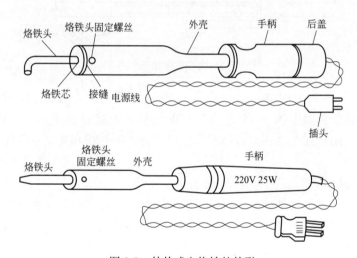

图 3-9 外热式电烙铁的外形

烙铁头可以加工成不同形状，如图 3-10 所示。凿式和尖锥形烙铁头的角度较大时，热量比较集中，温度下降较慢，适用于焊接一般焊点。当烙铁头的角度较小时，温度下降快，适用于焊接对温度比较敏感的元器件。斜面烙铁头，由于表面大，传热较快，适用于焊接布线不很拥挤的单面印制电路板焊接点。圆锥形烙铁头适用于焊接高密度的线头、小孔及小而怕热的元器件。

(2) 内热式电烙铁

内热式电烙铁如图 3-11 所示。由于发热芯子装在烙铁头里面，故称为内热式电烙铁。芯子是采用极细的镍铬电阻丝绕在瓷管上制成的，在外面套上耐高温绝缘管。烙铁头的一端是空心的，它套在芯子外面，用弹簧来紧固。

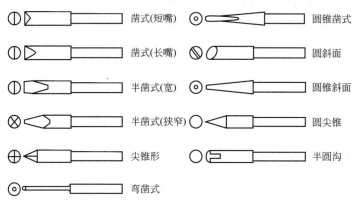

图 3-10　不同形状的烙铁头

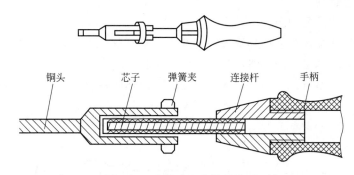

图 3-11　内热式电烙铁的外形

由于芯子装在烙铁头内部，热量能完全传到烙铁头上，发热快，热量利用率高达85％～90％，烙铁头部温度达350℃左右。20W 内热式电烙铁的实用功率相当于 25～40W的外热式电烙铁。内热式电烙铁具有体积小、重量轻、发热快和耗电低等优点，因而得到广泛应用。

(3) 恒温电烙铁

目前使用的外热式和内热式电烙铁的烙铁头温度都超过 300℃，这对焊接晶体管集成块等是不利的，一是焊锡容易被氧化而造成虚焊；二是烙铁头的温度过高，若烙铁头与焊点接触时间长，就会造成元器件损坏。在要求较高的场合，通常采用恒温电烙铁。

恒温电烙铁有电控和磁控两种。电控恒温电烙铁是用热电偶作为传感元件来检测和控制烙铁头温度。

当烙铁头的温度低于规定数值时，温控装置就接通电源，对电烙铁加热，使温度上升；当达到预定温度时，温控装置自动切断电源。

这样反复动作，使电烙铁基本保持恒定温度。磁控恒温电烙铁是在烙铁头上装一个强磁性体传感器，用于吸附磁性开关（控制加热器开关）中的永久磁铁来控制温度。

升温时，通过磁力作用，带动机械运动的触点，闭合加热器的控制开关，电烙铁被迅速加热；当烙铁头达到预定温度时，强磁性体传感器到达居里点（铁磁物质完全失去磁性的温度）而失去磁性，从而使磁性开关的触点断开，加热器断电，于是烙铁头的温度下降。

当温度下降至低于强磁性体传感器的居里点时，强磁性体恢复磁性，又继续给电烙铁供电加热。如此不断地循环，达到控制电烙铁温度的目的。

如果需要控制不同的温度，只需要更换烙铁头即可。因不同温度的烙铁头，装有不同规格的强磁性体传感器，其居里点不同，失磁温度各异。烙铁头的工作温度可在 260～450℃ 内任意选取。

恒温电烙铁如图 3-12 所示，居里点控制电路如图 3-13 所示。

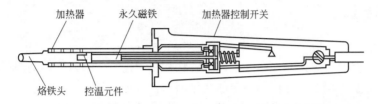

图 3-12 恒温电烙铁

(4) 吸锡电烙铁

在检修无线电整机时，经常需要拆下某些元器件或部件，这时使用吸锡电烙铁就能够方便地吸附印制电路板焊接点上的焊锡，使焊接件与印制电路板脱离，从而可以方便地进行检查和修理。

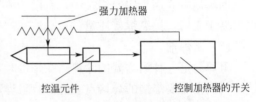

图 3-13 居里点控制电路

图 3-14 所示为一种吸锡电烙铁图。吸锡电烙铁由烙铁体、烙铁头、橡皮囊和支架等部分组成。

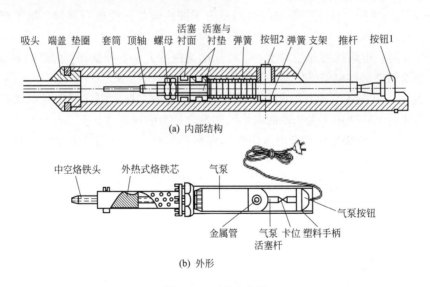

(a) 内部结构

(b) 外形

图 3-14 吸锡电烙铁

使用时先缩紧橡皮囊，然后将烙铁头的空心口子对准焊点，稍微用力。待焊锡熔化时放松橡皮囊，焊锡就被吸入烙铁头内；移开烙铁头，再按下橡皮囊，焊锡便被挤出。

(5) 吸锡器

常见吸锡器的外形如图 3-15 所示。

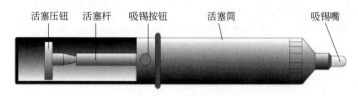

图 3-15　吸锡器的外形

3.2.2　焊接材料

(1) 焊锡丝

焊锡丝由助焊剂与焊锡制作在一起做成管状，在焊锡管中夹带固体助焊剂。助焊剂一般选用特级松香为基质材料，并添加一定的活化剂。管状焊锡丝一般适用于手工焊接。焊锡丝的直径有 0.5～2.4mm 的 8 种规格，应根据焊点的大小选择焊丝的直径。

(2) 助焊剂

助焊剂主要用于锡铅焊接中，有助于清洁被焊接面，防止氧化，增加焊料的流动性，使焊点易于成形，提高焊接质量。

(3) 阻焊剂

阻焊剂是一种耐高温的涂料。在焊接时，可将不需要焊接的部位涂上阻焊剂保护起来，使焊料只在需要焊接的焊接点上进行。阻焊剂广泛用于浸焊和波峰焊。

3.2.3　手工焊接

(1) 手工烙铁锡焊姿势

① 电烙铁的握法　使用电烙铁的目的是为了加热被焊件而进行锡焊，绝不能烫伤、损坏导线和元器件，因此必须正确掌握电烙铁的握法。

手工焊接时，电烙铁要拿稳对准，可根据电烙铁的大小、形状和被焊件的要求等不同情况决定电烙铁的握法。电烙铁的握法通常有 3 种，如图 3-16 所示。

a. 反握法。反握法是用五指把电烙铁柄握在手掌内。这种握法焊接时动作稳定，长时间操作不易疲劳。它适用于大功率的电烙铁和热容量大的被焊件。

b. 正握法。正握法是用五指把电烙铁柄握在手掌外。它适用于中功率的电烙铁或烙铁头弯的电烙铁。

c. 握笔法。这种握法类似于写字时手拿笔一样，易于掌握，但长时间操作易疲劳，烙铁头会出现抖动现象，因此适用于小功率的电烙铁和热容量小的被焊件。

(a) 反握法　　(b) 正握法　　(c) 握笔法　　　　连续锡丝拿法　　　断续锡丝拿法

图 3-16　电烙铁的握法　　　　　图 3-17　焊锡丝的拿法

② 焊锡丝的握法　手工焊接中一手握电烙铁，另一手拿焊锡丝，帮助电烙铁吸取焊料。拿焊锡丝的方法一般有两种：连续锡丝拿法和断续锡丝拿法，如图 3-17 所示。

a. 连续锡丝拿法。连续锡丝拿法是用拇指和四指握住焊锡丝，三手指配合拇指和食指把焊锡丝连续向前送进。它适用于成卷（筒）焊锡丝的手工焊接。

b. 断续锡丝拿法。断续锡丝拿法是用拇指、食指和中指夹住焊锡丝，采用这种拿法，焊锡丝不能连续向前送进。它适用于用小段焊锡丝的手工焊接。

③ 焊接操作注意事项

a. 由于焊丝成分中铅占一定比例，众所周知，铅是对人体有害的重金属，因此操作时应戴手套或操作后洗手，避免食入。

b. 焊剂加热时挥发出来的化学物质对人体是有害的，如果在操作时人的鼻子距离烙铁头太近，则很容易将有害气体吸入。一般鼻子距烙铁的距离不小于 30cm，通常以 40cm 为宜。

c. 使用电烙铁要配置烙铁架，一般放置在工作台右前方，电烙铁用后一定要稳妥地放于烙铁架上，并注意导线等物体不要碰烙铁头。

(2) 手工烙铁锡焊操作

手工烙铁锡焊的基本操作，通常采用图 3-18 所示的五步操作法。

① 准备施焊　将焊接所需材料、工具准备好，如焊锡丝、松香焊剂、电烙铁及其支架等。焊前对烙铁头要进行检查，查看其是否能正常"吃锡"。如果吃锡不好，就要将其锉干净，再通电加热并用松香和焊锡将其镀锡，即预上锡，如图 3-18(a) 所示。

② 加热焊件　加热焊件就是将预上锡的电烙铁放在被焊点上，如图 3-18(b) 所示，使被焊件的温度上升。烙铁头放在焊点上时应注意，其位置应能同时加热被焊件与铜箔，并要尽可能加大与被焊件的接触面，以缩短加热时间，保护铜箔不被烫坏。

③ 熔化焊料　待被焊件加热到一定温度后，将焊锡丝放到被焊件和铜箔的交界面上（注意不要放到烙铁头上），使焊锡丝熔化并浸湿焊点，如图 3-18(c) 所示。

④ 移开焊锡　当焊点上的焊锡已将焊点浸湿时，要及时撤离焊锡丝，以保证焊锡不至过多，焊点不出现堆锡现象，从而获得较好的焊点，如图 3-18(d) 所示。

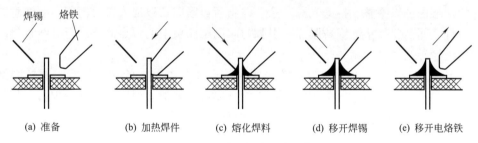

(a) 准备　　(b) 加热焊件　　(c) 熔化焊料　　(d) 移开焊锡　　(e) 移开电烙铁

图 3-18　手工焊接基本操作

⑤ 移开电烙铁　移开焊锡后，待焊锡全部润湿焊点，并且松香焊剂还未完全挥发时，就要及时、迅速地移开电烙铁，电烙铁移开的方向以 45°角最为适宜。如果移开的时机、方向、速度掌握不好，则会影响焊点的质量和外观，如图 3-18(e) 所示。

完成这五步后，焊料尚未完全凝固以前，不能移动被焊件之间的位置，因为焊料未凝固时，如果相对位置被改变，就会产生假焊现象。

上述过程对一般焊点而言，需要两三秒钟。对于热容量较小的焊点，例如印制电路板上的小焊盘，有时用三步法概括操作方法，即将上述步骤②、③合为一步，④、⑤合为一步。实际上细微区分还是五步，所以五步法有普遍性，是掌握手工焊接的基本方法。

提示：各步骤之间停留的时间对保证焊接质量至关重要，只有通过实践才能逐步掌握。

（3）印制电路板的焊接

① 焊接前的准备

a. 焊接前要将被焊元器件的引线进行清洁和预挂锡。

b. 清洁印制电路板的表面，主要是去除氧化层、检查焊盘和印制导线是否有缺陷和短路点等不足。同时还要检查电烙铁能否吃锡，如果吃锡不良，应进行去除氧化层和预挂锡工作。

c. 熟悉相关印制电路板的装配图，并按图纸检查所有元器件的型号、规格及数量是否符合图纸的要求。

② 装焊顺序　元器件装焊的顺序原则是先低后高、先轻后重、先耐热后不耐热。一般的装焊顺序依次是电阻器、电容器、二极管、三极管、集成电路、大功率管等。

③ 常见元器件的焊接

a. 电阻器的焊接。按图纸要求将电阻器插入规定位置，插入孔位时要注意，字符标注的电阻器的标称字符要向上（卧式）或向外（立式），色码电阻器的色环顺序应朝一个方向，以方便读取。插装时可按图纸标号顺序依次装入，也可按单元电路装入，依具体情况而定，然后就可对电阻器进行焊接。

b. 电容器的焊接。将电容器按图纸要求装入规定位置，并注意有极性电容器的阴、阳极不能接错，电容器上的标称值要易看可见。可先装玻璃釉电容器、金属膜电容器、瓷介电容器，最后装电解电容器。

c. 二极管的焊接。将二极管辨认正、负极后按要求装入规定位置，型号及标记要向上或朝外。对于立式安装二极管，其最短的引线焊接要注意焊接时间不要超过 2s，以避免温升过高而损坏二极管。

d. 三极管的焊接。按要求将 e、b、c 三个引脚插入相应孔位，焊接时应尽量缩短焊接时间，并可用镊子夹住引脚，以帮助散热。焊接大功率三极管，若需要加装散热片时，应将散热片的接触面加以平整、打磨光滑，涂上硅脂后再紧固，以加大接触面积。要注意，有的散热片与管壳间需要加垫绝缘薄膜片。引脚与印制电路板上的焊点需要进行导线连接时，应尽量采用绝缘导线。

e. 集成电路的焊接。将集成电路按照要求装入印制电路板的相应位置，并按图纸要求进一步检查集成电路的型号、引脚位置是否符合要求，确保无误后便可进行焊接。焊接时应先焊接 4 个角的引脚，使之固定，然后再依次逐个焊接。

（4）导线的焊接

导线焊接在电子产品装配中占有重要的位置。实践中发现，在出现故障的电子产品中，导线焊点的失效率高于印制电路板，所以对导线的焊接工艺要求更高。

预焊在导线的焊接中是关键的步骤，尤其是多股导线，如果没有预焊的处理，焊接质量很难保证。导线的预焊又称为挂锡，方法与元器件引线预焊方法一样，需要注意的是，导线挂锡时要边上锡边旋转。多股导线的挂锡要防止"烛心效应"，即焊锡浸入绝缘层内，造成软线变硬，容易导致接头故障，如图 3-19 所示。

焊接方法因焊接点的连接方式而定，通常有 3 种基本方式：绕焊、钩焊和搭焊，如图 3-20 所示。

① 绕焊　绕焊是将被焊元器件的引线或导线等线头绕在被焊件接点的金属件上，然后

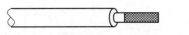

良好的镀层　　　　　　　　烛心效应号致软线变硬

图 3-19　烛心效应

进行焊接，以增加焊接点的强度，如图 3-20(a) 所示。

提示：导线一定要紧贴端子表面，绝缘层不接触端子，一般 $L=1\sim3$mm，这种连接可靠性最好。

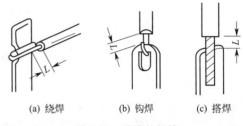

② 钩焊　钩焊是将导线弯成钩形，钩在接线点的眼孔内，使引线不脱落，然后施焊，如图 3-20(b) 所示。钩焊的强度不如绕焊，但操作简便，易于拆焊。

(a) 绕焊　　　(b) 钩焊　　　(c) 搭焊

图 3-20　导线的焊接

③ 搭焊　搭焊是把经过镀锡的导线或元器件引线搭接在焊点上，再进行焊接，如图 3-20(c) 所示。搭与焊是同时进行的，因此无绕头工艺。这种连接方法最简便，但强度可靠性最差，仅用于临时连接或焊接要求不高的产品。

(5) 焊点质量及检查

焊接是电子产品制造中最主要的一个环节，在焊接结束后，为保证焊接质量，都要进行质量检查。通过目视检查和手触检查鉴别焊点质量，典型焊点的形成有以下几种。

① 桥接　桥接是指焊料将印制电路板中相邻的印制导线及焊盘连接起来的现象。明显的桥接较易发现，但细小的桥接用目视法是较难发现的，往往要通过仪器的检测才能暴露出来。

明显的桥接是由于焊料过多或焊接技术不良造成的。当焊接的时间过长使焊料的温度过高时，将使焊料流动而与相邻的印制导线相连，以及电烙铁离开焊点的角度过小都容易造成桥接。

对于毛细状的桥接，可能是由于印制电路板的印制导线有毛刺或有残余的金属丝等，在焊接过程中起到了连接的作用而造成的，如图 3-21 所示。

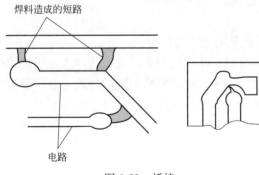

焊料造成的短路

电路

图 3-21　桥接

处理桥接的方法是将电烙铁上的焊料抖掉，再将桥接的多余焊料带走，断开短路部分。

② 拉尖　拉尖是指焊点上有焊料尖产生，如图 3-22 所示。焊接时间过长，焊剂分解挥发过多，使焊料黏性增加，当电烙铁离开焊点时就容易产生拉尖现象，或是由于电烙铁撤离方向不当，也可产生焊料拉尖。最根本的避免方法是提高焊接技能，控制焊接时间。对于已造成拉尖的焊点，应进行重焊。

如果焊料拉尖超过了允许的引出长度，将造成绝缘距离变小，尤其是对高压电路，将造成打火现象。因此，对这种缺陷要加以修整。

③ 堆焊　堆焊是指焊点的焊料过多，外形轮廓不清，甚至根本看不出焊点的形状，而焊料又没有布满被焊物的引线和焊盘，如图 3-23 所示。

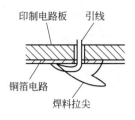

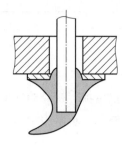

图 3-22　拉尖

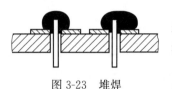

图 3-23　堆焊

造成堆焊的原因是焊料过多，或者是焊料的温度过低，焊料没有完全熔化，焊点加热不均匀，以及焊盘、引线不能润湿等。

避免堆焊形成的办法是彻底清洁焊盘和引线，适量控制焊料，增加助焊剂，或提高电烙铁功率。

④ 空洞　空洞是由于焊盘的穿线孔太大、焊料不足，致使焊料没有全部填满印制电路板插件孔而形成的。除上述原因以外，如印制电路板焊盘开孔位置偏离了焊盘中点，或孔径过大，或孔周围焊盘氧化、脏污、预处理不良，都将造成空洞现象，如图 3-24 所示。出现空洞后，应根据空洞出现的原因分别予以处理。

⑤ 浮焊　浮焊的焊点没有正常焊点的光泽和圆滑，而是呈白色细粒状，表面凸凹不平。造成的原因是电烙铁温度不够，或焊接时间太短，或焊料中杂质太多。浮焊的焊点机械强度较弱，焊料容易脱落。出现该种焊点时，应进行重焊，重焊时应提高电烙铁温度，或延长电烙铁在焊点上的停留时间，也可更换熔点低的焊料重新焊接。

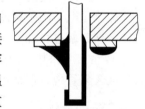

图 3-24　空洞

⑥ 虚焊　虚焊（假焊）就是指焊锡简单地依附在被焊物的表面上，没有与被焊接的金属紧密结合，形成金属合金。从外形上看，虚焊的焊点几乎是焊接良好，但实际上松动，或电阻很大甚至没有连接。由于虚焊是较易出现的故障，且不易被发现，因此要严格焊接程序，提高焊接技能，尽量减少虚焊的出现。

造成虚焊的原因：一是焊盘、元器件引线上有氧化层、油污和污物，在焊接时没有被清洁或清洁不彻底而造成焊锡与被焊物的隔离，因而产生虚焊；二是由于在焊接时焊点上的温度较低，热量不够，使助焊剂未能充分发挥，致使被焊面上形成一层松香薄膜，这样造成焊料的润湿不良，便会出现虚焊，如图 3-25 所示。

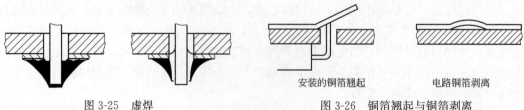

安装的铜箔翘起　　　　　电路铜箔剥离

图 3-25　虚焊　　　　　图 3-26　铜箔翘起与铜箔剥离

⑦ 焊料裂纹　焊点上焊料产生裂纹，主要是由于在焊料凝固时，移动了元器件引线位置而造成的。

⑧ 铜箔翘起、焊盘脱落　铜箔从印制电路板上翘起，甚至脱落，如图 3-26 所示。主要

原因是焊接温度过高，焊接时间过长。另外，维修过程中拆除和重插元器件时，由于操作不当，也会造成焊盘脱落。有时元器件过重而没有固定好，不断晃动也会造成焊盘脱落。

(6) 手工烙铁锡焊注意事项

① 根据焊接物体的大小来选择电烙铁。

② 开始焊接前，必须检查电源线、插头、手柄等有无烧坏，以及烙铁尖的定位情况。

③ 在焊接中，要注意焊接表面的清洁和搪锡。一定要及时清除焊接面的绝缘层、氧化层及污垢，直到完全露出金属表面，并迅速在焊接面搪上锡层，以免表面重新被氧化。

④ 掌握好焊接的温度和时间。不同的焊接对象，要求烙铁头的温度不同，焊接的时间长短也不一样。如电源电压为220V，功率20W的烙铁头在290～480℃，45W烙铁头在400～510℃，可以选择适当瓦数的电烙铁，使其焊接时，在3～5s内达到规定的工作温度要求。

⑤ 恰当把握焊点形成的火候。焊接时不要将烙铁头在焊点上来回磨动，应将烙铁头搪锡面紧贴焊点，待焊锡全部熔化，并在表面形成光滑圆点后迅速移开烙铁头。

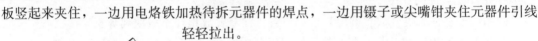

图 3-27 一般元器件拆焊

3.2.4 拆焊

在调试和维修中常需要更换一些元器件，如果方法不恰当，就会破坏印制电路板，也会使换下而并没失效的元器件无法重新使用。一般像电阻器、电容器、晶体管等引脚不多，且每个引线可相对活动的元器件可用电烙铁直接拆焊。如图3-27所示，将印制电路板竖起来夹住，一边用电烙铁加热待拆元器件的焊点，一边用镊子或尖嘴钳夹住元器件引线轻轻拉出。

重新焊接时，须先用锥子将焊孔在加热熔化焊锡的情况下扎通。需要指出的是，这种方法不宜在一个焊点上多次使用，因为印制导线和焊盘经反复加热后很容易脱落，造成印制电路板损坏。

当需要拆下多个焊点且引线较硬的元器件时，以上方法就不行了，为此，下面介绍几种拆焊方法。

(1) 选用合适的医用空心针头拆焊

将医用针头用钢挫挫平，作为拆焊的工具，具体方法是：一边用电烙铁熔化焊点，一边把针头套在被焊的元器件引线上，直至焊点熔化后，将针头迅速插入印制电路板的孔内，使元器件的引线与印制电路板的焊盘脱开，如图3-28所示。

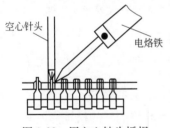

图 3-28 用空心针头拆焊

(2) 用气囊吸锡器进行拆焊

将被拆的焊点加热，使焊料熔化，再把吸锡器挤瘪，将吸嘴对准熔化的焊料，然后放松吸锡器，焊料就被吸进吸锡器内，如图3-29所示。

(3) 用铜编织线进行拆焊

将铜编织线的一部分吃上松香焊剂，然后放

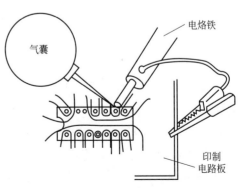

图 3-29 用气囊吸锡器拆焊

在将要拆焊的焊点上，再把电烙铁放在铜编织线上加热焊点，待焊点上的焊锡熔化后，就被铜编织线吸去。如焊点上的焊料没有被一次吸完，则可进行第二次、第三次，直至吸完。铜编织线吸满焊料后，就不能再用，需要把已吸满焊料的部分剪去。

（4）采用吸锡电烙铁拆焊

吸锡电烙铁是一种专用于拆焊的烙铁，它能在对焊点加热的同时，把锡吸入内腔，从而完成拆焊。

拆焊是一项细致的工作，不能马虎从事，否则将造成元器件的损坏和印制导线的断裂以及焊盘的脱落等不应有的损失。为保证拆焊的顺利进行，应注意以下两点：

① 烙铁头加热被拆焊点时，焊料熔化就应及时按垂直印制电路板的方向拔出元器件的引线，不管元器件的安装位置如何、是否容易取出，都不要强拉或扭转元器件，以避免损伤印制电路板和其他元器件。

② 在插装新元器件之前，必须把焊盘插线孔内的焊料清除干净，否则在插装新元器件引线时，将造成印制电路板的焊盘翘起。

清除焊盘插线孔内焊料的方法是：用合适的缝衣针或元器件的引线从印制电路板的非焊盘面插入孔内，然后用电烙铁对准焊盘插线孔加热，待焊料熔化时，缝衣针从孔中穿出，从而清除了孔内焊料。

3.2.5 SMT 元器件焊接

（1）SMT 元器件的焊接和拆卸

① 贴片元器件的焊接

a. 用镊子夹住元器件放置到要焊接的位置，注意要放正，不可偏离焊点。

b. 打开热风枪电源开关，调节热风枪温度开关在 2～3 挡，风速开关在 1～2 挡。

c. 使热风枪的喷头与欲焊接的元器件保持垂直，距离为 2～3cm，在元器件上方，自左向右，自上向下，均匀缓慢加热。

d. 待元器件周围的焊锡熔化后移走热风枪喷头。

e. 焊锡冷却后松开镊子。

f. 用无水酒精将周围的松香清理干净。

② 贴片元器件的拆卸　电烙铁拆焊操作如图 3-30 所示。

a. 在用热风枪拆卸元器件之前，注意观察备用电池，当它离所拆元器件较近时，一定要将电路板上的备用电池拆下。

b. 将电路板固定在电路维修平台上。

c. 拆卸前用小刷子将元器件周围的杂质清理干净，往元器件上加注少许松香水。

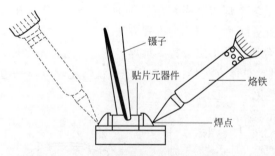

图 3-30　电烙铁拆焊操作示意图

镊子
贴片元器件
烙铁
焊点

d. 使用热风枪拆卸时，应安装好热风枪的细嘴喷头，打开热风枪电源开关，调节热风枪温度开关在 2～3 挡，风速开关在 1～2 挡。

e. 使热风枪的喷头与欲拆卸的元器件保持垂直，距离为 2～3cm，在元器件上方，自左向右，自上向下，均匀缓慢加热，喷头不可接触元器件。

(2) 贴片集成芯片的焊接与拆卸

① 贴片集成芯片的焊接

a. 将焊接点用平头烙铁整理平整,必要时,对焊锡较少的焊点进行补焊,然后清洗焊接处。

b. 将更换的集成芯片与电路板上的焊接位置对好,用带灯放大镜进行反复调整,使之完全对正。

c. 先用电烙铁焊好集成芯片四个角的引脚,将集成芯片固定,然后,再用热风枪吹焊四周。

d. 冷却后,用带灯放大镜检查集成芯片的引脚有无虚焊,若有,应用尖头电烙铁进行补焊,直至全部正常。

e. 用无水酒精将集成电路周围的松香清理干净。

② 贴片集成芯片的拆卸

a. 仔细观察欲拆卸集成芯片的位置和方位,并做好记录,以便焊接时恢复。

b. 调好热风枪的温度和风速。

c. 用单喷头拆卸时,应注意使喷头和所拆集成芯片保持垂直,并沿集成芯片周围的引脚慢速旋转,均匀加热,喷头不可触及集成芯片及周围的元器件,吹焊的位置要准确,且不可吹跑集成芯片周围的外围小元器件。

d. 为了尽可能不使周围元器件受到影响,可采用条形带将要拆卸的芯片周围的元器件贴住,起到一定的保护作用,方法如图 3-31 和图 3-32 所示。

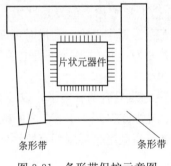

图 3-31 条形带保护示意图

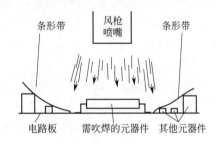

图 3-32 贴片集成芯片吹焊示意图

3.3 调试工艺

3.3.1 静态测试与调整

晶体管、集成电路等有源性器件都必须在一定的静态工作点上工作,才能表现出更好的动态特性,所以在动态调试与整机调试之前必须要对各功能电路的静态工作点进行测量与调整,使其符合原设计要求,这样才可以大大降低动态调试与整机调试时的故障率,提高调试效率。

(1) 静态测试内容

① 供电电源静态电压测试 电源电压是各级电路静态工作点是否正常的前提,电源电

压偏高或偏低都不能测量出准确的静态工作点。电源电压若可能有较大起伏（如彩电的开关电源），最好先不要接入电路，测量其空载和接入假定负载时的电压，待电源电压输出正常后再接入电路。

② 测试单元电路静态工作总电流　通过测量分块电路的静态工作电流，可以及早知道单元电路的工作状态。若电流偏大，则说明电路有短路或漏电；若电流偏小，则电路供电有可能出现开路。只有及早测量该电流，才能减少元件损坏。此时的电流只能作参考单元电路各静态工作点调试完后，还要再测量一次。

③ 三极管的静态电压、电流测试　首先要测量三极管三极对地电压，即 U_b、U_r、U_e，或测量 U_{be}、U_{ce} 电压，判断三极管是否在规定的状态（放大、饱和、截止）内工作。例如，测出 $U_c=0V$、$U_b=0.68V$、$U_e=0V$，则说明三极管处于饱和导通状态。观察该状态是否与设计相同，若不相同，则要细心分析这些数据，并对基极偏置进行适当的调整。

其次再测量三极管集电极静态电流，测量方法有两种：

a. 直接测量法。把集电极焊接铜皮断开，然后串入万用表，用电流挡测量其电流。

b. 间接测量法。通过测量三极管集电极电阻或发射极电阻的电压，然后根据欧姆定律 $I=U/R$，计算出集电极的静态电流。

④ 集成电路静态工作点的测试

a. 集成电路各引脚静态对地电压的测量。集成电路内的晶体管、电阻、电容都封装在一起，无法进行调整。一般情况下，集成电路各脚对地电压基本上反映了内部工作状态是否正常。在排除外围元件损坏（或插错元件、短路）的情况下，只要将所测得电压与正常电压进行比较，即可做出正确判断。

b. 集成电路静态工作电流的测量。有时集成电路虽然正常工作，但发热严重，说明其功耗偏大，是静态工作电流不正常的表现，所以要测量其静态工作电流。测量时可断开集成电路供电引脚铜皮，串入万用表，使用电流挡来测量。若是双电源供电（正负电源），则必须分别测量。

⑤ 数字电路静态逻辑电平的测量　一般情况下，数字电路只有两种电平，以 TTL 与非门电路为例，0.8V 以下为低电平，1.8V 以上为高电平。电压在 0.8～1.8V 之间的电路状态是不稳定的，所以该电压范围是不允许的。不同数字电路高低电平界限都有所不同，但相差不远。

在测量数字电路的静态逻辑电平时，先在输入端加入高电平或低电平。然后再测量各输出端的电压是高电平还是低电平，并做好记录。测量完毕后分析其状态电平，判断是否符合该数字电路的逻辑关系。若不符合，则要对电路引线作一次详细检查，或者更换该集成电路。

(2) 电路调整方法

进行测试的时候，可能需要对某些元件的参数加以调整，一般有两种方法。

① 选择法　通过替换元件来选择合适的电路参数（性能或技术指标）。在电路原理图中，在这种元件的参数旁边通常标注有"＊"号，表示需要在调整中才能准确地选定。因为反复替换元件很不方便，一般总是先接入可调元件，待调整确定了合适的元件参数后，再换上与选定参数值相同的固定元件。

② 调节可调元件法　在电路中已经装有调整元件，如电位器、微调电容或微调电感等。其优点是调节方便，而且电路工作一段时间以后，如果状态发生变化，也可以随时调整，但

可调元件的可靠性差，体积也比固定元件大。

上述两种方法都适用于静态调整和动态调整。静态测试与调整时内容较多，适用于产品研制阶段或初学者试制电路使用。在生产阶段调试，为了提高生产效率，往往只作简单针对性的调试，主要以调节可调性元件为主。对于不合相电路，也只作简单检查，如观察有没有短路或断线等。若不能发现故障，则应立即在底板上标明故障现象，再转向维修生产线上进行维修，这样才不会耽误调试生产线的运行。

3.3.2 动态测试与调整

动态测试与调整是保证电路各项参数、性能、指标的重要步骤，其测试与调整的项目内容包括动态工作电压、波形的形状及其幅值和频率、动态输出功率、相位关系、频带、放大倍数、动态范围等。

对于数字电路来说，只要器件选择合适，直流工作点正常，逻辑关系就不会有太大问题，一般测试电平的转换和工作速度即可。

(1) 电路动态工作电压

测试内容包括三极管 b、c、e 极和集成电路各引脚对地的动态工作电压。动态电压与静态电压同样是判断电路是否正常工作的重要依据，例如有些振荡电路，当电路起振时测量 U_{be} 直流电压，万用表指针会出现反偏现象，利用这一点可以判断振荡电路是否起振。

(2) 测量电路重要波波形的幅度和频率

无论是在调试还是在排除故障的过程中，波形的测试与调整都是一个相当重要的技术。各种整机电路中都可能有波形产生或波形处理变换的电路。为了判断电路各种过程是否正常，是否符合技术要求，常需要观测各被测电路的输入、输出波形，并加以分析。对不符合技术要求的，则要通过调整电路元器件的参数，使之达到预定的技术要求。在脉冲电路的波形变换中，这种测试更为重要。

大多数情况下观察的是电压波形，有时为了观察电流波形，则可通过测量其限流电阻的电压，再转成电流的方法来测量。用示波器观测波形时，上限频率应高于测试波形的频率。对于脉冲波形，示波器的上升时间还必须满足要求。观测波形的时候可能会出现以下几种不正常的情况，只要细心分析波形，总会找出排除的办法。

① 测量点没有波形　这种情况应重点检查电源、静态工作点、测试电路的连线等。

② 波形失真　波形失真或波形不符合设计要求时，必须根据波形特点采取相应的处理方法。例如，功率放大器出现如图 3-33 所示的波形，（a）是正常波形，（b）属于对称性削波失真。通过适当减少输入信号，即可测出其最大不失真输出电压，这就是该放大器的动态范围。

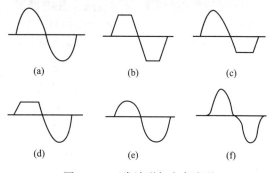

图 3-33　正常波形与失真波形

该动态范围与原设计值进行比较，若相符，则图 3-33（b）的波形也属正常，而（c）、（d）两种波形均可能是由于互补输出级中点电位偏离所引起的，所以检查并调整该放大器的中点电位（即对电位器进行调整，若没有，可改变输入端的偏置电阻）使输出波形对称。

如果测量点电位正常，仍然出现上述波形，则可能是由于前几级电路中某一级工作点不正常引起的。对此只能逐级测量，直到找到出现故障的那一级放大器为止，再调整其静态工作点，使其恢复正常工作。

图 3-33(e) 所示的波形主要是输出级互补管特性差异过大所致。图 3-33(f) 所示的波形是由于输出互补管静态工作电流太小所致，称为交越失真。一般都有相应的电位器来调整；若没有，则可调整互补管的偏置电阻来解决。必须指出的是静态偏置电流与中点电位的调整是互相影响的，必须反复地调整，使其达到最佳工作状态。

对波形的线性、幅度要求较高的电路，一般都设置有专用电位器或一些补偿性元件来调整。对电视机行、场锯齿波的调整，一般不需要观察波形，而是根据屏幕上棋盘方格信号来调整。通过调整相应电位器（如行、场线性电位器，幅度电位器）使每个方格大小相等且均匀分布整个画面即可。

③ 波形幅度过大或过小　这种情况主要与电路增益控制元件有关，只要细心测量有关增益控制元件即可排除故障。

④ 电压波形频率不准确　这种情况与振荡电路的选频元件有关，一般都设有可调电感（如空心电感线圈、中周等）或可调电容来改变其频率，只要作适当调整就能得到准确频率。

⑤ 波形时有时无不稳定　这种情况可能是元件或引线接触不良而引起的。如果是振荡电路，则又可能因电路处于临界状态，对此必须通过调整其静态工作点或一些反馈元件才能排除故障。

⑥ 有杂波混入　首先要排除外来信号的干扰，即要做好各项的屏蔽措施。若仍未能排除，则可能是电路自激引起的。因此只能通过加大消振电容的方法来排除故障，如加大电路的输入、输出端对地电容。三极管 b、c 间电容，集成电路消振电容（相位补偿电容）等。

(3) 频率特性的测试与调整

频率特性是电子电路中的一项重要技术指标。电视机接收图像质量的好坏主要取决于高频调谐器及中放通道频率特性。所谓频率特性是指一个电路对于不同的频率、相同幅度的输入信号（通常是电压）在输出端产生的响应。测试电路频率特性的方法一般有两种，即信号源与电压表测量法和扫频仪测量法。

① 用信号源与电压表测量法　在电路输入端加入按一定频率间隔的等幅正弦波，并且每加入一个正弦波就测量一次输出电压。功率放大器常用这种方法测量其频率特性。

② 用扫频仪测量频率特性　把扫频仪输入端和输出端分别与被测电路的输出端和输入端连接，在扫频仪的显示屏上就可以看出电路对各点频率时的响应幅度曲线。采用扫频仪测试频率特性，具有测试简便、迅速、直观、易于调整等特点，常用于各种中频特性调试、带通调试等。如收音机的 AM465kHz 和 FM107MHz 中频特性常使用扫频仪（或中频特性测试仪）来调试。

动态调试内容还有很多，如电路放大倍数、瞬态响应、相位特性等，而且不同电路要求动态调试项目也不相同。

3.3.3　整机性能测试与调整

整机调试是把所有经过动静态调试的各个部件组装在一起进行的有关测试。它的主要目的是使电子产品完全达到原设计的技术指标和要求。由于较多调试内容已在分块调试中完成了，整机调试只需检测整机技术指标是否达到原设计要求即可，若不能达到则再作适当调整。

(1) 调试前的工作

① 根据待调系统的工作原理拟定调试步骤和测量方法，确定测试点，并在图样上和电路板上标出位置，画出调试数据记录表格等。

② 搭设调试工作台，工作台配备所需要的调试仪器，仪器的摆放应该便于操作和观察。

③ 对于硬件调试，应视被测系统选择测量仪表，测量仪表的精度应优于被测系统；对于软件调试，则应配备计算机和开发装置。

④ 电路安装完毕，通常不宜急于通电，先要认真检查一下。

(2) 调试项目

① 原理图的检查　如果使用很规范的电路设计步骤来设计电路板，那么原理图是检查的关键，主要检查芯片的电源和网络节点是否标注正确，同时也要注意网络节点是否有重叠的现象。

② 元器件的检查　主要是检查有极性的元器件，如发光二极管、电解电容、整流二极管等，以及晶体管的管脚是否对应。

③ 结构的调试　结构调试的主要目的是检查整机装配的牢固可靠性及机械传动部分的调节灵活和到位性。

④ 电源部分的调试　电源模块电路的调试是整机调试中非常重要的内容，电源的正常工作是整机正常工作的前提，也在一定程度上影响着电路其他元器件的性能。

⑤ 其他部分的调试　电源部分调试正常后，接下来可逐一安装其他模块，每安装好一个模块，就通电测试一次。

(3) 调试过程

① 通电检查

a. 通电观察。先把电源开关放置在关的位置，检查电源开关是否接触完好，保护电路是否已接入电路中，然后插上插头通电调试。

b. 静态调试。静态调试一般是指在不加输入信号或只加固定的电平信号的条件下所进行的直流测试，可用万用表测出电路中各点的电位，通过和理论估算值比较，结合电路原理的分析，判断电路直流工作状态是否正常，及时发现电路中已损坏或处于临界工作状态的元器件。

c. 动态调试。动态调试是在静态调试的基础上进行的，在电路的输入端加入合适的信号，按信号的流向顺序检测各测试点的输出信号。

② 电源电路调试

a. 电源空载粗调。先在空载状态下调试。

b. 电源加上负载细调。粗调正常后可加负载调试，再调试各项参数是否符合要求。

③ 分级调试　电源电路调好后，可进行其他部分调试，通常按照单元电路的顺序分别进行调试。首先检查和调试静态工作点，然后进行各项参数调试，直到符合技术要求为止。高频元器件的调试要注意防电磁干扰。

④ 整机调试　各部件调整好之后，接通所有的部件及整机电源进行整机调试，主要检查各部件之间有无相互影响，是否对机械及电气性能造成影响等。此外还要调试整机总电流和总功率等参数。

以上过程要反复多次进行调试，使整机性能处于最佳状态。

第4章

印制电路板设计与制作

4.1 了解印制电路板

印制电路板的种类很多，分类方式也有多种。

按印制电路板所用的绝缘基材可分为纸基印制电路板、玻璃布印制电路板、挠性基材印制电路板、陶瓷基印制电路板、金属基印制电路板等几种类型。

按印制电路板的强度可分为刚性印制电路板、挠性印制电路板、刚挠结合印制电路板等，如图 4-1 和图 4-2 所示。

图 4-1　挠性印制电路板

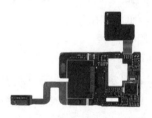

图 4-2　刚挠结合印制电路板

按印制电路的分布可分为单面印制电路板、双面印制电路板和多层印制电路板，如图 4-3 所示。

(a)印制板的正面

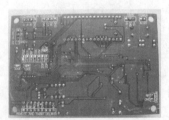

(b)印制板的反面

图 4-3　双面印制电路板

(1) 选定印制板的材料、板厚和板面尺寸

在设计选用时应根据产品的电气性能和机械特性及使用环境选用不同的敷铜板。根据电路的功能和产品的设计要求，确定印制板的外形和尺寸。在实际生产过程中，为了降低生产成本，通常将几块小的印制板拼成一个大矩形板，待装配、焊接后再沿工艺孔裁开，如图

4-4 所示。

（2）合理安排好元器件的位置

根据所需板面的大小，在一张方格坐标纸上画出印制板的形状和尺寸。根据电路原理图并考虑元器件外形尺寸和布局布线要求，合理安排好元器件的位置。

（3）绘制排版设计草图

对照电路原理图在方格纸上画出印制导线。一般先画出主要元器件的连线，然后画出其他元器件的连线，最后画地线。在排版

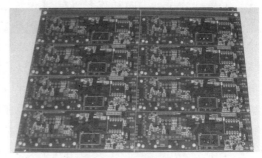

图 4-4　印制电路板

布线中应避免连线的交叉，但可在元器件处交叉，因元器件跨距处可以通过印制导线，如图 4-5 和图 4-6 所示。绘图工作不一定一次就能成功，往往需要多次地调整和修改。

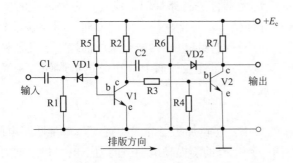

图 4-5　连线可在元器件处交叉

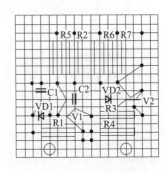

图 4-6　排版设计草图

① 印制电路不允许有交叉电路，对于可能交叉的线条，可用"钻"与"绕"两种办法解决。即让某引线从别的电阻、电容、三极管等元器件脚下的空隙处"钻"过去，或从可能交叉的某条引线的一端"绕"过去。特殊情况下如果电路很复杂，为了简化设计也允许用导线跨接，解决交叉问题。

② 电阻、二极管、管状电容等元器件有"立式""卧式"两种安装方式，对于这两种方式上的元器件孔距是不一样的。

③ 绘制印制电路板图　根据排版设计草图选择合适的焊盘和适当的印制导线形状，画出印制电路板图，如图 4-7 所示。印制电路板图设计完成后，即可绘制照相底图，进行批量生产。制作一块标准印制电路板，根据不同的加工工序，还应提供不同的制版工艺图，如机械加工图、字符标记图、阻焊图等。

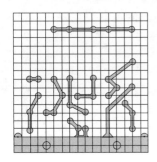

图 4-7　印制电路板

4.2　设计印制电路板

（1）印制电路板的结构布局

① 印制电路板的热设计　印制电路板的工作温度一般不能超过 85℃，过高的温度会导致电路板损坏和焊点开裂，降温的方法采用对流散热，根据情况采用自然通风或强迫风冷。

因此，元器件的排列方向和疏密要有利于空气对流，发热量大的元器件应放置在便于散热的位置。如果工作温度超过 40℃，应加装散热器。热敏元器件应远离高温区域或采用热屏蔽结构。

② 印制电路板的减振缓冲设计 为提高印制板的抗振、抗冲击性能，板上的负荷应合理分布以免产生过大的应力。较重的元器件应排在靠近印制板的支撑点处。重量超过 15g 的元器件，应当用支架加以固定，然后焊接。那些又大又重、发热量多的元器件，不宜装在印制板上，而应装在整机的机箱底板上，且应考虑散热问题。位于电路板边缘的元器件，离边缘一般不小于 2mm。在板上要留出固定支架、定位螺钉和连接插座所用的位置。

③ 印制电路板的抗电磁干扰设计 为使印制板上的元器件的相互影响和干扰最小，高低频电路、高低电位电路的元器件不能靠得太近。输入输出元器件应尽量远离，高频元器件之间的连线尽可能短，减少它们的分布参数和相互的电磁干扰。元器件排列方向与相邻的印制导线应垂直，特别是电感元器件的线圈轴线应垂直于印制板面，这样对其他元器件的干扰最小。

④ 印制电路板的板面设计 对电路的全部元器件进行布局时，应按照电路的流程安排各个功能电路单元的位置，便于信号流通，并使信号尽可能保持一致的方向。同时以每个功能电路的核心元器件为中心，围绕它来进行布局。在保证电气性能要求的前提下，元器件应平行或垂直板面，并和主要的板边平行或垂直。元器件在板面上分布应尽量均匀，密度一致。这样，不但美观，而且装焊容易，易于批量生产。

(2) 印制电路板上布线

① 电源线设计 根据印制电路板电流的大小，尽量加粗电源线的宽度，减小回路电阻。同时电源线、地线的走向和数据传递的方向一致，有助于提高抗噪声能力。电路板上同时安装模拟电路和数字电路的，它们的供电系统要完全分开。

② 地线设计 公共地线应布置在板的最边缘，便于印制板安装在机架上。数字地和模拟地尽量分开。如图 4-8 所示，低频电路的地尽量采用单点并联接地，高频电路的地采用多点串联就近接地，地线应短而粗，频率越高，地线应越宽。每级电路的地电流主要在本级地回路中流通，减小级间地电流耦合。

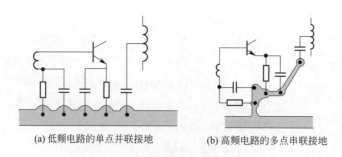

(a) 低频电路的单点并联接地   (b) 高频电路的多点串联接地

图 4-8 高低频电路的地线设计

③ 信号线设计 将高频线放在板面的中间，印制导线的长度和宽度宜小，导线间距要大，避免长距离平行走线。双面板的两面走线应垂直交叉，如图 4-9 所示。高频电路的输入输出走线应分列于电路板的两边，如图 4-10 所示。

④ 印制导线的对外连接 印制电路板间的互连或印制电路板与其他部件的互连，可采用插头座互连或导线互连。采用导线互连时，为了加强互连导线在印制板上的连接可靠性，印制板一般设有专用的穿线孔，导线从被焊点的背面穿入穿线孔，如图 4-11 所示。

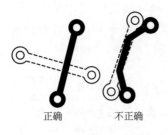

图 4-9　双面板两面走线

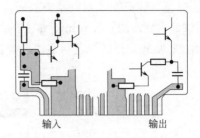

图 4-10　输入输出电路分列

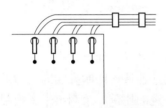

图 4-11　印制电路板的互连导线

（3）印制导线的绘制

当元器件的结构布局和布线方案确定后，就要具体设计绘制印制导线的图形。

① 印制导线的宽度　印制导线的最小宽度取决于导线的载流量和允许温升（印制板的工作温度不能超过 85℃）。根据经验，印制导线的载流量可按 $20A/mm^2$ 计算，即当铜箔厚度为 0.05mm，线宽为 1mm 的印制导线允许通过 1A 电流，即导线宽度的毫米数值等于负载电流的安培数。目前，印制导线的线宽已经标准化，建议采用 0.5mm 的整数倍。对于集成电路，尤其是数字电路，通常选 0.2～0.3mm 的导线宽度。用于表面贴装的印制板，线宽为 0.12～0.15mm。

② 印制导线的间距　印制导线的间距将直接影响电路的电气性能，必须满足电气的安全要求，需要考虑导线之间的绝缘强度、相邻导线之间的峰值电压、电容耦合参数等。一般导线间距等于导线宽度，但不小于 1mm。对于微型设备，不小于 0.4mm。表面贴装板的间距 0.12～0.2mm，甚至 0.08mm。为了便于操作和生产，导线间距也应尽可能宽些。

③ 印制导线的图形　印制导线宽度应尽可能保持一致（地线除外），并避免出现分支。印制导线的走向应平直，不应有急弯和夹角，印制导线拐弯处一般取圆弧形，而直角或夹角在高频电路中会影响电气性能，如图 4-12 所示。

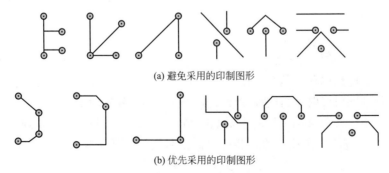

(a) 避免采用的印制图形

(b) 优先采用的印制图形

图 4-12　印制导线图形

④ 焊盘　焊盘在印制电路中起固定元器件和连接印制导线的作用，焊盘线孔的直径一般比引线直径大 0.2～0.3mm。常见的焊盘形状有岛形焊盘、圆形焊盘、方形焊盘、椭圆焊盘、泪滴式焊盘、开口焊盘和多边形焊盘，如图 4-13 所示。

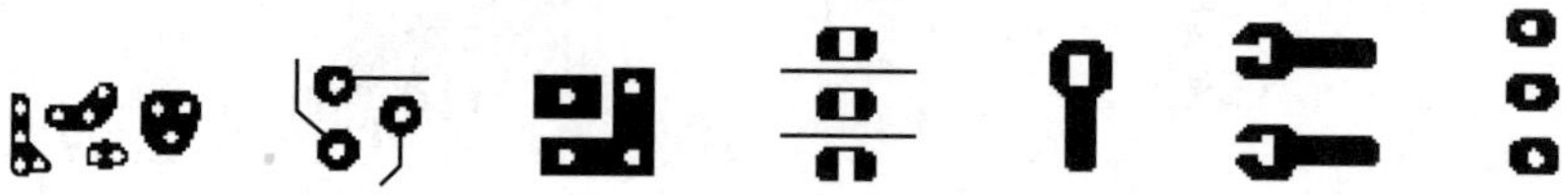

图 4-13　常见的焊盘形状

4.3　绘制印制电路板图

印制电路板图也称印制板线路图，是能够准确反映元器件在印制板上的位置与连接的设计图纸。图中焊盘的位置及间距、焊盘间的相互连接、印制导线的走向及形状、整板的外形尺寸等，均应按照印制板的实际尺寸（或按一定的比例）绘制出来。绘制印制电路板图是把印制板设计图形化的关键和主要的工作量，设计过程中考虑的各种因素都要在图上体现出来。

目前，印制电路板图的绘制有手工设计与计算机辅助设计（CAD）两种方法。手工设计比较费事，需要首先在纸上不能有交叉单线图，而且往往要反复几次才能最后完成，但这对初学者掌握印制板设计原则还是很有帮助的，同时 CAD 软件的应用仍然是这些设计原则的体现。

(1) 手工设计印制电路板图

手工设计印制电路板图适用于一些简单电路的制作，设计过程一般要经过以下几步。

① 绘制外形结构草图　印制电路板的外形结构草图包括对外连接草图和外形尺寸图两部分，无论采用何种设计方式，这一步骤都是不可省略的。同时，这也是印制板设计前的准备工作的一部分。

a. 对外连接草图。根据整机结构和要求确定，一般包括电源线、地线、板外元器件的引线、板与板之间的连接线等，绘制时应大致确定其位置和方向。

b. 外形尺寸草图。印制板的外形尺寸受各种因素的制约，一般在设计时大致已确定，从经济性和工艺性出发，应优先考虑矩形。

印制板的安装、固定也是必须考虑的内容，印制板与机壳或其他结构件连接的螺孔位置及孔径应明确标出。此外，为了安装某些特殊元器件或插接定位用的孔、槽等几何形状的位置和尺寸也应标明。

对于某些简单的印制板，上述两种草图也可合为一种。

② 绘制不交叉单线图　电路原理图一般只表现出信号的流程及元器件在电路中的作用，以便于分析与阅读电路原理，从来不用去考虑元器件的尺寸、形状以及引出线的排列顺序。所以，在手工设计图设计时，首先要绘制不交叉单线图。除了应该注意处理各类干扰并解决接地问题以外，不交叉单线图设计的主要原则是保证印制导线不交叉地连通。

a. 将原理图上应放置在板上的元器件根据信号流或排版方向依次画出，集成电路要画出封装管脚图。

b. 按原理图将各元器件引脚连接。在印制板上导线交叉是不允许的，要避免这一现象一方面要重新调整元器件的排列位置和方向；另一方面可利用元器件中间跨接（如让某引线从别的元器件脚下的空隙处"钻"过去或从可能交叉的某条引线的一端"绕"过去）以及利用"飞线"跨接这两种办法来解决。

好的单线不交叉图，元件排列整齐、连线简洁、"飞线"少且可能没有。要做到这一点，通常需多次调整元器件的位置和方向。

③ 绘制排版草图　为了制作出制板用的底图（或黑白底片），应该绘制一张正式的草图。参照外形结构草图和不交叉单线图，要求板面尺寸、焊盘位置、印制导线的连接与走向、板上各孔的尺寸及位置，都要与实际板面一致。

绘制时，最好在方格纸或坐标纸上进行。具体步骤如下：

a. 画出板面的轮廓尺寸，边框的下面留出一定空间，用于说明技术要求。

b. 板面内四周留出设置焊盘和导线的一定间距（一般为 5～10mm）。绘制印制板的定位孔和板上各元器件的固定孔。

c. 确定元器件的排列方式，用铅笔画出元器件的外形轮廓。注意元器件的轮廓与实物对应，元器件的间距要均匀一致。这一步其实就是进行元器件的布局，可在遵循印制板元器件布局原则的基础上，采用以下几个方法进行：

（a）实物法。将元器件和部件样品在板面上排列，寻求最佳布局。

（b）模板法。有时实物摆放不方便，可按样本或有关资料制作有关元器件和部件的图样样板，用以代替实物进行布局。

（c）经验对比法。根据经验参照可对比的已有印制电路来设计布局。

d. 确定并标出焊盘的位置。

e. 画印制导线。这时，可不必按照实际宽度来画，只标明其走向和路径就行，但要考虑导线间的距离。

f. 核对无误后，重描焊盘及印制导线，描好后擦去元器件实物轮廓图，使手工设计图清晰、明了。

g. 标明焊盘尺寸、导线宽度以及各项技术要求。

h. 对于双面印制板来说，还要考虑以下几点：

（a）手工设计图可在图的两面分别画出，也可用两种颜色在纸的同一面画出。无论用哪种方式画，都必须让两面的图形严格对应。

（b）元器件布在板的一个面，主要印制导线布在无元件的另一面，两面的印制线尽量避免平行布设，应当力求相互垂直，以便减少干扰。

（c）印制线最好分别画在图纸的两面，如果在同一面上绘制，应该使用两种颜色以示区别，并注明这两种颜色分别表示哪一面。

（d）两面对应的焊盘要严格地一一对应，可以用针在图纸上扎穿孔的方法，将一面的焊盘中心引到另一面。

（e）两面上需要彼此相连的印制线，在实际制板过程中采用金属化孔实现。

（f）在绘制元件面的导线时，注意避让元件外壳和屏蔽罩等可能产生短路的地方。

（2）计算机辅助设计印制电路板图

随着电路复杂程度的提高以及设计周期的缩短，印制电路板的设计已不再是一件简单的工作。传统的手工设计印制电路板的方法已逐渐被计算机辅助设计（CAD）软件所代替。

采用CAD设计印制电路板的优点是十分显著的：设计精度和质量较高，利于生产自动化；设计时间缩短、劳动强度减轻；设计数据易于修改、保存并可直接供生产、测试、质量控制用；可迅速对产品进行电路正确性检查以及性能分析。

印制电路板 CAD 软件很多，Protel DXP 2004 是目前印制电路板设计应用中最为广泛的软件之一，它具有丰富多样的编辑功能，强大便捷的自动化设计能力，完善有效的检测工具，灵活有序的设计管理手段。它为用户提供了极其丰富的原理图元器件库、印制板元器件库和出色的库编辑、库管理功能。Protel DXP 2004 包含原理图编辑器（Schematic Document）、印制板编辑器（PCB Document）、文件夹编辑器（Document Folder）、表格编辑器（Spread Sheet Document）、文字编辑器（Text Document）、波形编辑器（Waveform Document）等几大功能模块。电路原理图的绘制和印制电路板的设计是 Protel DXP 2004 最常用的两大功能。

如图 4-14 所示，在原理图编辑器（Schematic Document）中，可以直接进行电路的原理设计，充分利用原理图元器件库中提供的大量的元器件及各种集成电路的电路符号，使原理图的设计变得简单、方便。还可以利用原理图元器件库编辑器（Schematic Library Document），编辑特殊的电路符号。

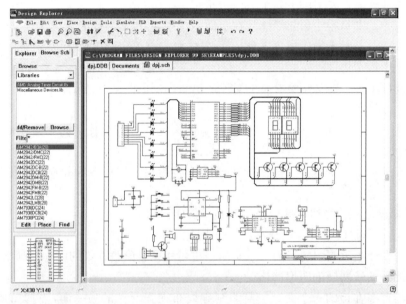

图 4-14　原理图编辑器

如图 4-15 所示，在印制板编辑器（PCB Document）中，可根据电路原理图自动生成印制电路板图，并可根据要求对生成的印制板图进行编辑，调整元器件的位置与方向。也可以通过手动方式直接设计印制板图（简单电路）。在印制板编辑器中还提供了大量元器件及集成电路封装形式图形，在设计中可以随时调用。印制电路元器件库编辑器（PCB Library Document）可用来编辑特殊元器件的封装形式。

① 电路原理图绘制　电路原理图设计最基本的要求是正确性，其次是布局合理，最后是在正确性和布局合理的前提下力求美观。电路原理图的自动化设计步骤如下：

a. 启动原理图编辑器。如图 4-16 所示，进入 Protel DXP 2004，创建一个数据库，执行菜单 File/New 命令，从框中选择原理图编辑器（Schematic Document）图标，双击该图标，建立原理图设计文档。双击文档图标，进入原理图编辑器界面。

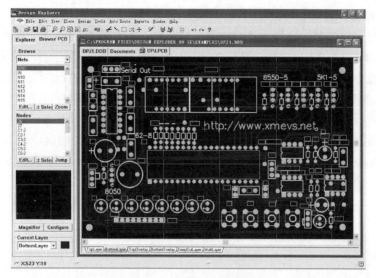

图 4-15　印制板编辑器

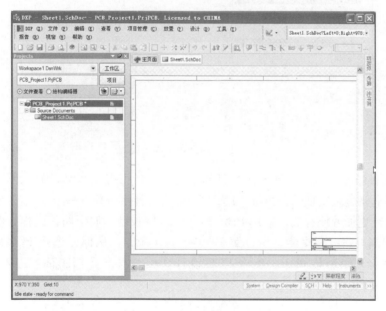

图 4-16　原理图编辑器界面

b. 设置原理图设计环境。执行菜单 Design/Options 和 Tool/Preferences，设置图纸大小、捕捉栅格、电气栅格等。

c. 装入所需的元器件库。在设计管理器中选择 Browse SCH 页面，在 Browse 区域中的下拉框中选择 Library，然后单击 ADD/Remove 按钮，在弹出的窗口中寻找 Protel DXP 2004 子目录，在该目录中选择 Library \ SCH 路径，在元器件库列表中选择所需的元器件库，比如 Miscellaneous devices ddb，TI Databook 库等，单击 ADD 按钮，即可把元器件库增加到元器件库管理器中。

d. 放置元器件。根据实际电路的需要，到元器件库中找出所需的元器件，然后用元器件管理器的 Place 按钮将元器件放置在工作平面上，再根据元器件之间的走线把元器件调整好。

e. 原理图布线。利用 Protel DXP 2004 提供的各种工具、指令进行布线，将工作平面上的元器件用具有电气意义的导线、符号连接起来，构成一个完整的电路原理图。

f. 编辑和调整。利用 Protel DXP 2004 所提供的各种强大的功能对原理图进一步调整和修改，以保证原理图的美观和正确。同时对元器件的编号、封装进行定义和设定等。

g. 检查原理图。使用 Protel DXP 2004 的电气规则，即执行菜单命令 Tool/REC 对画好的电路原理图进行电气规则检查。若有错误，根据错误情况进行改正。

h. 生成网络表。如图 4-17 所示，网络表是电路原理图设计和印制电路板设计之间的桥梁，执行菜单命令 Design/Create Netlist 可以生成具有元器件名、元器件封装、参数及元器件之间连接关系的网络表。

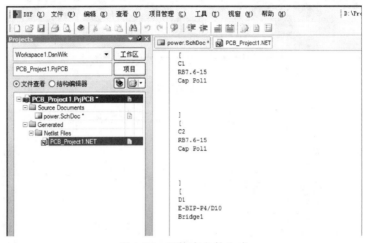

图 4-17　网络表文件生成

② 印制板图绘制　电路设计的最终目的是为了设计出电子产品，而电子产品的物理结构是通过印制电路板来实现的。Protel DXP 2004 为设计者提供了一个完整的电路板设计环境，使电路设计更加方便有效。应用 Protel DXP 2004 设计印制电路板过程如下：

a. 启动印制电路板编辑器。执行菜单 File/New 命令，从框中选择 PCB 编辑器（PCB Document）图标，双击该图标，建立 PCB 设计文档。双击文档图标，进入 PCB 编辑器界面。

b. 规划电路板。根据要设计的电路确定电路板的尺寸。选取 Keep Out Layer 复选框，执行菜单命令 Place/Keepout/Track，绘制电路板的边框。执行菜单 Design/Options，在 Signal Lager 中选择 Bottom Lager，把电路板定义为单面板。

c. 设置参数。参数设置是电路板设计的非常重要的步骤，执行菜单命令 Design/Rules，左键单击 Routing 按钮，根据设计要求，在规则类（Rules Classes）中设置参数。选择 Routing Layer，对布线工作层进行设置：左键单击 Properties，在"布线工作层面设置"对话框的"Pule Attributes"选项中设置 Tod Layer 为"Not Used"、设置 Bottom Layer 为"Any"。

地线的线宽进行设置：选择 Width Constraint，左键单击 Add 按钮，进入线宽规则设置界面，首先在 Rule Scope 区域的 Filter Kind 选择框中选择 Net，然后在 Net 下拉框中选择 GND，再在 Rule Attributes 区域将 Minimum width、Maximum width 和 Preferred 三个输入框的线宽设置为"1.27 mm"。

电源线宽的设置：在 Net 下拉框中选择 VCC，其他与地线的线宽设置相同；整板线宽设置：在 Filter Kind 选择框中选择 Whole Board，然后将 Minimum width，Maximum width 和 Preferred 三个输入框的线宽设置为"0.635 mm"。

d. 装入元器件封装库。执行菜单命令 Design/Add/Remove Library，在"添加/删除元器件库"对话框中选取所有元器件所对应的元器件封装库，例如：PCB Footprint、Transistor、GeneralIC、International Rectifiers 等。

e. 装入网络表。执行菜单 Design/Load Nets 命令，然后在弹出的窗口中单击 Browse 按钮，再在弹出的窗口中选择电路原理图设计生成的网络表文件（扩展名为 Net），如果没有错误，单击 Execute；若出现错误提示，必须更改错误。

f. 元器件布局。Protel DXP 2004 既可以进行自动布局也可以进行手工布局，执行菜单命令 Tools/Auto Placement/Auto Placer 可以自动布局。布局是布线关键性的一步，为了使布局更加合理，多数设计者都采用手工布局方式。

g. 自动布线。Protel DXP 2004 采用世界最先进的无网格、基于形状的对角线自动布线技术。执行菜单命令 Auto Routing/All，并在弹出的窗口中单击 Route all 按钮，程序即对印制电路板进行自动布线。只要设置有关参数，元器件布局合理，自动布线的成功率几乎是 100%。

h. 手工调整。手工调整自动布线结束后，可能存在一些令人不满意的地方，可以手工调整，把电路板设计得尽善尽美。

i. 打印输出。执行菜单命令 File/Print/Preview，可以进行预览，再执行菜单命令 File/print Job，就可以打印输出印制电路板图。

4.4 制作印制电路板

印制板制造工艺技术在不断进步，不同条件、不同规模的制造厂采用的工艺技术不尽相同，当前的主流仍然是利用铜箔蚀刻法制作印制板。实际生产中，专业工厂一般采用机械化和自动化制作印制板，要经过几十个工序。

（1）双面印制板制作的工艺流程

双面印制板的制作工艺流程一般包括如下几个步骤：

制作生产底片→选材下料→钻孔→清洗→孔金属化→贴膜→图形转换→金属涂覆→去膜蚀刻→热熔和热风整平→外表面处理→检验。

① 制作生产底片 将排版草图进行必要的处理，如焊盘的大小、印制导线的宽度等按实际尺寸绘制出来，就是一张可供制板用的生产底片（黑白底片）了。工业上常通过照相、光绘等手段制作生产底片。

② 选材下料 按板图的形状、尺寸进行下料。

③ 钻孔 将需钻孔位置输入微机用数控机床来进行，这样定位准确、效率高，每次可钻 4 块板。

④ 清洗 用化学方法清洗板面的油腻及化学层。

⑤ 孔金属化 即对连接两面导电图形的孔进行孔壁镀铜。孔金属化的实现主要经过"化学沉铜""电镀铜加厚"等一系列工艺过程。在表面安装高密度板中，金属化孔采用沉铜充满整个孔（盲孔）的方法。

⑥ 贴膜　为了把照相底片或光绘片上的图形转印到覆铜板上，要先在覆铜板上贴一层感光胶膜。

⑦ 图形转换　也称图形转移，即在覆铜板上制作印制电路图，常用丝网漏印法或感光法。

a. 丝网漏印法是在丝网上粘附一层漆膜或胶膜，然后按技术要求将印制电路图制成镂空图形，漏印是只需将覆铜板在底板上定位，将印制料倒在固定丝网的框内，用橡皮板刮压印料，使丝网与覆铜板直接接触，即可在覆铜板上形成由印料组成的图形，漏印后需烘干、修板。

b. 直接感光法把照相底片或光绘片置于上胶烘干后的覆铜板上，一起置于光源下曝光，光线通过相板，使感光胶发生化学反应，引起胶膜理化性能的变化。

⑧ 金属涂覆　金属涂覆属于印制板的外表面处理之一，即为了保护铜箔、增加可焊性和抗腐蚀抗氧化性，在铜箔上涂覆一层金属，其材料常用金、银和铅锡合金。涂覆方法可用电镀或化学镀两种。

a. 电镀法可使镀层致密、牢固、厚度均匀可控，但设备复杂、成本高。此法用于要求高的印制板和镀层，如插头部分镀金等。

b. 化学镀虽然设备简单、操作方便、成本低，但镀层厚度有限且牢固性差。因而只适用于改善可焊性的表面涂覆，如板面铜箔图形镀银等。

⑨ 去膜蚀刻　蚀刻俗称"烂板"，是用化学方法或电化学方法去除基材上的无用导电材料，从而形成印制图形的工艺。常用的蚀刻溶液为三氯化铁（$FeCl_3$），它蚀刻速度快、质量好、溶铜量大、溶液稳定、价格低廉。常用的蚀刻方式有浸入式、泡沫式、泼溅式、喷淋式等几种。

⑩ 热熔和热风整平　镀有铅锡合金的印制电路板一般要经过热熔和热风整平工艺。

a. 热熔过程是把镀覆有锡铅合金的印制电路板，加热到锡铅合金的熔点温度以上，使锡铅和基体金属铜形成化合物，同时锡铅镀层变得致密、光亮、无针孔，从而提高镀层的抗腐蚀性和可焊性。

b. 热风整平技术的过程是在已涂覆阻焊剂的印制电路板浸过热风整平助熔剂后，再浸入熔融的焊料槽中，然后从两个风刀间通过，风刀里的热压缩空气把印制电路板板面和孔内的多余焊料吹掉，得到一个光亮、均匀、平滑的焊料涂覆层。

⑪ 外表面处理　在密度高的印制电路板上，为使板面得到保护，确保焊接的准确性，在需要焊接的地方涂上助焊剂、不需要焊接的地方印上阻焊层、在需要标注的地方印上图形和字符。

⑫ 检验　对于制作完成的印制电路板除了进行电路性能检验外，还要进行外形表面的检查。电路性能检验有导通性检验、绝缘性检验以及其他检验等。

（2）单面印制板制作的工艺流程

单面印制板制作的工艺流程相对比较简单，与双面印制板制作的主要区别在于不需要孔金属化。大致有以下几步：

下料→丝网漏印→腐蚀→去除印料→孔加工→印标记→涂助焊剂→检验。

（3）印制电路板的手工制作

在产品研制阶段或科技创作活动中往往需要制作少量印制板，进行产品性能分析实验或制作样机，从时间性和经济性的角度出发，需要采用手工制作的方法。

① 描图蚀刻法　这是一种十分常用的制板方法。由于最初使用调和漆作为描绘图形的材料，所以也称漆图法。具体步骤如下：

a. 下料。按实际设计尺寸剪裁覆铜板（剪床、锯割均可），去四周毛刺。

b. 覆铜板的表面处理。由于加工、储存等原因，覆铜板的表面会形成一层氧化层。氧化层会影响底图的复印，为此在复印底图前应将覆铜板表面清洗干净，具体方法是：用水砂纸蘸水打磨，用去污粉擦洗，直至将底板擦亮为止，然后用水冲洗，用布擦干净后即可使用。这里切忌用粗砂纸打磨，否则会使铜箔变薄，且表面不光滑，影响描绘底图。

c. 拓图（复印印制电路）。所谓拓图，即用复写纸将已设计好的印制板排版草图中的印制电路拓在已清洁好的覆铜板的铜箔面上。注意复印过程中，草图一定要与覆铜板对齐，并用胶带纸粘牢。拓制双面板时，板与草图应有 3 个不在一条直线上的点定位。

复写图形可采用单线描绘法：印制导线用单线，焊盘以小圆点表示，也可以采用能反映印制导线和焊盘实际宽度和大小的双线描绘法，如图 4-18 所示。

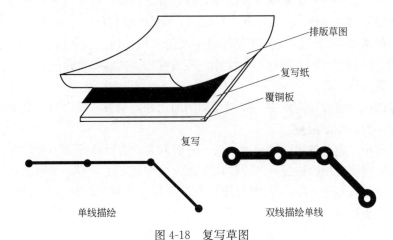

图 4-18　复写草图

复写时，描图所用的笔，其颜色（或品种）应与草图有所区别，这样便于区分已描过的部分和没描过的部分，防止遗漏。

复印完毕后，要认真复查是否有错误或遗漏，复查无误后再把草图取下。

d. 钻孔。拓图后检查焊盘与导线是否有遗漏，然后在板上打样冲眼，以样冲眼定位打焊盘孔：用小冲头对准要冲孔的部位（焊盘中央）打上一个一个的小凹痕，便于以后打孔时不至于偏移位置。打孔时注意钻床转速应取高速，钻头应刃磨锋利。进刀不宜过快，以免将铜箔挤出毛刺；并注意保持导线图形清晰。清除孔的毛刺时不要用砂纸。

e. 描图（描涂防腐蚀层）。为能把覆铜板上需要的铜箔保存下来，就要将这部分涂上一层防腐蚀层，也就是说在所需的印制导线、焊盘上加一层保护膜。这时，所涂出的印制导线宽度和焊盘大小要符合实际尺寸。

首先准备好描图液（防腐液），一般可用黑色的调和漆，漆的稀稠要适中，一般调到用小棍蘸漆后能往下滴为好。另外，各种抗三氯化铁（$FeCl_3$）蚀刻的材料均可以用做描图液，如虫胶油精液、松香酒精溶液、蜡、指甲油等。

描图时应先描焊盘：用适当的硬导线蘸漆点漆料，漆料要蘸得适中，描线用的漆稍稠，点时注意与孔同心，大小尽量均匀，如图 4-19（a）所示。焊盘描完后再描印制导线图形，可用鸭嘴笔、毛笔等配合尺子，注意直尺不要与板接触，可将两端垫高，以免将未干的图形蹭坏，如图4-19（b）所示。

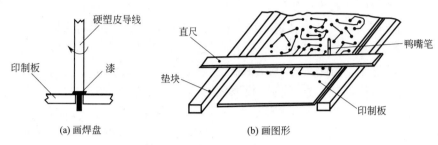

图 4-19　描图

f. 修图。描好后的印制板应平放，让板上的描图液自然干透，同时检查线条和焊盘是否有麻点、缺口或断线，如果有，应及时填补、修复。再借助直尺和小刀将图形整理一下，沿导线的边沿和焊盘的内外沿修整，使线条光滑，焊盘圆滑，以保证图形质量。

g. 蚀刻（腐蚀电路板）。三氯化铁（$FeCl_3$）是腐蚀印制板最常用的化学药品，用它配制的蚀刻液一般浓度在28%～42%之间，即用2份水加1份三氯化铁。配制时在容器里先放入三氯化铁，然后放入水，同时不断搅拌。盛放腐蚀液的容器应是塑料或搪瓷盆，不得使用铜、铁、铝等金属制品。

将描修好的板子浸没到溶液中，控制在铜箔面正好完全被浸没为限，太少不能很好地腐蚀电路板，太多容易造成浪费。

在腐蚀过程中，为了加快腐蚀速度，要不断轻轻晃动容器和搅动溶液，或用毛笔在印制板上来回刷洗，但不可用力过猛，防止漆膜脱落。如嫌速度还太慢，也可适当加大三氯化铁的浓度，但浓度不宜超过50%，否则会使板上需要保存的铜箔从侧面被腐蚀；另外也可通过给溶液加温来提高腐蚀速度，但温度不宜超过50℃，太高的温度会使漆层隆起脱落以致损坏漆膜。

蚀刻完成后应立即将板子取出，用清水冲洗干净残存的腐蚀液，否则这些残液会使铜箔导线的边缘出现黄色的痕迹。

h. 去膜。用热水浸泡后即可将漆膜剥落，未擦净处可用稀料清洗，或者也可用水砂纸轻轻打磨去膜。

i. 漆膜去净后，用碎布蘸去污粉或反复在板面上擦拭，去掉铜箔氧化膜，露出铜的光亮本色。为使板面美观，擦拭时应固定顺某一方向，这样可使反光方向一致，看起来更加美观。擦后用水冲洗、晾干。

j. 修板。将腐蚀好的电路板再一次与原图对照，用刀子修整导线的边沿和焊盘的内外沿，使线条光滑，焊盘圆滑。

k. 涂助焊剂。涂助焊剂的目的是为了便于焊接、保护导电性能、保护铜箔、防止产生铜锈。防腐助焊剂一般用松香、酒精按1∶2的体积比例配制而成：将松香研碎后放入酒精中，盖紧盖子搁置一天，待松香溶解后方可使用。

首先必须将电路板的表面做清洁处理，晾干后再涂助焊剂：用毛刷、排笔或棉球蘸上溶液均匀涂刷在印制板上，然后将板放在通风处，待溶液中的酒精自然挥发后，印制板上就会留下一层黄色透明的松香保护层。

另外，防腐助焊剂还可以使用硝酸银（$AgNO_3$）溶液。

② 贴图蚀刻法　贴图法蚀刻法是利用不干胶条（带）直接在铜箔上贴出导电图形代替描图，其余步骤同描图法。由于胶带边缘整齐，焊盘亦可用工具冲击，故贴成的图形质量较高，蚀刻后揭去胶带即可使用，也很方便。贴图法可有以下两种方式：

a. 预制胶条图形贴制。按设计导线宽度将胶带切成合适宽度，按设计图形贴到覆铜板上。有些电子器材商店有各种不同宽度贴图胶带，也有将各种常用印制图形如 IC、印制板插头等制成专门的薄膜，使用更为方便。无论采用何种胶条，都要注意粘贴牢固，特别边缘一定要按压紧贴，否则腐蚀溶液侵入将使图形受损。

b. 贴图刀刻法。这种方法是图形简单时用整块胶带将铜箔全部贴上，画上印制电路后用刀刻法去除不需要的部分。此法适用于保留铜箔面积较大的图形。

③ 雕刻法　上面所述贴图刀刻法亦可直接雕刻铜箔而不用蚀刻直接制成板。方法是在经过下料、清洁板面、拓图这些步骤后，用刻刀和直尺配合直接在板面上刻制图形：用刀将铜箔划透，用镊子或用钳子撕去不需要的铜箔，如图 4-20 所示。

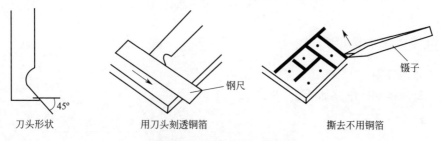

图 4-20　雕刻法制作印制板

另外，也可以用微型砂轮直接在铜箔上削出所需图形，与刀刻法同理。

④ "转印"蚀刻法　这种方法主要采用了热转移的原理，借助于热转印纸"转印"图形来代替描图。主要设备及材料有激光打印机、转印机、热转印纸等。

热转印纸的表面通过高分子技术进行了特殊处理，覆盖了数层特殊材料的涂层，具有耐高温不粘连的特性。

激光打印机的"碳粉"（含磁性物质的黑色塑料微粒）受硒鼓上静电的吸引，可以在硒鼓上排列出精度极高的图形及文字。打印后，静电消除，图形及文字经高温熔化热压固定，转移到热转印纸上形成热转印纸版。

转印机有"复印"的功效，可提供近 200℃ 的高温。将热转印纸版覆盖在敷铜板上，送入制板机。当温度达到 180.5℃ 时，在高温和压力的作用下，热转印纸对熔化的墨粉吸附力急剧下降，使熔化的墨粉完全贴附在敷铜板上，这样，敷铜板冷却后板面上就会形成紧固的有图形的保护层。

制作方法如下：

a. 用激光打印机将印制电路板图形打印在热转印纸上。打印后，不要折叠、触摸其黑色图形部分，以免使版图受损。

b. 将打印好的热转印纸覆盖在已做过表面清洁的敷铜板上，贴紧后送入制版机制板。只要敷铜板足够平整，用电熨斗熨烫几次也是可行的。

c. 敷铜板冷却后，揭去热转印纸。

其余蚀刻、去膜、修板、涂助焊剂等步骤同描图法。

第5章

实用电子制作应用电路

5.1 灯光控制应用电路

5.1.1 触摸式延时照明灯

(1) 电路原理图

触摸式延时照明灯电路如图 5-1 所示。

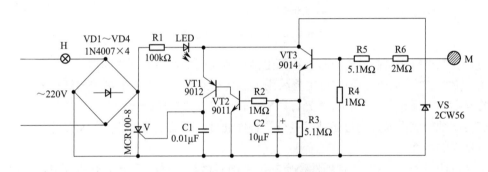

图 5-1 触摸式延时照明灯电路原理图

(2) 工作原理

二极管 VD1~VD4、可控硅 VS 组成触摸开关的主回路，R1、LED 与 VD5 构成次回路，控制回路由三极管 VT1~VT3 等元件组成。平时 LED 发光指示触摸开关的位置，方便在夜间寻找开关。VT3 的集电极被 VD5 钳位在 8V 左右，VT1~VT3 均处于截止态，VS 因无触发电压处于关断状态，故电灯 H 不亮。需要开灯时，只要用手指摸一下触摸电极片 M，因人体泄漏电流经 R5 与 R4 分压后进入三极管 VT3 的基极，使 VT3 迅速导通。8V 直流电就经过 VT3 的 c-e 极向电容 C2 充电，并经 R2 使 VT2 导通，VT1 也随之迅速导通，VS 因门极获得正向触发电流而开通，灯 H 即被点亮。人手离开电极片 M 后，因 C2 储存的电荷通过 R2 向 VT2 的发射结放电，所以仍能维持 VT2、VT1 及 VS 的导通，电灯 H 依然点亮。直至 C2 电荷基本放完，VT2 由导通转为截止，VT1 也随之截止，VS 因失去触发电流当交流电过零时即关断，灯灭。改变 R2、R3、及 C2 的数值能调节电灯每次被点亮的时间长短。

（3）元件清单

VS用2N6565、MCR100-8型等小型塑封单向可控硅（0.8～1A/400～600V）。

VT1用9012型等硅PNP三极管，$\beta \geqslant 100$；VT2用9011、9013型等硅PNP三极管，$\beta \geqslant 100$。

VT3用9014型硅NPN三极管，$\beta \geqslant 200$。

VD1～VD4用IN4007型等普通硅整流二极管；VD5用8V左右、1/2W稳压二极管（2CW56型）。

LED用红色发光二极管。

C1用CT1型瓷介电容器。

电阻全部采用RTX-1/8W型碳膜电阻器。

R1：100kΩ；R2：1MΩ；R3：5.1MΩ；R4：1MΩ；R5：5.1MΩ；R6：2MΩ。

灯泡H的功率控制在100W以下。

触摸电极片M用马口铁皮。

5.1.2 自熄台灯

在普通台灯上增加少量电子元件，可使台灯具有触摸自熄功能。使用时，只要用手触摸一下台灯上的金属装饰件，台灯就能自动点亮，数分钟后，它又能自动熄灭，这对夜间上床就寝提供方便。

（1）电路原理图

自熄台灯电路如图5-2所示。图中虚线左边是台灯原有电路，虚线右边部分是新加的电路。

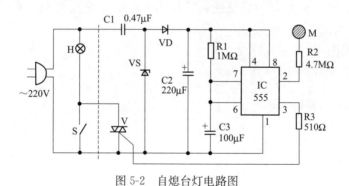

图5-2 自熄台灯电路图

（2）工作原理

合上台灯开关S，台灯亮，新加的自熄电路不起作用；打开S，台灯熄灭，这时台灯具有触摸自熄功能。时基电路IC接成典型的单稳态电路，其暂态时间由R1、C3决定。VD1、VD2、C1、C2组成电容降压整流稳压电路，当插头插入220V交流电插座时，C2两端就能输出12V左右的直流电压，供给时基电路IC使用。IC稳态时，其3脚为低电平，双向晶闸管VS因无触发电压，处于关断状态，台灯不亮。当人手碰一下电极片M时，人体感应的杂波信号经R2送入IC的第2脚，其信号负半周能触发IC翻转进入暂态，3脚突变为高电平，经R3加到VS的门极，VS导通，台灯发光。C3即经R1充电，当6脚电平上升到$2/3V_{CC}$时，暂态结束，IC翻回稳态，3脚恢复为低电平，VS失去触发电压，交流电过零时即关断，台灯熄灭。

本电路经实测，每触摸一次 M，台灯能发光 150s 左右，如需改变暂态时间，可调整 R1 或 C3 数值，具体可由公式 $t \approx 1.1 R1 C3$ 计算，但实测值一般大于计算值，这是由于电解电容器的容量误差多为正误差，且加上漏电的影响，故使暂态时间变长。

（3）元器件选择

IC 可采用 NE555、μA555 或 SL555 等时基集成电路。VD1 用 1N4004 型整流二极管，VD 为 12V、1/2W 稳压二极管，如 2CW19 等。VS 用小型塑封双向晶闸管 BCR1AM/600V。

C1 应采用 CJ10-400V 型金属膜纸介电容器，C2、C3 为 CD11 型 16V 电解电容器。电阻 R3 的作用是提供安全和隔离，保证人手触摸 M 时的绝对安全，最好采用 RJ 型 1/4W、4.7MΩ 高阻金属膜电阻器。R1、R3 则采用普通 RTX 型 1/8W 碳膜电阻器。

（4）制作与调试

图 5-3 是本电路的印制电路板图，印制板尺寸为 50mm×50mm，所有电子元件均插焊在该板上，然后将该板安放在台灯底座里面。用各种金属小工艺品或台灯罩的金属铁丝架作为触摸电极 M，用软导线将它与印制电路板上相应输入接点焊接即可。

只要电路安装正确，通电后就能正常可靠工作。如果台灯触摸后的发光时间即 IC 暂态时间不符合要求，可适当调整电阻 R1 或电容 C3 的数值就能使其满足要求。

5.1.3 枕边方便灯

人们有时半夜醒来，想看一下手表，如果打开电灯，强光往往会驱赶睡意。这里介绍一个小电器，晚上睡觉时将它放在枕头边，需要弱光照明时，只需轻轻按一下它上面的按钮，就会发出柔和的光线，十几秒钟后又能自动熄灭。由于它光线柔和，使用时不需要"开""关"两次动作，因此不会影响睡意。

（1）电路原理图

枕边方便灯的电路如图 5-4 所示。

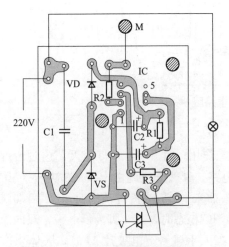

图 5-3　自熄台灯印制电路板图

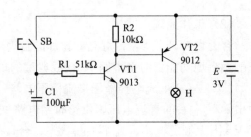

图 5-4　枕边方便灯电路图

（2）工作原理

三极管 VT1、VT2 接成直耦式直流放大器，电珠 H 串接在 VT2 的集电极回路里，平时由开关 SB 断开。VT1、VT2 都处于截止状态，电珠 H 不发光。当按一下 SB 时，电源经电阻 R1 注入 VT1 基极，VT1、VT2 迅速饱和导通，电珠获得电流放光。SB 闭合瞬间，电源还通过 SB 向电容 C1 充电。当按钮 SB 松开后，C1 储存的电荷就通过 R1 向 VT1 发射结放电，使 VT1、VT2 继续维持导通状态，所以 SB 松开后，H 能继续发光。十余秒钟后，C1 电荷基本放完，VT1、VT2 就由导通状态恢复为截止状态，H 就停止发光。

电珠发光时间长短，主要取决于 R1、C1 的放电时间常数，三极管 VI1、VT2 的放大倍数 β 值对发光时间长短也有影响。每按一下 SB，H 约发光十余秒钟。如要时间长些，可增大 C1 容量，反之可减小 C1 容量。

(3) 元器件选择与翻作

VT1 可用 9013、3DG201、3DG6 等型号 NPN 硅小功率三极管，VT2 用 9012、3CG3 等型号 PNP 硅三极管，放大倍数 β 值均应大于 100。H 最好采用 2.5V、0.15A 的小电珠，如无也可用普通手电筒上的电珠（2.5V、0.3A）。

SB 为按键开关，可用弹性铜皮自制。R1、R2 为 1/8W 碳膜电阻器。C1 为耐压 6.3V 的小型电解电容器。电源用 5 号电池 2 节。

图 5-5 是方便灯的印制电路板图，印制电路板尺寸为 55mm×45mm。此印制电路板不需要腐蚀也不必钻孔，只要用小刀按图将印制电路板的铜箔面划开即可，三极管和阻容元件都直接焊在印制电路板的铜箔面上。电池夹用厚 0.5mm 的弹性铜皮弯制，然后也直接焊在铜箔面上。

最后将全机装进一个塑料小盒里，按钮 SB 固定在盒面适当位置，电珠 H 最好能配制一个乳白色的小灯罩，这样光色就更加柔和。

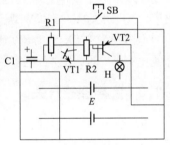

图 5-5　枕边方便灯
印制电路板图

5.1.4　触摸式灯开关

这是一个新颖实用的电子开关，人手摸一下电极片，灯就亮；再摸一下，灯就灭。它对外也只有两个接线端，可直接取代普通开关。

(1) 电路原理图

图 5-6 是触摸式灯开关的电路图，它主要采用一块新型调光集成块 M668 制成。

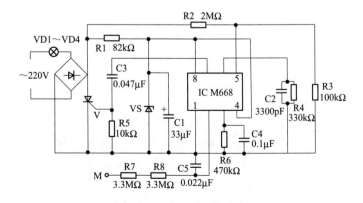

图 5-6　触摸式灯开关电路图

(2) 工作原理

VD1～VD4、VS 构成开关的主回路，开关的控制回路主要由集成电路 IC 组成。VD1～VD4 输出的 220V 脉动直流电经 R1 限流，VD5 稳压，C1 滤波输出约 6V 直流电分别送到 IC 的 V_{CC} 端 8 脚和 V_{SS} 端 1 脚间，供 IC 用电。人体触摸信号经 M、R7 和 R8 送入 IC 的触摸感应输入端 SEN 即 2 脚，IC 的 7 脚即触发信号输出端 TR 就会输出一系列触发脉冲信号，经 C3 加到 VS 的门极，使 VS 开通灯亮。再触摸一次 M，7 脚就停止输出触发脉冲信号，交流电过零时，灯就灭。

R4、C2 的 IC 内部触发脉冲振荡器的外接振荡电阻和振荡电容。IC 的同步信号由 R2、R3 分压后经 5 脚输入。

IC 的 4 脚是功能选择端，现接 V_{CC} 高电平，触摸功能为：触摸一次 M，灯亮；再触，灯灭。如将 4 脚改接到 V_{SS} 端低电平，则为 4 挡调光开关，触摸一次改变一次亮度，即为：微亮→稍亮→最亮→熄灭。

(3) 元器件选择与制作

IC 为 M668 集成电路，它是采用 CMOS 工艺制造而成，为双列直插式塑料封装。工作电压：3～7V，典型值 6V。VS 用 2N6565、MCR100-8 等小型塑封单向晶闸管，可控制功率为 100W 以下的电灯或其他家用电器的关和开。VD1～VD4 用 IN4004～1N4007 型整流二极管。VD5 用 6V、1/2W 型稳压二极管，如 2CW13 等。

电阻均为 RTX 型 1/8W 碳膜电阻器。C1 用 CD11-10V 型电解电容器，C2、C3、C5 用涤纶电容器，C4 用独石电容器。

5.1.5 超声遥控开关

超声波是一种人耳听不到的声波，用它作为遥控信号既安静又不会干扰其他家用电器的工作。

(1) 电路原理图

超声遥控开关分遥控发射机和遥控接收机两部分。图 5-7 是遥控发射机的电路原理图。

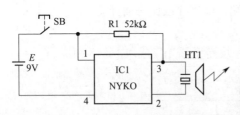

图 5-7 超声遥控发射机电路图

(2) 工作原理

IC1 是超声遥控发射专用集成电路，型号为 NYKO，它的外围电路极为简单，当按下 SB 时，超声发射头 HT1（是一种压电陶瓷换能器）即向外辐射频率为 40kHz 的超声波。图 5-8 是遥控接收机的电原理图。

它由超声接收换能器 HT2、前置放大器、声控专用 IC2、电子开关和电源等部分组成，设 IC2 的 12 脚为低电平，VT2 截止，继电器 K 不动作，常开触头 K 打开，插座 XS 无交流电输出。如此时按一下发射机按钮 S，HT2 就将接收到的超声信号转变为电信号，经前置放大，然后由 C1 送入 IC2 的 1 脚，IC2 内部触发器翻转，12 脚输出高电平，VT2 导通，继电器 K 吸合，触点 K 闭合，插座 XS 对外供电。如果再按一下发射机按钮，接收机收到信号后，IC2 的 12 脚就会翻回低电平，插座 XS 就停止对外供电。

R3 和 R4 组成分压器，且 R4 略大于 R3，因而使 IC2 的输入端即 1 脚静态直流电平略高于 $1/2V_{CC}$，可使声控集成电路 SK-I 处于最高灵敏度状态。

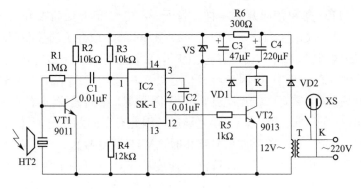

图 5-8　超声遥控接收机电路图

(3) 元器件选择与制作

IC1 为 NYKO 超声发射专用集成电路，它采用金属管壳封装，图 5-9 是其管脚示意图。IC2 为 SK-I 型声控专用集成电路。VD1、VD2 均可采用 1N4001 型普通整流二极管，VD3 用 6V、1/2W 型稳压二极管，如 2CW13 型等。

HT1 为超声发射换能器，型号为 UCM-40-T；HT2 为超声接收换能器，型号为 UCM-40-R。

发射机为了缩小体积，电源 E 应采用 6F22 型 9V 层叠电池。接收机则采用交流电降压整流供电，T 可用 220V/12V 收录机电源变压器。K 最好采用 JZC-22F、DC12V 触点容量为 5A 的小型中功率继电器。C1、C2 为瓷片电容器，C3、C4 为耐压 16V 电解电容器。所有电阻均为 RTX 型 1/8W 碳膜电阻器。该遥控开关，由于采用专用集成电路，故不需要调试即能可靠工作，有效工作半径 10m 左右。

图 5-9　超声专用发声集成电路

5.1.6　家用自动照明开关

这个自动照明开关具有以下功能和特点：①晚上回家开门时，灯能自动点亮并延时一两分钟，免去摸黑寻找开关之麻烦；②白天开关自动封闭，开关门时，灯不会点亮；③接线简单，它可直接并联在任何电灯开关的两端，使电灯具有门控、光控功能。

(1) 电路原理图

该开关电路如图 5-10 所示。虚线右部为普通照明线路，左部为自动照明开关。

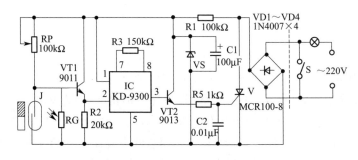

图 5-10　家用自动照明开关电路

(2) 工作原理

合上 S 时，电灯点亮和普通开关一样。打开 S，电灯亮灭受门控和光控控制。VD1～VD4 和 VS 组成自动开关的主回路，VT1、VT2 和 IC 等组成开关的控制回路。J 为干簧管，安装在门框上，磁铁则安装在门上。当门关上时，磁铁正好对准干簧管，使它的接点磁化吸合，VT1 处于截止状态，音乐 IC 因无触发信号处于静态，VT2 截止，VS 处于阻断状态。当推开门时，磁铁远离干簧管，接点跳开，VT1 因受 R1 正向偏置而导通，音乐 IC 被越发工作，3 脚就输出一首乐曲信号，VT2 随之导通，因此有正向触发电流注入 VS 的控制极使之导通，电灯通电发光。当一首乐曲信号终止时，VT2 恢复截止，VS 阻断，灯熄灭。灯点亮的时间长短即延时时间由音乐 IC 音符读出速度决定，它可由电阻 R3 来调整。R3 阻值大，读出速度慢，延时时间就长，反之就短，图中数据为 1min 左右。我们在灯亮时，如合上 S，电灯就进入正常发光，自动开关被短路而不起作用。

如果在白天，由于室内光线较强，光敏电阻器 GR 呈现低电阻，因此不管干簧管的接点是闭合还是跳开，VT1 的基极均为低电位，VT1 始终处于截止状态，电灯就不会被点亮，除非合上开关 S。晚上使用时，当门打开又关上，J 断开又闭台，且灯亮后，灯光照在 GR 上，使其呈低电阻，这些因素都会使 VT1 又立刻进入截止态，但由于音乐 IC 一旦被触发后，触发信号消失，它仍能输出一首完整的乐曲信号，所以 VT1 立刻截止不会影响灯亮的时间长短。

调整 R1 能改变自动开关的光控灵敏度，使它在白天较弱的室内光线下封死 VT1。只有在晚上开门时，能使 VT1 进入导通状态。C2 的作用是抗干扰，同时它对音乐信号也有平滑作用，使灯点亮时无闪烁感。

(3) 元器件选择与制作

IC 可用普通 KD-9300 音乐门铃芯片。VT1、VT2 要求 $\beta > 150$。VS 要用触发电流较小的小型塑封单向可控硅，可选 0.8～1A/400V。VDW 为 3.6～3.9V、1/2W 稳压二极管。VD1～VD4 最好用 1N4007 硅二极管。GR 为 MG-45 型光敏电阻器。R1 为微调电阻器，其余电阻都选用 1/8W 碳膜电阻。该电路只要元器件良好，不用调试，即可正常工作。

5.1.7 照明灯延时开关

在许多场合如楼梯、楼道、开水房等并不需要长期照明。在这些场合，当人经过时，照明灯只需亮上几分钟就可以了。利用本实例照明灯延时开关可以解决这个问题。

(1) 电路原理图

照明灯延时开关电路如图 5-11 所示。

(2) 工作原理

二极管 VD1～VD4 组成桥式整流电路，它一方面为电路工作提供直流电压，另一方面起到"换向"作用，在电路中使用单向可控硅亦可达到交流电压的双向控制作用。静态时 VT1 截止、VT2 导通、VS 截止，照明灯泡 H 不亮，但接在 VT2 发射板的发光二极管 LED 因 VT2 导通而点亮，它在黑暗中起开关位置指示作用。当按动 AN 时，电源通过 R1 给 C1 充电，并使 VT1 导通、VT2 截止、VS 导通，灯泡 H 点亮。松开 AN 时，电容 C1 通过 R2 和 VT1 的 be 结放电仍可使 H 维持点亮一段时间，这段时间就是开关的延时时间。当电容 C1 上电压不足以维持 VT1 导通时，则 VT2 导通，可控硅截止，电路又回到静态。

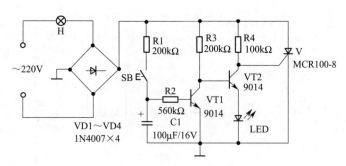

图 5-11　照明灯延时开关电路

(3) 元器件选择与制作

VT1、VT2 采用 9014，要求 β 值大于 200；可控硅可采用 1A/400V 的，此时灯泡功率不应超过 60W；VD1~VD4 选用 1N4007；延时时间可通过调整 C1 的容量来达到。

5.1.8　调光、闪烁两用插座

这个两用插座，可对插在插座里的电灯进行无级调光也可使它闪烁发光，且闪烁频率可调，能烘托室内环境。

(1) 电路原理图

调光、闪烁两用插座电路如图 5-12 所示。

(2) 工作原理

当 S 打开时，该电路是调光插座。交流电压经 VD1~VD4 整流后变为直流脉动电压，加

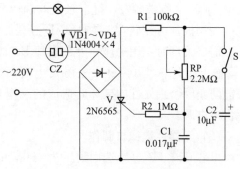

图 5-12　调光、闪烁两用插座电路

到 VS 的阳极与阴极之间。R1、R2、RP 和 C1 组成阻容触发电路，当 C1 两端电压升到一定数值时，VS 导通，电灯即点亮。当加在 VS 阳极与阴极间的脉动电压过零时，VS 关断。调节电位器 RP 可以改变 C1 充电速率，这样便改变了 VS 的导通角，从而使灯泡两端电压相应变化，达到无级调光的目的。该电路灯泡两端电压调节范围为 150~220V，满足一般室内电灯调光要求。当 S 闭合时，由于大电容 C2 接入，该电路就变成了闪烁电路。因 C2 容量较大，充电时间较长，当 C2 两端电压充到一定值时，C2 通过 RP、R2 向 VS 控制极放电，使 VS 开通，电灯亮。交流电过零时，VS 阻断，灯熄。C2 重新充电，周而复始形成超低频振荡，电灯就一闪一闪发光，调电位器 RP，可改变 C2 放电速率，即能改变电灯闪烁频率。

(3) 元器件选择与制作

VS 应采用触发电流极小的小型塑料单向硅，如 2N6565 等，以及其他参数为 0.8A/400V 以上的；C1、C2 要求耐压大于 160V；VD1~VD4 为 1N4004；RP 要最好是旋轴绝缘的，确保使用安全。

5.1.9　台灯触摸开关

如果给家里的台灯加装一个感应式触摸开关，在使用时不仅能给人们带来乐趣，还能使人们在使用时更加方便。

(1) 电路原理图

台灯触摸开关电路如图 5-13 所示。

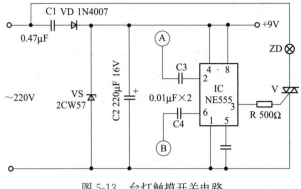

图 5-13　台灯触摸开关电路

（2）工作原理

当人手或人体的其他部位碰一下金属触板 A，人体上的杂波信号便通过 C3 加到时基电路的 2 脚，2 脚被触发，整个触发器翻转，3 脚输出高电平，输出电压经限流电阻 R 加到可控硅控制极，可控硅 VS 导通，ZD 点亮。

需要关灯时：用手碰一下金属片 B，感应信号经 C4 加到时基电路的 6 脚，9 脚被触发，3 脚输出低电平，可控硅失去触发电流而截止，电灯熄灭。电路中的 C3、C4 是耦合电容，又能防止因个别元件的破坏而造成的麻电现象。电路中的 C1、C2、VD、VDW 组成 6V 直流供电电源。

（3）元器件选择与制作

电容 C1、C3、C4 选用耐压为 400V 的无极性电容；VDW 用稳压值在 9V 左右的稳压管；VS 用耐压 400V 的双向可控硅，导通电流可根据 ZD 的功率确定；NE555 可用 5G1555、μA555 等代用。

本电路因体积较小，可以装在一个盒子内，电路不用调试，一般一次就能成功。

5.1.10　键控式调光台灯

键控式调光台灯利用两个轻触式按键来调光，当轻触其中一个按键时，光线将由强变弱，轻触另一个按键时，光线又会由弱变强，从而满足人们对光线的需求。

（1）电路原理图

键控式调光台灯电路如图 5-14 所示。

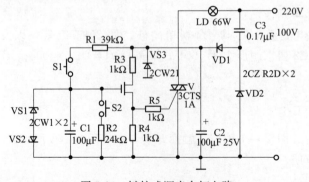

图 5-14　键控式调光台灯电路

(2) 工作原理

VD1、VD2、C2、C3 组成电容降压式直流电源，由 MOS 场效应管、C1 等组成双向可控硅 VS 的触发电路。DW 为保护二极管，防止场效应管栅极击穿。当按下 S1 时，由 R1 向 C1 充电，使栅极电压上升，漏源电流上升，可控硅的触发电流上升，导电角变大，光线变亮；当按下 S2 时，C1 沿 R2 放电，栅极电压下降，可控硅的导电角变小，光线变暗；当 S1、S2 都放开时，由于 MOS 场效应管的栅源电阻很大，C1 两端的电压将基本不变，所以可控硅的导通角亦将不变，光线稳定下来。

(3) 元器件选择与制作

场效应管 VT 的 $I_{DGS} \geqslant 5\text{mA}$，$\beta V_{DS} \geqslant 15\text{V}$，可控硅 VS 选用 1A/400V 即可，如 3CTS1A 等。其他元件无特殊要求，具体数值已标在图中。电阻 R1、R2 的数值决定了电容 C1 的充放电时间。在制作时，若光线变化太快，应适当增大 R1、R2 的数值，反之应减小。

5.1.11 单片 IC 装饰彩灯

单片集成电路构成的大功率循环摆动式装饰彩灯，由于采用了集成电路和固态继电器驱动，使得整个装置简洁而紧凑，并且低压电路与高压电路的电隔离性好，使用和维修都比较安全方便。

(1) 电路原理图

单片 IC 装饰彩灯电路如图 5-15 所示。

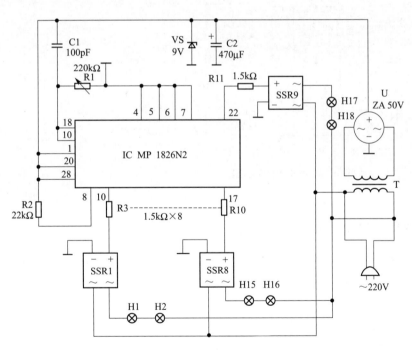

图 5-15 单片 IC 装饰彩灯电路

(2) 工作原理

插上电源插头，循环驱动集成电路 MP1826N2 便通电工作。IC 的输出端 10~17 脚依次循环变为高电平。它的循环过程如下：先从 IC 的 10 脚开始依次轮流使 10~17 脚变为高电平，再从 IC 的 17 脚开始返回到 IC 的 10 脚，然后又从 IC 的 10 脚开始，周而复始地循环摆动。当 IC 的 10 脚变为高电平时，固态继电器 SSR1 开通，串接在该回路中的彩灯 H1、H2（还可以并接多只）点亮，……。当 IC 的 17 脚变为高电平时，固态继电器 SSR8 开通，串接在该回路中的彩灯 H15、H16 点亮，接下去就是 IC 的 16 脚为高电平……。在 IC 的 10～17 脚依次进行高电平循环时，IC 的 22 脚有脉冲输出，利用该脉冲信号，接入一只 SSR9，便可驱动彩灯 H17、H18 作间歇闪烁。

IC 的振荡频率由外接的电容器 C1 和电阻 R1 的数值确定，当它们所取的数值较大时，其振荡频率下降；反之，当它们的数值较小时，其振荡频率则上升，调整可变电阻 R1 的数值，使彩灯流动的频率合适即可。IC 的供电由电源变压器 T 降压、全桥 U 整流、C2 滤波、DW 稳压后供给。

（3）元器件选择与制作

其中 IC 采用荷兰飞利浦公司产品 MP1826N2 循环驱动集成电路，它系双列直插式 28 脚塑封。固态继电器 SSR 的额定电流视由负担的彩灯功率而定，并略有余量即可。目前市面上的 SSR 品种较多，其中一种 SSR 的内部电路构成如图 5-16 所示。它采用光电隔离耦合，使得 IC 的低压直流电路与彩灯所需的高压交流电路之间完全隔离，这不仅减轻了低压直流电路的负担，而且使用和维修更加安全。该彩灯循环摆动的轨迹如图 5-17 曲线所示。如用来装饰广告或招牌，可以将循环彩灯安排在四周，而字体安排在居中，这样，当四周的彩灯流水式摆动时，中间的字体也闪烁发光，给人以醒目和新奇感。

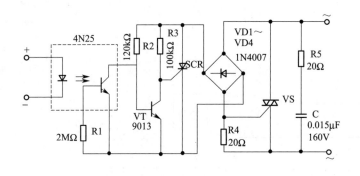
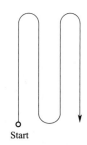

图 5-16　SSR 内部电路　　　　　　　　图 5-17　彩灯循环摆动
　　　　　　　　　　　　　　　　　　　　　　　轨迹曲线

5.1.12　声控光敏延时开关

这种开关在白天呈关闭状态，只有在晚上且存在声响情况下（如人的脚步声等）才开启，延时 45s 后又自动关闭，十分适合作楼梯、走廊、公厕的照明灯开关。

（1）电路原理图

声控光敏延时开关电路如图 5-18 所示。

（2）工作原理

在白天，光敏电阻 RG 受光照呈低阻态，三极管 VT3 导通、VT4 及 VT5 截止、VT6 导通、可控硅 VS 截止、灯泡熄灭。此状态下，不管有任何响声，由于 VT3 导通，将前级信号通路短接至地，故灯泡一直不亮。

天黑时，三极管 VT3 截止，如果无声响，则电路状态与白天相同；当有声响时，话筒 MIC 接收声响信号，经 VT1、VT2 放大后（VT3 对地呈开路状态）使 VT4 导通，电源经

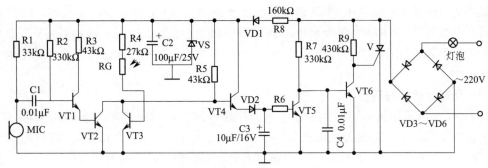

图 5-18 声控光敏延时开关电路图

VT4、VD2 给电容器 C3 迅速充电并使 VT5 导通、VT6 截止，由此触发可控硅 VS 导通，点亮灯泡。声响消失后，由于 C3 缓慢的放电作用，故三极管 VT5 延时 45s 后才恢复截止状态，再导致 VT6 导通、VS 截止，使灯泡熄灭。改变电阻 R6 的阻值，可调整延时时间。调整电阻 R4 的阻值，可改变电路白天到黑天的阈值。话筒灵敏度由 R1 调整。

(3) 元器件选择与制作

三极管均采用 9013 或 9014，β 值为 150 左右；VD2 采用 1N 4148，其余二极管均采用 IN4004；可控硅采用 1A/400V 的；稳压管 VDW 选用 1/2W、9V 的；电路安装无误，即可正常工作。

5.1.13 走廊灯延时节电开关

在日常生活中，走廊照明灯的耗能是不可忽视的。本实例制作延时节电开关是众多方案中的一种。它结构较为简单，使用也很方便，可供参考。

(1) 电路原理图

该装置电路工作原理如图 5-19 所示。

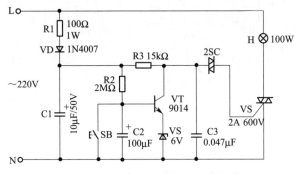

图 5-19 走廊灯延时节电开关电路

(2) 工作原理

它是由降压整流电路、延时控制开关和双向可控硅等组成的。220V 交流市电经 R1 限流降压后，由二极管 VD 半波整流、C1 滤波后供给延时控制电路，平时未按下按钮开关 AN 时，电源通过 R2 向 C2 充电，导致三极管 VT 饱和导通，稳压二极管 VDW 两端的电压不能使触发二极管 2SC 导通，故双向可控硅 VS 处于阻断状态，照明灯 H 无电流通过，为熄灭状态。一旦将 AN 按下，则短路了 C2，C2 中的电荷立即放尽，三极管 VT 处于截止状态，其电源通过 R3，达到了 2SC 的转折电压，于是 2SC 导通，VS 触发导通，电流通过 H

而使其点亮。松开 AN 后，由于 C2 两端的电压不能突变。VT 仍处于截止状态，H 继续点亮，同时电源通过 R2 向 C2 缓慢充电，当 C2 两端的电压足以使 VT 饱和时，VT 饱和导通，使 2SC 两端电压小于其转折电压，2SC 截止，VS 截止，H 自动熄灭，这样就达到了延时关灯目的。

(3) 元器件选择与制作

由于 R1 是降压限流电阻，亦长期与电网连接，宜选用功率较大的金属膜电阻，C1 的耐压应在 50V 以上；双向触发二极管 2SC 的转折电压在 20～30V 即可；9014 亦可用 3DA87 等高反压三极管替代，$\beta \geqslant 100$；VS 视所接灯泡的功率而定；其延时时间可由 0.5R2C2 估算后再由实验确定。

5.2 电源控制应用电路

5.2.1 简易镍镉电池充电器

镍镉电池是一种新型的二次电池，它可以多次反复充电，目前已广泛用于电动刮胡刀、袖珍放音机、电动玩具等大电流放电场合。镍镉电池充电时最好要求小电流恒流充电，如"AA"型（相当于 5 号电池外形）宜在 50mA 连续充电 15h。电荷充满后也不宜过充，过充电有损于电池使用寿命。这里介绍的简易镍镉电池充电器除了具有恒流充电特性外，还能防止电池过充电。

(1) 电路原理图

简易镍镉电池充电器电路如图 5-20 所示。

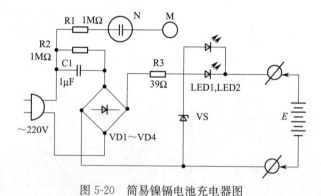

图 5-20 简易镍镉电池充电器图

(2) 工作原理

它采用电容器 C1 降压，VD1～VD4 整流，R3、VS 稳压。电容降压具有恒流特性，当 C1 容量为 1μF 时，它对 50Hz 交流电容抗为 3.3kΩ，当接入 220V 交流电时，其充、放电电流为 66mA 左右，可近似为 60mA。图中 E 为待充电的 4 节镍镉电池，每节电压一般为 1.2V，在充电时，电压最高为 1.35V，4 节串联最高为 5.4V。LED1、LED2 为发光二极管，其正向压降为 2.1V 左右。VD5 的稳压值为 7.5V 的稳压二极管。在开始充电时，4 节镍镉电池串联值小于 5.4V，此时 VD5 截止，60mA 充电电流经 LED1、LED2 全部流入镍镉电池，实现小电池恒流充电。随着充电进行，镍镉电池电压逐渐升高，当电压升高到 5.4V 以上时，VD5 被反向击穿，VD5 两端电压被钳位在 7.5V，镍镉电池电压不会继续升高，如继续升高，LED1、LED2 则由导通转向截止，从而防止电池过充电。

R1、N 和 M 组成安全检测装置，使用时当甩手触碰电极片 M，氖泡 N 应发光，表示接线正确，此时电池 E 与交流电相线隔离，人手触碰电池不会发生触电事故。如手摸 M，氖泡 N 不发光，表示电源插头插反，只要将插头反插就可。

(3) 元器件选择和制作

VD1～VD4 可用 IN4004 型硅整流二极管。VD5 为 7.5V、1/2W 型稳压二极管，最好采用 1N755 型，如无则改用 2CW15 型稳压管也行。LED1 和 LED2 最好采用绿色发光二极管，因其正压降一般在 2.1V 左右。采用两个发光管并联，是因为电流值为 60mA，如用一个易被过流烧毁。

电容 C1 要用 CZJ-1μF-500V 型油浸纸介电容器。R1 为 RTX 型 1/8W 碳膜电阻器。R2、R3 为 RJ 型 IW 金属膜电阻器。N 为普通氖气泡，如 NH‐416 型或日光灯启辉器里的氖泡。

由于该充电器直接取自 220V 交流电，虽然有安全检测装置，但仍应注意安全。整个充电器应采用全塑结构，电池架应有塑盖。使用时，先放好电池，盖好盒盖，再插上电源插头，并检查插头插入方向（用手摸一下盒子外面的电极片 M，氖泡 N 应发光）。此时发光二极管 LED1、LED2 发光，表示充电开始。如充 "AA" 电池，充 13～15h，收电池时，应先拔去插头断电后，方可取下电池。

此充电器也可只充两节镍镉电池，使用方法同上，充 13～15h。但充两节镍镉电池时，镍镉电池的两端电压不可能上升到 5.4V，故没有防过充电功能，应掌握好充电时间。此外它还可以充普通锰锌干电池，效果也不错。

5.2.2　实用集成稳压电源

这是一种实用的输出电压连续可调的集成稳压电源，输出电压在 1.25～37V 之间连续可调，输出最大电流可达 1.5A。电路简单，很适宜读者装用。

(1) 电路原理图

实用集成稳压电源的电路如图 5-21 所示。

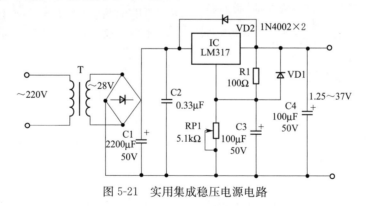

图 5-21　实用集成稳压电源电路

(2) 工作原理

LM317 输出电流为 1.5A，输出电压可在 1.25～37V 之间连续可调，输出电压由两只外接电阻 R1、RP1 所决定，输出端和调整端之间的电压差为 1.25V，这个电压将产生几毫安的电流，经 R1、RP1 到地，在 RP1 上产生了一个变化的电压加到调整端，通过改变 RP1 范围就能改变输出电压。注意，为了得到稳定的输出电压，流经 R1 的电流要小于 3.5mA。

LM317 在不加散热片时最大功耗为 2W，在加 200mm×200mm×4mm 散热板时其最大功耗可达 15W。VD1 为保护二极管，以防稳压器输出端短路而损坏 IC，VD2 用来防止输入短路而损坏集成电路。

(3) 元器件选择与制作

整流桥可选用整流电流大于 3A 而耐压大于 50V 的，二极管 VD1、VD2 选 1N4002，C1、C3、C4、选耐压大于 50V 的电解电容器，C2 选用陶瓷电容，电阻选用 1/8W 碳膜电阻，RP1 选用 5.1kΩ 电位器，其他如图 5-22 所示。

本机检查焊接无误即可正常使用，不需调试。但焊接时请注意，电容 C2 应靠近 IC 的输入端，C3 应靠近 IC 输出端，这样能更好地抑制纹波。

5.2.3 镍镉电池自动充电器

镍镉电池自动充电器，具有状态指示功能。充电时发光二极管发绿光；充满后，保护电路动作，发光二极管发红光，指示电池已充满。当电池充满后，保护电路自动切断充电电流，防止过充电。故该充电器也可对普通锌锰电池进行充电。

(1) 电路原理图

镍镉电池自动充电器电路原理如图 5-22 所示。

(2) 工作原理

电容 C1、二极管 VD1～VD4 构成降压（限流）、整流电路。由于电容的内阻很大，则输出近似为恒流，经二极管 VD5～VD7 给电池充电，并在 VD5～VD7 上产生约 2.1V 的电压降使发光二极管发光（绿色），作为充电指示。三极管 VT 和电位器 RP 组成自动保护电路。当电池充满后，VT 饱和导通，自动切断充电电流。同时 A 点电位下降到 0.5V 左右，这时，$V_B > V_A$，使红色发光二极管发光，表示充电结束。

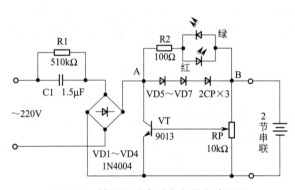

图 5-22 镍镉电池自动充电器电路原理

(3) 元器件选择与制作

C1 选用 1.5μF400V 油浸纸质电容，R1 为放电电阻，可在 510kΩ～1MΩ 间选择。其他元件数值已标在图中。

充电器调试很简单。单个镍镉电池标称电压为 1.2V，当放电至 1V 时，就应进行充电。当充至 1.35V 时，基本上充满了。所以，如果同时对 2 节 5 号镍镉电池充电时，则充满后，电池两端电压可达到 2×1.35V＝2.7V。这时，调节 RP 使三极管 VT 饱和导通，同时 VT 截止即可。如果要同时充 4 节电池，应重新调整 RP，以改变保护电路的工作电压。因本电路带有市电，调试时要注意安全。

5.2.4 简易充电器

本次介绍的这种镍镉电池充电器电路结构虽然很简单，但使用起来却较方便，并且制作容易，成本很低。

(1) 电路原理图

镍镉电池充电器电路原理如图 5-23 所示。

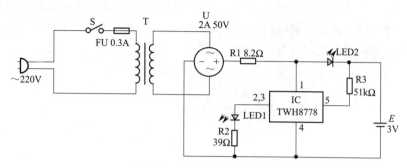

图 5-23　简易充电器电路原理

(2) 工作原理

它是由整流电路和充电指示电路组成的。接通电源开关 S220V 市电经电源变压器 T 变压后,形成 6V 的交流电,经全桥 U 整流后,R1 限流,过发光二极管 LED2 向镍镉电池充电。镍镉电池采用 2 节 GNY 型,充电电流为 50mA。此时由于 LED2 的正负极两端存在着电位差,故 LED2 点亮,说明充电在进行中。同时 IC TWH8778 的控制端 5 脚电压小于 1.6V,故 IC 的 2、3 脚没有高电平输出。

一旦镍镉电池充满,LED2 两端的电位差消失,LED2 自动熄灭。而 IC 的 5 脚电位达到 1.6V,此时 IC 的 2、3 脚导通,输出高电平,故发光二极管 LED1 点亮,说明电池已充满电。

(3) 元器件选择与制作

T 采用初级电压为 220V,次级电压为 6V 的 3W 电源变压器,U 采用 2A、50V 全桥,如没有全桥,亦可用 4 只 1N4001 整流二极管构成全桥整流电路。IC 采用大功率集成开关 TWH8778,它的 5 脚控制电压为 1.6V。LED1 采用 ϕ5mm 绿色发光二极管;LED2 采用 ϕ5mm 红色发光二极管。

调整电路时,可将毫安表串在 E 的正极回路中,调整 R1 使充电电流为 50mA 即可。调整 R2 可控制 LED1 的亮度,调整 R3,当 E 为 3V 电压时,IC 的 5 脚为 1.6~1.7V 即可。其他不需调整,通电后即可正常工作。

5.2.5　便携式可控硅充电器

本制作实例充电器直接使用 220V 交流市电,通过触发电路的控制,实现其输出电压从 0V 起调,适合于对 12~220V 的蓄电池(组)充电。

(1) 电路原理图

可控硅充电器电路原理如图 5-24 所示。

(2) 工作原理

该装置电路是由电源电路、触发电路和主控电路三部分组成的。220V 市电经电源开关 S-S′、电源变压器 T1 降压后,由二极管 VD1~VD4 组成的全波整波电路整流,变为脉动直流电源。一路经电阻 R1 限流和稳压二极管 DW 稳压,输送约 18V 的梯形波同步稳压电源,作为时基集成电路 NE555 及其外围元件构成的无稳态振荡器 RC 延时环节的电源;另一路经过三端稳压集成电路 IC1AN7812 送出 12V 稳定的梯形波同步稳压电源 IC2 的工作电源。

触发电路由 IC2 NE555 及 R2、R3、RP、C1、C2 等元件构成，振荡周期小于 10ms 固定不变，仅可改变输出矩形波占空比的无稳态振荡器和 R4、脉冲变压器 T2 形成触发脉冲。振荡器之所以采用 18V 和 12V 两路同步稳压电源，目的是增大输出矩形波的占空比，即增大触发脉冲的移相范围。本触发电路的移相范围大于 120°，调节电位器 RP 即可输出不同触发角的触发脉冲，从而达到控制可控硅 VS 的导通角的目的。

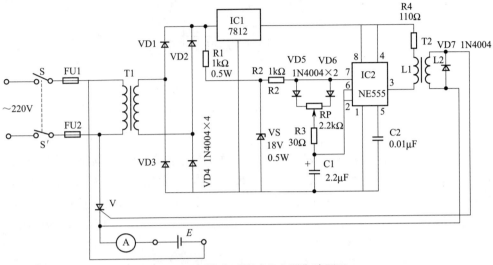

图 5-24　便携式可控硅充电器电路原理

实验证明，该触发电路输出的脉冲，其宽度比任何由单结晶体管构成的触发电路输出的脉冲大几倍，能够可靠地触发反电势负载和大电感负载电路中的可控硅可靠导通。

主控电路由熔断器 FU、电流表和可控硅 VS 组成，接上待充电的电池或蓄电池（组）后，可控硅 VS 获得触发脉冲，就以不同脉宽的脉冲控制 VS 的导通角，调节 RP 就可以满足不同充电电流或电压不同的蓄电池（组）充电。

（3）元器件选择与制作

电源变压器 T1 采用初级电压 220V、次级电压 24V 的收录机电源变压器，功率为 5W，T2 采用 MX2000GL22X13 型磁罐，初级 L1 采用 ϕ0.17mm 高强度漆包线绕 100 匝，次级 L2 采用同样线径的漆包线绕 200 匝。电阻全部采用金属膜电阻。RP 采用 WXD4-13 型多圈电位器。VS 采用 10A 单向可控硅，耐压大于 100V 即可，宜加相当大的散热器，以利散热。所充蓄电池的充电电流应小于 8A。其他元器件无特殊要求，可按图示数值及型号选用。

5.2.6　连续可调的集成稳压器

本实例制作的这种集成电路稳压器，输出电压可在 1.25～37V 之间连续可调，输出最大电流可达 1.5A，电路结构十分简单，性能优异。

（1）电路原理图

连续可调的集成稳压器电路原理如图 5-25 所示。

（2）工作原理

该装置电路核心器件是使用了一块新型稳压集成电路 LM317。LM317 的输出电流可达 1.5A。输出电压可在 1.25～37V 之间连续可调，输出端电压的高低由 RP 和 R 的阻值确定。输出端与调整端之间的电压差为 1.25V，这个电压将产生几毫安的电流，经电阻 R，电位器

RP 入地端，在 RP 上产生了一个变化电压加到调整端。因此，只要改变 RP 两端的电位，即可改变电路的输出电压。

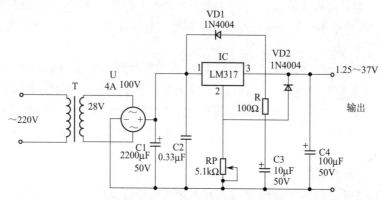

图 5-25 连续可调的集成稳压器电路原理

为了得到稳定的电压输出，流经 R 的电流要求小于 3.5mA。LM317 在不加散热片时的最大功耗为 2W，在加 200mm×200mm×4mm 散热板时，其最大功耗可达 15W。VD2 为保护用二极管，目的是防止稳压器输出端短路而损坏 IC，VD1 则用来防止输入短路而损坏集成电路。

(3) 元器件选择与制作

T 采用初级电压 220V、次级电压为 28V 的 10W 左右的电源变压器。U 选用 3A、100V 以上的整流全桥。所用电解电容器的耐压全部高于 50V，C2 则可用陶瓷电容器，R 采用 0.5W 金属膜电阻，RP 最好采用线性电位器。其他元件按图示数据选用即可。

将图中元件焊好之后，确认无误，一般不需调试即可正常工作。但焊接时请注意，电容器 C2 应靠近 IC 的输入端 1 脚，C3 应靠近 IC 的输出端 3 脚，实践证明，这样能更好地抑制纹波，使之成为优异稳压器。

5.2.7 家电过压保护器

当某种原因使电网电压突然升高时，会使正在运行的电冰箱、洗衣机、黑白和彩色电视机、收录机、组合音响等家用电器遭受不同程度的损坏，严重时还会因此而发生火灾，造成很大的经济损失。本实例制作简易的过电压保护装置，一旦电压超过允许范围即可自动断电，电压恢复正常又可自动接通，起到家电保护作用。

(1) 电路原理图

家电过压保护器电路工作原理如图 5-26 所示。

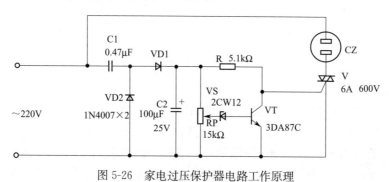

图 5-26 家电过压保护器电路工作原理

(2) 工作原理

电容器 C1 将 220V 交流市电降压限流后，由二极管 VD1、VD2 整流，电容器 C2 担任滤波，得到 12V 左右的直流电压。当电网电压正常时，稳压二极管 DW 不击穿导通，此时三极管 VT 处于截止状态，双向可控硅 VS 受到电压触发而导通，插在插座 XS 中的家电通电工作。

如果电网电压突然升高，超过 250V，此时在 RP 中点的电压就导致 VDW 击穿导通。VDW 导通后，又使得三极管 VT 导通，VT 导通后，其集电极—发射极的压降很小，不足以触发 VS，又导致 VS 截止，因此插座 XS 中的家电断电停止工作，因而起到了保护的目的。一旦电网电压下降，VT 又截止，VT 的集电极电位升高，又触发 VS 导通，家电继续通电工作。

(3) 元器件选择与制作

三极管 VT 采用 3DA87、3DG12 等，其击穿电压尽可能高一些，$\beta \geqslant 100$ 即可；V 采用 6～10A、耐压 600V 以上的双向可控硅；RP 最好选用多圈精密电位器；C1 的耐压须高于 400V，容量在 $0.47 \sim 0.68 \mu F$ 之间选取；其他元器件可按图示数据选择；该装置的调试十分简单，当电网电压为 220V 时，调整 RP，使 VS 不被击穿，当网电压升至 250V 时，VT 饱和导通即可。

5.2.8　全自动家电保护器

这是一个由 555 时基电路和 TWH8778 大功率开关集成电路构成的保护装置，它具有控制功率大、可在电源电压大于 250V 或小于 170V 时停止输出电压，同时可在断电后 C 又恢复供电时，延时 5min 供电。

(1) 电路原理图

全自动家电保护器电路工作原理如图 5-27 所示。

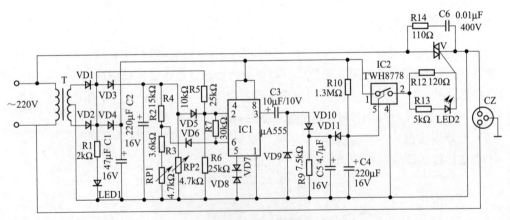

图 5-27　全自动家电保护器电路工作原理

(2) 工作原理

IC2 和 R10、C4 等组成延时电路，IC1 和 R2～R7、VD5、VD6 等组成过、欠压保护电路。电源变压器次级输出的交流电压经 VD1、VD2 整流成直流脉动电压加在 IC1 的 2 脚和 6 脚，经与 VD3 整流滤波后的基准电压比较后，使 IC1 的 3 脚输出矩形波。该矩形波经 C3 耦合后，通过 VD9、VD10 整流，使 C5 上建立一正的直流电压。正常供电时，C4 上充有对地为正的电压，故 IC2 的 2 脚输出一高电平，可控硅 VS 导通，交流电源经插座加至家用电器上，此时输出电压指示发光二极管 LED2 发亮。

当电压大于 250V 或小于 170V 时，IC1 的 3 脚仅输出一直流电平（无矩形波输出），此时由于电容 C3 的隔直作用，无法在 C5 上建立电压。故 IC2 的 5 脚因 VD11 的正向导通而不能对电容 C4 充电，呈现出低电平。因而 IC2 的 2 脚无电压输出，V 截止，故插座上无电压输出。

当停电后又恢复供电时，此时由于 C4 已放电，保护器的延时开通时间是靠电阻 R10 对 C4 的充电完成的。延时时间约 5min。

（3）元器件选择与制作

所用元器件均无特殊要求；VD1～VD4 选 1N4001，VD5～VD11 选 1N4148 即可；电源变压器 T 选 5W、6V×2 次级绕组；可控硅选 6A/600V 双向硅；RP1、RP2 可选用微调电阻或小型电位器；其他元件数值已标在图中。

该电路调试较简单。先将一自耦调压器的次级接入装置电源，保护器输出接 100W 白炽灯作为负载。当接通电源后，LED2 发亮，白炽灯发光。然后将调压器分别调在 170V 及 250V 处，同时调节电位器 RP1 和 RP2，直到发光二极管 LED2 和白炽灯熄灭，可控硅无电压输出为止。开机延时时间的长短可通过调整 R10 或 C4 来实现。

5.2.9　简单可靠的停电自锁开关

许多人因停电时忘记关断电灯电源，又弄不清开关是处于"开"还是"关"，一旦电网复电，其电灯自亮，消耗了电能，增添了许多麻烦。本实例制作这种简单装置可用于一般家庭小负载的停电自锁，一旦电网停电，即使是几秒钟复电，它也能可靠地将电器置于断电状态，根本用不着再去关心停电电器的开关状态，有效地杜绝了无效耗电，既节省了能源，也消除了事故隐患。

（1）电路原理图

简单可靠的停电自锁开关电路工作原理如图 5-28 所示。

（2）工作原理

SB1 是一只常闭型按钮开关，SB2 是一只常开型按钮开关，欲使负载 H 通电工作，只要按动一下 SB2，此时有电流经 SB1→SB2→J，导致继电器 K 励磁吸合。K 吸合后，其触点 K-1、K-2、K-3 均由原来的断开状态变为闭合状态。此时继电器 K 自锁，K-1、K-2 接通负载 H，使其工作，松开 SB2，则其工作状态保持不变，同时其指示电路 ZD 因 K-3 触点的短接而自动熄灭。其负载 H 可以是阻性、感性或容性，其负载功率视继电器 K 触点容

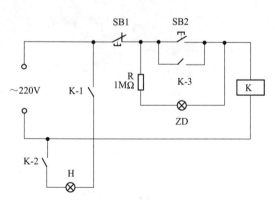

图 5-28　停电自锁开关电路工作原理

量而定。在不停电期间，欲使 H 停止工作，只要轻触一下 SB1 即可断电。

假如在 H 工作期间突然停电，继电器 K 的三个触点 K-1、K-2、K-3 全部断开，复电时，全部触点都不会自行复位，故可靠地起到了停电自锁作用。当 ZD、H 完好，且这两者都熄灭时，说明电网停电；当 H 熄灭，ZD 仍发亮时，说明电网已复电，但 K 处于释放状态；当 H 已亮，ZD 熄灭，说明 K 已吸合，负载正在工作。

(3) 元器件选择与制作

其中 SB1 采用耐压 250V，容量为 3A 的常闭型按钮开关。SB2 采用同参数的常开型按钮开关，ZD 为氖泡，可用荧光灯启辉器中的氖泡代用，R 为限流电阻，一般取 1～1.5MΩ 即可。当用电负载小于 300W 时，继电器可采用 JZX-22F 型小型交流继电器，它共有 4 组常开触点，当然亦可选用其他的交流继电器，但常开触点不得少于 3 个。用直流继电器时，要增设降压、整流和滤波电路才行。

5.2.10　灵敏可靠的多功能漏电保护器

这是一种以日产专用集成电路 M54122L 为核心的新型多功能漏电保护器。它灵敏度高，可靠性好，工作电压范围宽，并具有漏电、触电和过电压等多种保护功能，是家庭生活用电的理想保护装置。

(1) 电路原理图

灵敏可靠的多功能漏电保护器电路如图 5-29 所示。

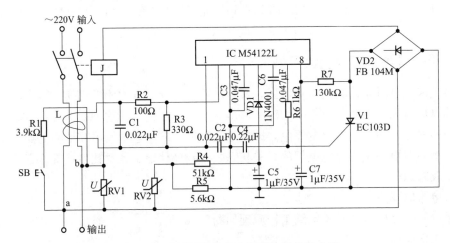

图 5-29　灵敏可靠的多功能漏电保护器电路

(2) 工作原理

L 是检查漏电电流的感应线圈，供电线路的火线和零线均从其间穿过。它的作用是将用电线路的漏电、触电电流信号变换成回路的电压信号。当用电线路正常工作时，其火线和零线的电流绝对值相等，电流的矢量和为零。因此，无感应电压信号进入 IC，此时 IC7 脚输出电平为零，V1 因未触发而不导通。

当发生漏、触电故障时，因线路中电流不平衡，L 两端感应出的电压信号经 IC 内电路放大、翻转，使 7 脚输出高电平，经 R6 触发 VS1 导通，整流桥 VD2 工作电流猛增，脱扣线圈 J 吸合，拨动脱扣拨杆，使脱扣机构动作，开关 S 跳闸。IC 工作电压由 220V 交流电经过 J 并由 VD2 整流后，由电阻 R7 降压为约 24V，加在 IC 的 8 脚。因其工作电流极小（仅 1.5mA），故脱扣线圈虽串在回路中，但不吸合。

过压保护电路由 RV1、RV2 及 R4、R5、VD1 等组成。RV1、RV2 是压敏电阻器，这种电阻器具有瞬时通电容量大、电压范围宽、漏电流小及响应速度快等特点，是较理想的过电压保护元件。RV1 主要用来吸收供电系统的雷电及各种误操作的过电压（如相线与中性线错接、相线与中性线搭接或中性线断开使中性点严重偏移等）。RV2、R4、R5 及 VD1 等构成过压保护触发电路。当220V交流电因上述原因瞬间过高时，RV2阻值随电压升高急剧下降，R5两端电压迅速升高，到一定值时，VD1导通，触发信号从IC4、5脚进入，7脚立刻转换为高电平，整个系统断电。经实测，当供电电压在220～275V间变化时，R5两端电压在0.2～1.8V间变化，当供电电压≥275V时，过压保护动作，系统断电。因此该保护器具有双重过压保护功能。

SB为试验按钮，用来模拟漏电电流，试验漏电保护器是否正常工作，使用中，可经常做漏电试验，以确保漏电保护器的灵敏、可靠。

(3) 元器件选择与制作

L用外径16mm、内径13mm、厚度0.2～0.3mm坡莫合金薄片造成厚3mm的圆环，次级线圈绕400～450匝；R2为输入阻抗匹配电阻，一般选100Ω，R3为触发灵敏度控制电阻，一般选300～330Ω；R7是限流降压电阻，用以保证IC工作电压在电源电压变化时处于12～28V之间，其阻值一般选在120～130kΩ，功率为1/2W；C5、C7选用1μF/35V钽电容，VS1选用触发灵敏度高，反压大于400V的单向可控硅，如EC103D、CR03AM、CR1AM等。

制作中应注意：安装调试时不能带电插装IC，以免IC损坏。

该保护器能在85～240V供电电压下可靠工作。其缺点是无过负荷及短路保护功能，因此使用中必须与其他短路保护电器如熔断器等配合使用。

装置中所用元件如有损坏，除专用集成电路M54122L外，其他元件均可用相应元件直接代换。

5.2.11　调压、定时两用器

这是一种电路简单、制作容易、使用方便的调压与定时两用器。其指标为：调压30～215V交流，定时5～60min，功率500W。可对各种家用电器进行调压、调光、调温、调速或定时关闭。

(1) 电路原理图

调压、定时两用器电路如图5-30所示。

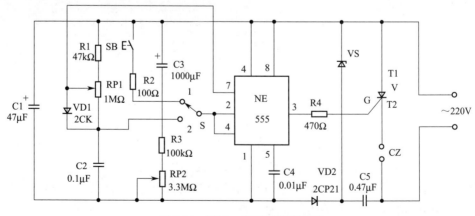

图5-30　调压、定时两用器电路

(2) 工作原理

调压、定时选择开关S2置在1时，NE555和S、C3、RP2及V等组成定时控制电路。

使用时，按一下 SB，C3 通过 R2、AN 迅速放电，这时，NE555 的 2、6 端为高电平，3 端输出低电平，双向可控硅 V 导通，输出插座 CZ 有电压输出。直流电源经 RP2、R3 对 C3 充电，C3 充满电后，NE555 的 2、6 端电压降低到直流电压的 1/3，此时，NE555 置位，3 端输出高电平，V 截止，CZ 无电压输出。

当开关 S 置在 2 端时，NE555 和 RP1、R1、C2 等组成触发脉冲产生电路。NE555 的 3 端输出频率约 13Hz、占空比可调的触发脉冲，调整 RP1 即可改变触发脉冲的宽度，然后再用该脉冲去控制 VS 的导通角，使 CZ 上的输出电压随着导通角的变化而变化，从而达到了调压的目的。VD1 的作用是当调整 RP1 时，使振荡周期不变，而触发脉冲宽度随之改变。C5 和 VDW、VD2 组成降压、整流电路，为 NE555 提供 12V 左右的直流工作电压。C5 是降压电容，R2、R4 是限流电阻。

(3) 元器件选择与制作

NE555 可用 μA555 等代替。V 为 3A/600V 双向可控硅，C3 要选用漏电小的电解电容；VS 用稳压值 12V 左右的稳压二极管；C5 要选用工作电压 400V 以上的金属化电容；SB 为小型按钮开关，S 用 1×2 小型钮子开关；该两用器安装完毕，只要元件好、安装无误，一般不用调试就可以正常工作。

5.2.12　光电式自动水龙头

本文介绍的光电式自动水龙头可用于家庭，亦可用于公共场合、病房等防止交叉感染。

(1) 电路原理图

光电式自动水龙头电路如图 5-31 所示。

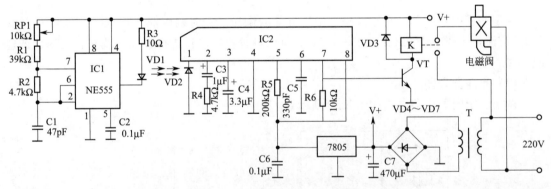

图 5-31　光电式自动水龙头电路

(2) 工作原理

IC1 组成振荡频率为 40kHz 的脉冲振荡器，驱动红外发光二极管 VD1 发出调制红外线。IC2 是一片专用红外接收放大器，内含前置放大、滤波、积分检波、整形并为红外接收二极管提供偏压，其中心频率由 R5 决定，R5＝200kΩ 时，中心接收频率为 40kHz。当 VD2 接收到 VD1 发射的 40kHz 红外调制光时，IC2 第 7 脚变为低电平，三极管 VT 截止，继电器 J 释放，电磁阀不动作，水龙头关闭，此为一般状态。

当有人洗手时，挡住了 VD1 发往 VD2 的红外线，IC2 第 7 脚由低变高，VT 导通，继电器 J 吸合带动电磁阀动作，水自动流出。洗手完毕，人手离开，VD1 又照射 VD2，电路又恢复到一般状态。

(3) 元器件选择与制作

IC2 采用 CX20106A，VD1、VD2 可采用通用的红外对管，VD3～VD7 采用 1N4001；该电路调试比较简单，只需调 RP1 使 IC1 振荡频率为 40kHz 即可；IC2 是一高增益级，要用铁皮加以屏蔽。

5.2.13　自动调光电子窗帘电路

这个电路能对室内光照进行自动调节，由室内光照强弱控制窗帘的开启和关闭。

(1) 电路原理图

自动调光电子窗帘电路如图 5-32 所示。

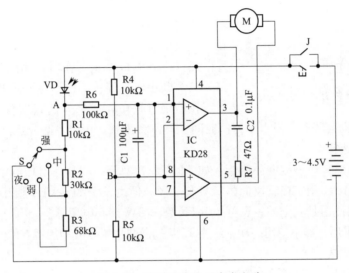

图 5-32　自动调光电子窗帘电路

(2) 工作原理

图中，光敏二极管 VD 与电阻 R（R1＋R2＋R3）、R4、R5 构成一平衡电桥。当光照适当时，A、B 两点电位相同，双运放 KD28 两输出端 3 脚和 5 脚电平相等，电机 M 不转，窗帘保持原状。

当室内光照增强时，光敏二极管内阻变小，A 点电位上升，KD28 的 3 脚电位上升，5 脚电位下降，电机 M 正转，窗帘缓缓关闭，直至室内光照合适为止。反之，电机反转，窗帘拉开。为防止因风偶然揭开窗帘而造成反复启动电机现象，特增加了起延时作用的 C1、R6。

室内光照的强弱可按需要分成强中弱三挡进行选择。到夜间，如需关闭窗帘，可将转换开关 S 扳到"夜"挡。这时 A 点电位总高于 B 点电位，电机正转，窗帘关闭。

由于电机在两极端（窗帘全开或全闭）时，仍然会有电流，因此必须使用由接触点 J 和按钮 SB 组成的极端位置自停开关。当电机运行到极端位置时，J 断开，电源被切断。重新启用时按一下 SB，电路接通，电机退出极端位置，J 恢复接通，控制电路又能正常进行控制。

(3) 元器件选择与制作

开关 S 选用任何型号的 1 刀 4 掷拨动开关；VD 选用 2DU 型光敏二极管；KD28 双功放电路也可用 TDA2822 直接代用（仅管脚排列不同）；电机可根据工作电压和窗帘重量选择合适的 3～4.5V 直流电机；J 为自制的接触开关；其他元件数值已在图中标注，无特殊要求；电源可采用一号干电池或稳压电源。

5.2.14 电冰箱节电器

如果在冰箱后面加装一个小电扇帮助散热器散热，就能提高冰箱的制冷效率和延长冰箱的使用寿命。本实例介绍的电冰箱节电器就是根据这一原理制成的。

（1）电路原理图

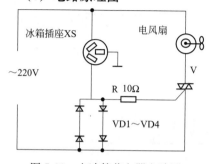

图 5-33 电冰箱节电器电路图

电冰箱节电器电路如图 5-33 所示。

（2）工作原理

当电冰箱压箱机启动工作时，电流通过 VD1～VD4，在 VD1～VD4 两端产生 1.4V 左右的交流电压降，通过电阻器 R 触发双向晶闸管 V 导通，小电扇接在 V 的主回路中，于是小电风扇工作，帮助冰箱散热片散热。当压缩机停止工作时，晶闸管 V 失去触发电路，V 关断小电扇停止工作不再消耗电能。

在使用过程中，如果开门存取食品，因箱内照明灯点亮，小电扇也会转动。但由于开门时间一般不会太长，可以不必介意。

（3）元器件选择

V 可用 1A/400V 小型双向晶闸管，如 TLC221B 型等；VD1～VD4 可采用 1N4001 型硅整流二极管；1N4001 型二极管反向耐压只有 50V，但由于 VD1～VD4 相互钳位，反压不会超过 1.4V，所以使用是安全的；R 可用 RTX 型 1/8W 碳膜电阻器。

小电扇可以采用仪器中使用的功率约为 15W 的散热风扇，或利用现有的家用电风扇都可。

（4）安装和调试

在插焊二极管时，二极管两端应各露出 5mm 引线再弯折插入印制电路板焊接，以利于二极管散热。

电路板装置在自制的塑料小盒里，设计一支架，将小电扇固定在冰箱背后底部，由下向上吹风。该节电器经实际测定：当环境温度为 27℃，冰箱冷藏室温度为 3℃时，压缩机每次工作时间由原来的 9min35s 减少为 6min5s，停机时间相同，扣除节电器自身耗电量，每月实际节电 5.31kW·h（即月耗电从原来 31 kW·h 下降为 25.69 kW·h）。

5.2.15 可调直流稳压电源

本电路通过简单的电路结构能够实现可调的直流稳压电源，并且具电压指示，输出直流电压范围为 0～30V。

（1）电路原理图

可调直流稳压电源电路如图 5-34 所示。

（2）工作原理

本电路通过变压器 T 把 220V 的交流电压加在一次侧 W1 后，在二次侧 W2 和 W3 分别得到 35V 和 6V 的交流电压，二次侧 W2 端通过二极管 VD1～VD4 整流、电容器 C1、C2 滤波后输入到 IC 三端集成稳压电路的输入端，通过由 IC 稳压集成电路、电阻器 R1 和电容器 C4 输出 35V 的直流电压。二次侧的 W3 线圈输出的 6V 的交流电压通过二极管 VD5、电容器 C3、电阻器 R2 和稳压二极管 VS 输出一个 −1.25V 的负电压作为辅助电源。变阻器 RP

加在 IC 集成电路的控制端，通过调节变阻器 RP 能够使输出端输出 0～30V 的直流电源。

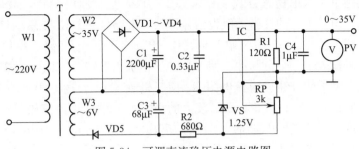

图 5-34　可调直流稳压电源电路图

（3）元器件选择

IC 选用 LM317 三端稳压集成电路；R1、R 选用 1/2W 型金属膜电阻器；C1、C3 选用耐压分别为 50V 和 10V 的铝电解电容器，C2、C4 选用 CD11-16V 电解电容器；VD1～VD5 选用 IN4007 硅型整流二极管；VS 选用 IN4106 或 2CW60 硅稳压二极管；RP 可用 WSW 型有机实心微调可变电阻器；T 选用 10W、二次侧电压为 35V 和 6V 的电源变压器；其余器件可参考图上标注。

（4）制作和调试方法

本电路结构简单，只要按照电路图焊接，选用的元器件无误，无需调试都能正常工作。

5.3　报警器应用电路

5.3.1　触摸式报警器

本实例制作的触摸式报警器可以广泛用于防盗报警，危险物触摸报警等。该报警装置一经触发便能自动报警，并能在预定时间后，自动停报，因而比自锁式报警器更实用。它构造很简单，制作容易，成本低廉，可供读者参考。

（1）电路原理图

触摸式报警器电路工作原理如图 5-35 所示。

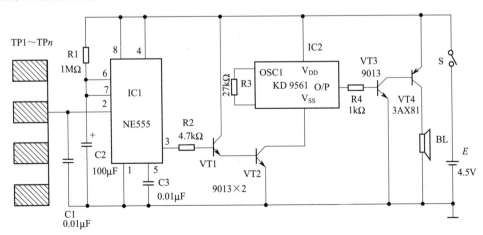

图 5-35　触摸式报警器电路

(2) 工作原理

时基集成电路 IC1 以单稳态方式工作，TP1～TPn 是金属触膜片，数量可根据需要设置。接通电源后，由于 IC1 的 2 脚无触发信号输入，电路处于复位状态，IC1 的 3 脚输出为低电平，整个装置不工作。一旦有人触及金属片 TP1～TPn 中的任何一片时，由于人体感应电势给 IC1 的 2 脚输入了一个负脉冲，使 IC1 的工作状态翻转，IC1 的 3 脚由原来的低电平跳变为高电平，高电平信号经过限流电阻 R2 使三极管 VT1 导通，于是 VT2 也饱和导通，IC2 接通电源立即工作。为了使 IC2 发出较大的声响，又增加了由三极管 VT3、VT4 构成的互补放大器来推动电动式扬声器 BL，发出的声音足以使 100m 范围内的人听得十分清楚。

由于 IC1 翻转后，电源开始通过电阻 R1 向电容器 C2 充电，其充电速率由 R1 和 C2 的数值确定，约为 1.1R1C2。当 IC1 的 8 脚电位上升到 3V（2/3 电源电压）时，IC1 的 6 脚阈值输入端受到触发，使电路又翻转，IC1 的 3 脚由高电平变为低电平，此时，C2 被 IC1 内部放电管短接，直到下次 IC1 的 2 脚被负向脉冲触发为止。由于此时 IC1 的 3 脚为低电平，小于 0.7V，故三极管 VT1、VT2 均截止，使 IC2 的接地端 V_{SS} 断开，IC2 电源无回路，电路停止工作，报警声停止。

(3) 元器件选择与制作

TP1～TPn 可用铜片或铝片，中间钻一只小孔，接到任何需要防护的金属部位，例如门锁、把手、仪器的金属外壳等；时基集成电路 IC1 可用 NE555、5G1555、VA555、FX555 等；电容器 C1 和 C3 是为抗干扰所设，以防止电路误触发；VT1、VT2、VT3 均可采用 9013、9014 或 3DG6、3DG8、3DG12 等，$\beta \geqslant 100$，VT4 采用 PNP 型三极管，如 3AX81、3AX31、9012 等，$\beta \geqslant 80$；IC2 KD9561 是四音模拟集成电路；整个外围元件仅有一只振荡电阻 R3，取值可在 180～510kΩ 范围内，电阻 R3 的阻值越小，报警节奏就越快，反之则慢；BL 采用 0.8W、8Ω 的电动式扬声器，亦可用压电陶瓷片代用，必须加装助声腔，尽管如此，其音量还是要小得多；该装置可用 4.5～6V 的电池供电，亦可由整流器降压整流后供给。

具体使用时，该装置的 TP1～TPn 安装在门锁上，由于锁舌与门扣都是金属制品，且互相接触，门扣上又有一根导线与 IC1 的 2 脚相连，故当有人企图撬开锁舌或用锁钥开门时，就等于给了 IC1 的 2 脚一个负脉冲，使电路受到触发而报警。

该电路对任何人都一样，不过主人开门后，能迅速找到暗藏在室内的电源开关 S，使其断电而停止报警，其他人一触及金属部分就报警，心中不免惊慌，又不能很快打开门锁，关断电源。故该报警装置一直持续几分钟之久，盗窃者也只好逃之夭夭。

5.3.2 能自动点火的煤气熄火报警器

本装置在点燃煤气后便处于检测状态，一旦煤气灶自行熄火时，能自动连续点火并发出音乐报警。

(1) 电路原理图

能自动点火的煤气熄火报警器电路工作原理如图 5-36 所示。

(2) 工作原理

开关 S 与煤气开关联动。当打开煤气时，开关 S 闭合，如果此时煤气未被点燃，则光敏电阻 R2 处于高阻状态，三极管 VT1 导通，触发音乐集成电路工作，发出音乐。同时变压器 T1 升压输出一峰值达 $120V_{PP}$ 的脉冲电压，经 4M 电阻 R 给 C1 充电，并经 VD1 给 C2 充电。当 C1

达到一定充电电压时，触发管 VD2 导通，可控硅导通，使已充电的 C2 通过 T2 初级和可控硅放电。结果在 T2 次级感应出 5～10kV 高压，由放电针尖端放电，点燃煤气。煤气点燃后，光敏电阻受火焰光照阻值下降，致使 VT1 截止，音乐奏完后停止，放电亦停止。从电路分析可看出，当煤气火焰再次熄灭后，电路又会自动连续点火，并发出音乐报警。

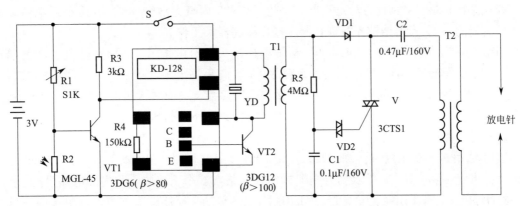

图 5-36　能自动点火的煤气熄火报警器

(3) 元器件选择与制作

本装置耗电极微，一般两节 5 号电池可使用半年以上；音乐集成块可采用奏乐 10s 左右的任何一种；光敏电阻选用 MGL-45 型，制作时将其固定于一圆管中，安装在距火焰 100mm 处并对准火焰；T1 选用半导体收音机的输出变压器，倒过来使用；VD1 用耐压大于 200V 的整流二极管；VD2 为触发管；C1、C2 的值决定放电强度和速度；可控硅用小触发电流的 3CTS1，耐压 400V；T2 可用 12in（1in=25.4mm）电视机行输出改制，去掉原低压部分，用 ϕ0.35mm 高强度漆包线在原骨架绕 15 匝；次级用原高压包去掉整流管即可；放电针用自行车辐条自制，将辐条一端磨尖，两放电针之间以 5mm 为宜；将开关 S 引出与煤气开关联动，调整 R1 使 VT1 分别在有无火焰时截止和导通；点火器安装在煤气灶的空闲位置，放电针对准煤气喷口。

5.3.3　低功耗停电报讯器

这个停电报讯器电路简单，静态时耗电极微，动作可靠稳定，制作也很容易。

(1) 电路原理图

低功耗停电报讯器电路工作原理如图 5-37 所示。

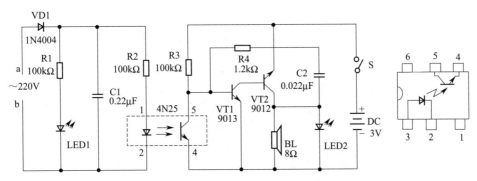

图 5-37　低功耗停电报讯器电路工作原理

(2) 工作原理

全机由交流电检测和音频振荡器两部分组成。左半部为交流电检测部分，右半部为音频振荡器，平时开关 S 闭合，a、b 端接 220V 变流电。交流电经 VD1 整流、C1 滤波得到约 300V 直流电压。此直流电一路经 R1 使有电指示灯 LED1 发光，另一路经 R2 送入光电耦合器 4N25 的第 1 脚，使内藏的发光管点亮。此时 4N25 内藏光敏管导通，5 脚呈低电位，即音频振荡器的 VT1 发射结被光电耦合器短接，振荡器不工作。

当市电突然停电，C1 两端的 300V 检测电压消失，有电指示灯 LED1 熄灭，光电耦台器 4N25 内藏发光管也随之熄灭；其光敏管截止，5 脚呈高电平，VT1、VT2 组成的振荡器起振，BL 发出响亮的报警声，同时停电指示灯 LED2 发光，有关人员闻讯后，即可断开 S。待市电恢复供电时，LED1 发光指示，可再闭合 S，以备下次报警。

(3) 元器件选择与制作

VT1 选用 $\beta \geqslant 100$ 的管子，如 9013 或 3DX201 等，VT2 为 9012 或 3CG3 等，$\beta \geqslant 60$；光电耦合器采用 4N25 型，它是双列直插塑封形式，共有 6 个引出脚，其内部电路见图 5-37；LED2 为红色、LED1 用绿色发光管；C1 用耐压 400V 的金属膜纸作电容，电源选用一号电池两节。

此报讯器电源检测部分与振荡器是互相隔离的，无直接电气连接，且动作安全可靠。只要元器件良好，一般不需调试即可正常工作。试机时，先不接交流电，闭合 S，BL 应能发出响亮的"嘟-嘟-"报警声，同时 LED2 发光。发声音调的高低，可通过改变 R3 或 C2 数值来调整。然后在 a、b 端接上交流电，此时，BL 应立即停止发声。LED2 熄灭，LED2 发光，表示电路正常可投入使用。如果 a 如端接上交流电后，LED1 发光，但 BL 仍发声，且响声中伴有强烈的交流声。这是由于检测部分滤波不良，即流入光电耦合器的电流伴随着交流成分。此时应检查 C1 是否完好，或将 C1 换为 $0.47\mu F$、400V 的，以增加滤波效果，直至 BL 停止发声。整个装置可装入一塑料盒内。由于振荡部分均采用硅三极管，因此该装置静态功耗极微，仅几微安，两节电池可用较长时间。

5.3.4 简易漏电报警器

这里介绍的两种漏电报警器，电路简单、触发灵敏，能直接装入组合式插座内，适合作家用电器的漏电报警，价廉易得。

(1) 电路原理图

简易漏电报警器电路工作原理如图 5-38 所示。

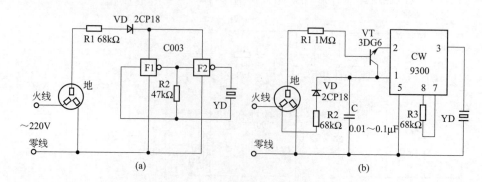

图 5-38 简易漏电报警器电路

(2) 工作原理

这两只报警器电路分别如图 5-38（a）、（b）所示。其中图（a）是用一片 CMOS 六反相器 C003 制作的漏电报警器。平时，由 F1、F2、R2、YD 组成的音频振荡器无电流通过不发声。当外壳漏电的电器插入三眼插座时，泄漏电流从电源火线经电器外壳到三眼插座的地线插孔，再经报警器回到电源零线构成回路，泄漏电流经 R1 降压及 VD 整流后的脉动电流使报警器发声。该电路的泄漏报警电流小于 0.3mA。

图（b）是采用一片 CW9300 音乐 IC 制作的漏电报警器，由于 R1 和 VT 构成了高灵敏触发电路 t，因此，该报警器灵敏度较高，其泄漏报警电流小于 $10\mu A$。音乐 IC 的工作电压由 R2 降压、VD 整流、C 滤波后供给。由于该电压取自 220V 市电，因此，同某些靠泄漏电流、电压维持 IC 发声的报警电路相比，不仅报警音量较大，且克服了上述电路音量随漏电流大小而变化的不足。

(3) 元器件选择与制作

制作时可根据具体情况选择一种电路，将组合式插座内下端一个二眼插座的两片电极剪掉，以便容纳电路元件，在其内空位进行安装。安装完毕，可用一只 200kΩ 电阻，一端接电源火线，另一端接插座地端模拟漏电试验，电路应正常工作即可。图中二极管的耐压应大于 400V；YD 可用用 27mm 的；晶体管 VT，$\beta \geqslant 100$，电阻均用 1/8W。

5.3.5 音乐 IC 液位监控报警电路

这个液位监控报警装置，只要液位低于某一规定高度，它即可发出声光报警。

(1) 电路原理图

音乐 IC 液位监控报警电路工作原理如图 5-39 所示。

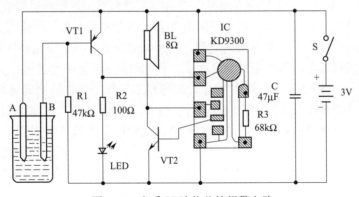

图 5-39 音乐 IC 液位监控报警电路

(2) 工作原理

液位监控报警电路主要由水位检测、电子开关、音响电路组成。A、B 为两根金属棒，用来检测液位的高低，为本电路提供检测信号。正常情况液位处于探棒 A、B 以上，使晶体管 VT1 反向偏置而截止，发光二极管 LED 不发光。这时音乐 IC 的触发端处于负触发状态，使扬声器 BL 不发声。当液位低于探棒 A、B 时，VT1 导通，LED 被点亮，使 IC 为正触发而工作，从而使 BL 连续发出音乐报警声，直到开关 S 断开为止。

(3) 元器件选择与制作

IC 使用 CW8A03 或 KD9300 系列音乐集成电路；晶体管 VT1 选用 β 值大于 50 的硅

PNP 管，如 3CG14、3CG 21 等；VT2 为 3DG6，β 值应大于 60 的硅 NPN 型管；LED 选用红色发光二极管；BL 使用小型 8Ω 扬声器；本电路只要安装正确，不需调试就能正常工作。

5.3.6　简易红外线烟雾粉尘报警器

(1) 电路原理图

简易红外线烟雾粉尘报警器电路工作原理如图 5-40 所示。

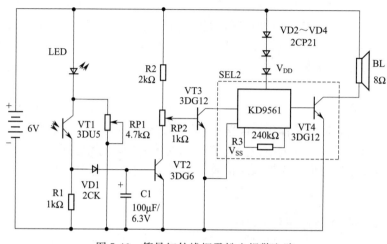

图 5-40　简易红外线烟雾粉尘报警电路

(2) 工作原理

该报警器电路由红外发光管、光敏二极管组成的串联反馈感光电路、三极管开关电路、IC 集成报警电路组成。当被监视的环境里空气洁净，无烟雾、粉尘时，发光管 LED 以预先调好的起始电流发光，光敏管因受到光照阻值降低，使得串联电路的电流增大，此电流流过发光管使它发光强度增大，再照射到光敏管，使其阻值变得更小，如此循环形成了强烈的正反馈过程，串联回路的电流迅速上升到最大值。负载电阻 R1 上产生的电压降经隔离二极管 VD1，使三极管 VT2 饱和导通，VT3 截止，报警器不工作。当被监视的环境里烟雾急剧增加，空气的透光性变小使得发光管光通量减小，光敏管的阻值变大，串联回路的电流减小，如此循环迅速导致负反馈过程，使同路电流减小，最后稳定在起始电流值，电阻 R1 上的电压降低于 1.2V，三极管 VT2 截止，VT3 饱和导通，报警发出急促的报警信号。C1 为防干扰电容，可避免短暂的烟雾引起的报警。调整 RP1 可调整红外发光管的起始电流；RP2 可调整报警器的灵敏度。

(3) 元器件选择与制作

报警器所用元件无特殊要求，发光管选用 H041、TLN107 等型号均可，接收二极管可选用红外接收管或普通光敏三极管如 3DU5 等；晶体管 β 值大于 50 为好，VT4 的 β 值应更大些；报警电路为 KD9561 型音乐 IC 电路；该报警器既可用干电池供电，也可采用交流稳压电源供电；使用交流稳压电源供电可使报警灵敏度更稳定。

5.3.7　气敏式火灾报警器

本报警器采用半导体气敏元件作为传感器，实现"气-电"转换。555 时基电路组成触发电路和报警声响电路，由于气敏元件工作时要求其加热电压相当稳定，所以利用 7805 三端集成稳压器对气敏元件加热灯丝进行稳压，使报警器能稳定的工作在 $180 \sim 260\mathrm{V}$ 的电压范围内。本电路省电且可靠性高，制作简单，体积小巧。

(1) 电路原理图

气敏式火灾报警器电路工作原理如图 5-41 所示。

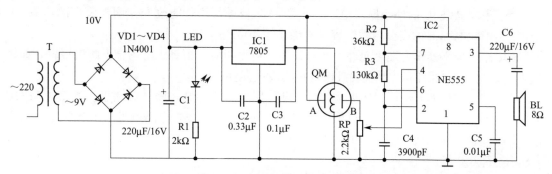

图 5-41　气敏式火灾报警器电路

(2) 工作原理

该报警器电路由 555 时基电路组成自激多谐振荡器，并巧妙地利用它的复位端进行触发，这样可省元件。当气敏器件接触到可燃气体时，其阻值降低，使时基电路复位端电位上升。当它达到集成块 1/3 工作电压时就发出报警信号，具有灵敏度高的特点。

(3) 元器件选择与制作

电源变压器 T 的输出功率要大于 5W，次级电压为 9V；气敏元件采用 QM-N5 型或 MQ211 型。它们是一种通用性比较强的气敏元件，适用于天然气、煤气、液化石油气、汽油、一氧化碳、氢气、烷类、醇类、醚类、苯类挥发性气体，并可对木材、纸张、棉布、毛制品、橡胶制品、塑料制品及油脂等火灾形成之前的烟雾进行报警，IC 为 NE555 时基电路。

把全部元件装好后，开机预热 3min 左右，调节 RP 使报警器进入报警临界状态，把上述气体或燃烧烟雾接近气敏元件，此时应发出报警声。

5.3.8　光控防盗报警器

这里介绍一个采用专用集成电路的光控防盗报警器，可广泛用于抽屉、文件柜以及钱包防盗报警。

(1) 电路原理图

光控防盗报警器电路工作原理如图 5-42 所示。

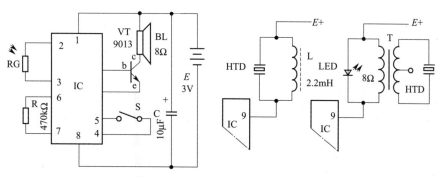

图 5-42　光控防盗报警器电路

(2) 工作原理

当 S 闭合时，电路就处于准备或报警状态。平时抽屉、文件柜完好无损，光敏电阻无光照射，电路处于静止等待状态，扬声器 BL 无声。如抽屉和文件柜被人打开，光敏电阻 GR 受到光线照射，电路即被触发工作，BL 就能发出响亮的"呜-呜-"报警声。

R 是集成电路 IC 的外接振荡电阻，改变 R 阻值的大小，能改变变调报警声的声调。C 的作用是消除电源 E 的交流内阻，容量不能小于 $10\mu F$。

该电路用扬声器作为发声元件，音量较大，可用于屉、柜等固定场合下防盗报警，如嫌体积太大，此时可采用压电陶瓷片 HTD 作为发声元件。

具体制作过程如下：可将压电陶瓷片 HTD 用热压法压制在塑料票夹里。光敏电阻 GR 也压制在塑料层里，外覆透明塑料形成透光窗。外出时合上 S，电路就处于准备状态。当小偷盗窃钱包时，钱包从口袋中出来遇光，HTD 就会发出报警声。如果自己取钱包，可先打开 S，就不会发声。

该报警器在静止等待状态时，耗电几个微安，报警状态时，电流达 100mA 左右。

(3) 元器件选择与制作

报警器的核心器件是一块专用的光控报警集成电路 IC，型号为 KD9562B。它采用软包封装，即将芯片用黑膏封装在一块小印制线路板上。它的外形和管脚序号见图 5-42，晶体管 VT 及电阻 R、GR 均可直接焊在芯片的小印板上。

晶体管应采用 $\beta\geq100$ 的 9013 型硅 NPN 三极管；GR 可用 MG45 非密封型光敏电阻器，R 为 RTX-1/8W 型碳膜电阻器，C 为 CD11-6.3V 小型电解电容器；S 为小型拨动开关。

BL 可用 $\phi50mm$、8Ω 电动扬声器；压电陶瓷片可用 HTD27A-1 型；L 为 2.2mH 小型色码电感器。

电源电压为 3V，视报警器体积可采用 5 号电池或纽扣电池。该报警器由于采用了专用的集成电路，先控灵敏度较高，且工作稳定，不需作任何调试就能正常工作。

5.3.9　多用袖珍双向报警器

这是一个能双向设置的报警电路，它采用一块施密特集成电路，具有反应灵敏且声光显示，体积小、功耗低，全部元件只有 13 只，成本很低。

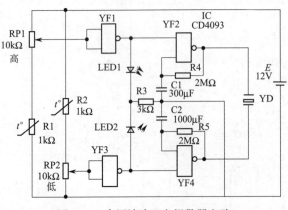

图 5-43　多用袖珍双向报警器电路

(1) 电路原理图

多用袖珍双向报警器电路工作原理如图 5-43 所示。本电路分两部分，由 YF1、YF2 及 R4、C1 组成上限报警功能；而以 YF3、YF4 及 R5、C2 构成下限报警功能。

(2) 工作原理

平时 RP1、RP2 分别设置上限和下限两个报警点，使 YF1 和 YF3 输入端都为高电平，输出都为低电平而使振荡器都停振。当温度过高时，热敏电阻 R1 阻值减小，使 YF1 输出高电平，YF2 起振，压电陶瓷片 YD 发出高音调的蜂鸣声。同时，发光二极管 LED1 亮，表示温度过高显示。温度过低时，热敏电阻 R2 阻值增大使 YF3 输出高电平，YF4 起振，压电片 YD 发出低音调的蜂鸣声。发光二极管 LED2 亮，表示温度过低显示。

由于 CMOS 电路静态功耗极小，电流仅在微安级，故静态时的电源消耗主要在 RP1、RP2 和热敏电阻上。若能采用阻值在几百千欧以上的专用测温电阻，RP1、RP2 也相应地按图中比例加大，则静态时的电源消耗可控制得很小，这对延长电池使用寿命极为有利。

(3) 元器件选择及制作

集成电路 IC 可选用 CD4093 或 MC14093，发光二极管选用 φ3mm 红色管；压电片选直径为 20mm 的 HTD20A-1 型；电池采用打火机专用 12V 小电池，使报警器体积可制作得像火柴盒那样小巧。

该报警器若用光敏电阻代替热敏电阻，可作光照强度报警器。也可将施密特触发器的另一输入端也利用起来，作光照、温度的双功能双向报警。

5.3.10 CMOS 触摸式电子报警器

这是一只采用 CMOS 数字电路及模拟声电路组成的触摸式电子报警器，它在使用时，当有人触及 M 电极时，电路便会发出持续的警报声响信号，具有体积小、灵敏度高、静态功耗低等优点。可用于仓库、保险柜及家庭门窗或自行车的防盗报警。

(1) 电路原理图

CMOS 触摸式电子报警器电路工作原理如图 5-44 所示。

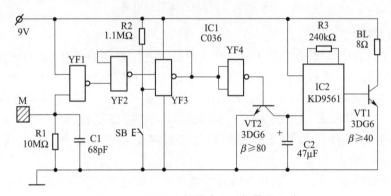

图 5-44 CMOS 触摸式电子报警器电路

(2) 工作原理

YF2、YF3 构成了 R-S 触发器，在使用时，先按动 AN，使电路清零，此时 YF3 输出高电位，YF4 输出低电位，VT1 截止，IC2 不工作，电路处于静止（警戒）状态。当有人触摸到 M 时，由于 YF1 输入阻抗较高，人体感应的杂散电压使 YF1 的另一输入端也为高电位，则 YF1 输出低电位，使 R-S 触发器发生翻转，YF3 输出低电位，YF4 输出高电位，VT1 导通，IC2 得电工作，电路发出持续的警报声响信号，完成触摸报警的功能。直到按下 AN 按钮，使 R-S 触发器再次翻转，警报声响才可解除。

(3) 元器件选择与制作

IC1 使用 C036 二输入端四与非门，IC2 使用 CW9561 四声电路，在此接成警报声响使用；其余元件可按图中所标数值灵活选用，但 R1 阻值不得小于 5MΩ，否则将导致 YF1 输入阻抗降低，影响灵敏度；电源可用 9V 叠层电池；本电路一般无需调试即可正常工作；实际安装时，M 电极可用被警戒的物体上的金属部件（如保险柜、门窗上的拉手等）代替，引线要尽量短而隐蔽，如需较长引线时可采用屏蔽线；以防止干扰而产生误动作；AN 按钮可安装在隐蔽处。

5.3.11　简易磁控报警器

在一些可开关的门、窗、抽屉上安装上本电路，可对贵重物品和钱财起到保护作用。

（1）电路原理图

简易磁控报警器电路工作原理如图 5-45 所示。

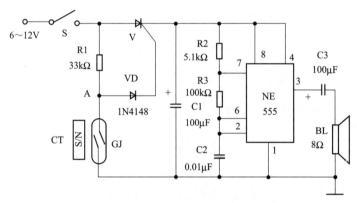

图 5-45　简易磁控报警器电路

（2）工作原理

把电路中的 CT 长条形磁铁置于门、窗或抽屉边上，常开干簧管 GJ 安装在框边的对应处。当门或窗以及抽屉等处关闭时，由于 CT 紧靠 GJ，GJ 吸合，A 点电位为零，单向可控硅 VS 控制极无触发电压而阻断，IC 无工作电压，BL 不发声；当被控物体发生位移变化时，CT 远离 GJ，GJ 关断，A 点电位升高，经 VD1 加在 VS 的控制极，使其导通，IC 得电工作，并依靠外围支持元件构成多谐振荡器，直接推动 BL 发声，其报警声响频率约为 1kHz。

VS 具有自保功能，被触发后将维持其导通状态，即使很快地关好门、窗、抽屉，也不会使电路复态，唯有切断暗开关 S，才能使电路停报。

（3）元器件选择与制作

SCR 选 50V/1A 单向可控硅；IC 用 UA555 或 NE555、501555 等时基电路，BL 为 φ50mm8Ω 扬声器，GJ 为常开单触点干簧管；S 为小型钮子开关；S 置于被控物体外面某一隐蔽处，自己人进出或开拉抽屉，需先将其关闭，以免误报。

5.3.12　感应门锁报警器

这个感应门锁报警器，无论盗窃者是否戴手套，只要当手靠近门锁感应器 5～80mm 时会立刻报警，故这种报警器是较理想的门锁报警器。

（1）电路原理图

感应门锁报警器电路工作原理如图 5-46 所示。

（2）工作原理

感应器 G 与地间存在着一个分布电容 C0，这个电容与 L、C1、VT1 组成电容三点式振荡器，在由 C0、C1、L 组成的回路中，从交流通路上来看 C0 及 C1 是串联的，当有人身靠近 G 时，C0 的电容量值很小，它与 C1 串联后，在 C0 两端的分压较大，而在 C1 两端的分压较小，C0 两端较高的高频电压通过 C3 反馈到 VT1 基极，足以维持三点式振荡器产生振荡。此时 R3 上的电压降较高，于是 VT2 导通，VT3 与 VT4 组成的复合管截止，集成电路因得不到工作电压而无输出。

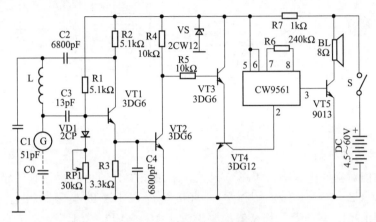

图 5-46　感应门锁报警器

当有人靠近感应器 G 时，C0 值增大，C0 两端的高频分压变小，通过电容 C3 反馈到 VT1 基极的正反馈电压不足以再维持 VT1 产生振荡，VT1 立即停振。此时，R3 上的电压降较小。VT2 截止，VT3、VT4 导通，集成电路 2 脚（V_{SS} 端）相当于接地，IC 得电工作，3 脚输出警笛声信号，经 VT5 放大后由扬声器 BL 发出报警声。RP1 用于调整感应灵敏度。

(3) 元器件的选择与制作

VT1、VT2、VT3 采用 3DG6 等，β 为 80～150；VT4、VT5 选用 9013 等；集成电路为 CW-9561 四声 IC；VD1 为 2CP 型二极管，VD2 为 2CW12 稳压二极管；L 用 $\phi0.31$mm 的漆包线在外径为 10mm 的有机玻璃管上密绕 20 匝即可；感应器 G 用 200mm×150mm 的金属板制成，或将 G 点引线与金属门锁相连。

电路安装好并检查无误后即可通电调试。先检查 VT3 集电极电压是否在 5V 左右，若差距较大，应查 VD2 是否完好；若正常即可开始调节灵敏度。旋动 RP1 使扬声器发声，然后将 RP1 稍调回一点使 BL 刚不发声为止。此时用手去靠近铜片 G 时扬声器应发声。手离开时扬声器则停止发声即可使用。当然，使用中灵敏度不宜调得过高，否则会使电路工作不稳定。

5.3.13　触摸防盗电子狗

这个触摸防盗电子狗，当用钥匙开门或遇小偷撬门时，会发出"汪、汪"狗叫声，起到较好的防盗作用。

(1) 电路原理图

触摸防盗电子狗电路工作原理如图 5-47 所示。

(2) 工作原理

IC1 为高增益运放 μA741，平时它的输出端 6 脚电位接近电源电压。VD 反偏，VT1 截止，IC2 不工作，扬声器 BL 无声，当人手碰到电极 A 时，人体感应的杂波信号输入到 IC1

的反相输入端2脚，经IC1放大后，6脚电位立即下降。VT1导通，给IC2输入一个正脉冲触发信号。IC2为狗叫声专用集成电路KD-5608，当它的2脚输入正向触发信号后，即输出狗叫声，经VT2功放后推动扬声器BL发出"汪、汪"声。

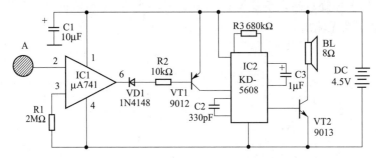

图5-47　触摸防盗电子狗电路

（3）元器件选择与制作

R3、C3数值对狗叫声音响效果影响很大，采用图中数值可获得逼真的狗叫声。IC2为软包封装形式，C2、C3、R3和VT2均可直接插焊在IC2的小印制板上。VT1可选用9012，VT2选用9013型硅管，其β值均要求大于100。VD1为1N4148开关二极管。触摸电极A可直接用软导线将一端接在弹子门锁的螺钉处，另一端接IC1的2脚。电源电压为4.5V，此机静态几乎不耗电，所以不必设置电源开关。该机只要元器件良好，一装即成，不须调试。

5.3.14　电冰箱关门提醒器

这个装置能在使用冰箱忘记关门时起提醒作用，它对光线有所反应，但声音信号并不立即出现，而是经过一段时间的延迟（可在5～30s内任意选择）。因此，短暂地打开冰箱时它将保持沉默。

（1）电路原理图

电冰箱关门提醒器电路工作原理如图5-48所示。

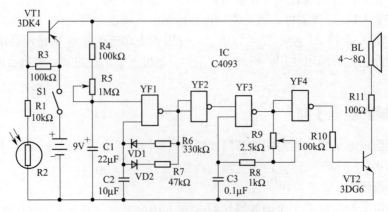

图5-48　电冰箱关门提醒器电路

（2）工作原理

光敏电阻R2放在冰箱内靠近照明灯泡处，打开冰箱门对开关S1闭合，R2受光照后阻

值急剧降低，使晶体管 VT1 饱和导通，接通 CMOS 电路及 VT2 的供电。在这瞬间电容 C1
经过电阻 R4、R5 开始充电，当电压升高到一定电平时，YF1 构成的多谐振荡器起振，充电
时间由微调电阻 R5 确定。YF1 输出高电平时，通过电阻 R6 和二极管 VD1 对电容 C2 充电，
输出低电平时 C2 通过 VD2、R7 放电，适当调整 R6、R7 和 C2 的数值，可改变输出脉冲的
频率和占空比，当元件数值如图中所示时，YF1 的高电平持续 2s，低电平持续约 0.3s。这
个脉冲信号经 YF3 反相之后，周期性的触发由 YF3 构成的多谐振荡器，其振荡频率为 3～
10kHz，改变 R9 可调节频率高低。YF4 输出的音频信号经过限流电阻 R10 加在晶体管 VT2
的基极，放大之后推动扬声器发声。

(3) 元器件选择与制作

这个装置用 9V 电池供电，全部元件及扬声器都安放在小型塑料盒中，安装光敏电阻
R2 一侧的盒壁必须是透明的，并安放在靠近冰箱照明灯泡处。VD1、VD2 为 2CD 型硅二极
管，集成电路用 C4093 施密特输入四与非门电路。其他元件无特殊要求。

5.3.15 防触电报警器

(1) 电路原理图

该防触电报警器电路由感应电压信号放大电路、语音发生器和放大输出电路组成，如图
5-49 所示。

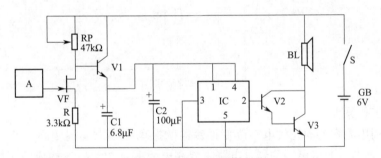

图 5-49 防触电报警器电路

(2) 工作原理

电路中，感应电压信号放大电路由感应电极 A、结型场效应晶 VF、晶体管 V1、电位
器 RP、电阻器 R 和电容器 C1 组成；语音发生器由语音集成电路 IC 和电容器 C2 组成；音
频放大输出电路体管 V2、V3 和扬声器 BL 组成。

接通电源开关 S，报警安全帽进入警戒状态。在感应电极 A 未感应到电场信号或感应到
的电场信号较弱时，VF 漏极与源极之间的值很小，V2 因基极为低电平而截止，IC 不工作，
BL 不发声。

当感应电极 A 感应得电场信号较强时，VF 的漏、源极之间电阻大，V2 因基极电压上
升而导通，IC 通电工作，输出语音电信号，该电信号经 V2、V3 放大后，驱动 BL 发出"有
电危险、请勿靠近"提醒声，提醒操作人员欲靠近或检修的线路有强电，应防止。

调节 RP 的阻值，可改变报警器的灵敏度，使安全帽在距 10kV 高压输电线路 1～22m、
距 110～220kV 高压输电线路 4.5～6.5m 时报警。

(3) 元器件选择

R 选用 1/4W 的金属膜电阻器或碳膜电阻器；RP 选用小型合成膜电位器；C1 和 C2 均

选用耐压值为 10V 的铝电解电容器；V1 和 V2 均选用 S9014 型硅 NPN 晶体管；V3 选用 S9013 或 3DG12、S8050 型硅 NPN 晶体管；VF 选用 3DJ6 结型场效应晶体管；IC 选用 BA08 型语音集成电路；BL 选用 0.25W、8Ω 的动圈式扬声器；A 使用金属片或裸金属线制成条状感应电极。

5.4 声光控制应用电路

5.4.1 新颖变调门铃

(1) 电路原理图

新颖变调门铃电路如图 5-50 所示。

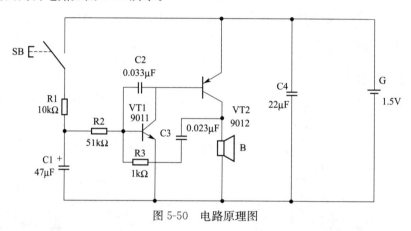

图 5-50 电路原理图

(2) 电路工作原理

电路主要利用电容器的充放电来改变振荡器的振荡频率以实现变调目的。三极管 VT1 与 VT2 组成互补型自激多谐振荡器，电路主要靠电阻 R3、电容 C3 构成的正反馈网络使电路起振。C1 是起变调作用的充放电电容，在门铃按钮 SB 按下时，VT1、VT2 均处于截止状态，电路不振荡，扬声器 B 无声。当客人来访按动 SB 时，电源通过电阻 R1 向电容 C1 充电，使 VT1 的基极电位上升，当电位升到 0.65V 左右时，电路即起振，扬声器 B 开始发声。由于电容 C1 两端电压不断升高，使声调发生变化，像鸟叫声一样，十分有趣。当 C1 两端电压达到 1.5V 时，声调就不再发生变化而趋向稳定。松开 SB 后，叫声仍能维持六七秒钟。这六七秒的叫声，音色奇特、时高时低、变化多端。当 C1 储存的电荷基本放完后，电路即停止振荡，并恢复到原先的截止状态。由于 VT1、VT2 都采用硅三极管，其穿透电流极小，所以截止状态时可认为不消耗电能。

(3) 元件清单

VT1：9011 型等硅 NPN 三极管；

VT2：9012、9015 型等硅 PNP 三极管（两管 β 值均以 100 左右为宜）；

电阻全部采用 RTX-1/8W 型碳膜电阻器；

R1：10kΩ、R2：51kΩ、R3：1kΩ；

C1、C4 用 CD11-10V 型电解电容器；

C2、C3 用 CT1 型瓷介电容器；

B 用 YD57-2 型等 8Ω 小型电动扬声器；

SB 为普通门铃按钮开关；

电源 G 用一节大号电池。

5.4.2　对讲音乐门铃

(1) 电路原理图

对讲音乐门铃的电路如图 5-51 所示，它由主机和分机两部分组成。图中左下部位方框内即为分机，它比较简单，仅为扬声器 BL1 和按钮开关 SB。分机安装在室外门框上，它与室内主机用 4 根导线相连接。主机主要由集成电路 IC1、IC2 和少量分立元件组成。IC1 为普通的音乐门铃芯片 KD-9300，IC2 为功放集成电路 LM386。

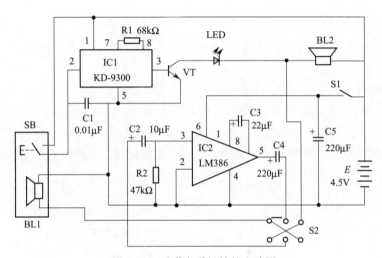

图 5-51　对讲音乐门铃的电路图

(2) 工作原理

客人来访时只要按一下 SB，IC1 受到触发，其 3 脚输出音乐信号经 VT 放大后，推动扬声器 BL2 播放电子音乐声，同时发光二极管 LED 发光，因此具有声光双重显示。主人问讯后，只要合上对讲电源开关 S1，就可以对 BL2 讲话："请问来客何人？"此声音经扬声器 BL2 换能转换成相应的电信号经 S2、C2 送入到功放集成电路 IC2 的输入端 3 脚，经功放后由 5 脚输出通过 C4、S2 加到 BL1 的两端，BL1 发声，客人即能听到问话声。主人问完话后，即将对讲转换开关 S2 拨向右端，客人就可在门外答话，答话声由 BL1 换能，通过 S2 加到 IC2 的输入端 3 脚，经放大后最后由 BL2 发声。主人就可以知道来访人的身份，每次使用后随手将开关复位（S1 打开，S2 拨向左边），以供下次使用。

(3) 元器件选择与制作

IC1 为普通 KD-9300 型音乐门铃芯片，它采用软包封装，图 5-52（a）是它的外形和管脚图；7、8 脚间的电阻 R1 是它的外接振荡电阻，电阻值的大小会影响乐曲的演奏速率；后期生产的 KD-9300 音乐门铃芯片已将振荡电阻集成在硅芯片里，对于这种音乐门铃芯片就

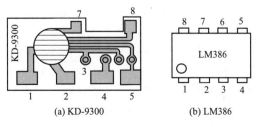

图 5-52　KD-9300 与 LM386

可以省去 R1，7、8 两脚悬空即可；IC2 为 LM386 功放集成电路，它采用双列直插塑料封装，图 5-52（b）是它的正面俯视图；

VT 可用 9013 型 NPN 硅三极管，要求 $\beta \geqslant 100$，它可以直接插焊在 IC1 的小印制电路板上；LED 可用 5 ϕ5mm 红色发光二极管。

R1、R2 为 RTX 型 1/8W 碳膜电阻器；C1 为瓷片电容器，其余电容均为 CD11-10V 型电解电容器。

S1 为单刀小开关，S2 为 2×2 小型拨动开关，它们均安装在门铃的主机塑壳上；BL1、BL2 均可用 ϕ50～65mm、8Ω 电动扬声器；SB 为小型按键开关；SB 和 BL1 合装在一个小盒里构成对讲门铃的分机，安装在室外门框上；电源用 3 节 5 号电池；该门铃静态消耗电流仅微安数量级，可认为不消耗电能，对讲时耗电也仅数十毫安，所以十分省电。

5.4.3 叮咚-鸟鸣门铃

这是一个新颖的电子门铃，它能发出"叮咚"和"鸟鸣"两种声响，可用开关进行选择。

(1) 电路原理图

叮咚-鸟鸣门铃的电路如图 5-53 所示。它采用叮咚-鸟鸣专用集成电路 KD-156，KD-156 内存了"叮咚"和"鸟鸣"两种模拟声响，它有两个触发端 a 和 b。a 端为"鸟鸣"信号触发端，有效触发脉冲为正脉冲；b 端为"叮咚"信号触发端，负脉冲为有效触发脉冲。

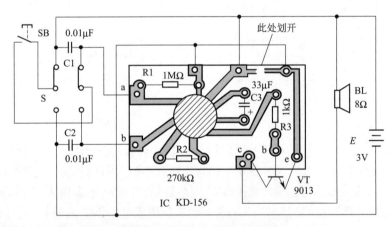

图 5-53　叮咚-鸟鸣门铃电路图

(2) 工作原理

S 是选择开关，图示位置时，按一下门铃按钮 SB，a 端经 S、SB 和电源正极相通，获得正脉冲触发信号，故扬声器能放出"瞅、啾"鸟叫声；如将 S 拨向另一位置，按一下 SB 时，b 端就通过 S、SB 和电源负极相通，即获得负脉冲触发信号，BL 就会播放出两声清脆的"叮咚"双音声。

由于 KD-156 触发器灵敏度极高，当门铃按钮 SB 引线过长时，开关一次电灯或其他家用电器时，门铃就会响一次。为了清除这种误触发现象，电路增设了 C1、C2 两个瓷片电容器，可以吸收干扰脉冲，能有效地克服误触发现象。

(3) 元器件选择与制作

IC 使用 KD-156 集成电路，按厂家提供的说明书，其外接功放三极管 VT 应为 8550 型

PNP 三极管，但经实验发现如此连接整机静态功耗较大，而且音量小。需作如下改动较好：方法是将集成电路 IC 印制板最上面的一条铜箔走线略作改动，即用小刀将它划开，然后用一根软接线把 VT 的发射极与 IC 的电源负端印电阻 R1 的右端相连，VT 改用 $\beta \geqslant 100$ 的 9013 型 NPN 硅三极管，按印制电路板原标注的 c、b、e 位置插入焊好即可。这样改动以后，音量要大得多，且静态功耗极微（仅为微安数量级）。

C3 为小体积电解电容器，R1～R3 为 1/8W 碳膜电阻器，它们均插焊在 IC 的小印制电路板上。C1、C2 可焊在开关 S 的焊片上。S 可用 2×2 小型拨动开关，安装在门铃机壳的适当位置上。

5.4.4 高响度警声发生器

本警声发生器电路简单，工作性能稳定可靠，工作电压 6～12V，适合在汽车、摩托车上作警笛使用。

（1）电路原理图

高响度警声发生器电路原理如图 5-54 所示。

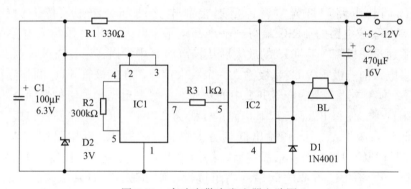

图 5-54 高响度警声发生器电路图

（2）工作原理

本电路主要由发声集成电路 KD-9561 和开关集成电路 TWH8778 组成，工作时，由 KD-9561 输出警声信号，经 TWH8778 大电流开关集成电路处理放大后，推动扬声器发出洪亮的报警声。

（3）元器件选择

IC 用 KD-9561 发声 IC，也可以选用 KD-9562 发声 IC，按要求接线使之发出警声报警信号。IC2 选用 TWH8778 开关电路，当电源电压为 12V 时，喇叭 BL 应选择 8Ω、3W 以上的扬声器或专用号筒式扬声器，限流电阻 R1 的阻值 300～510Ω，D2 选用 3V 稳压管，D1 为电路保护二极管，可以选用 1N4001。

（4）制作和调试方法

电路安装完成后，只要线路正确，一般无需调试即可正常使用。

5.4.5 闪烁灯光门铃电路

闪烁灯光门铃不仅具有门铃的声音还可以通过家里的门灯发出闪烁的灯光，适合在室内嘈杂环境时使用，也适用于有聋哑人的家庭。

(1) 电路原理图

闪烁灯光门铃电路原理如图 5-55 所示。

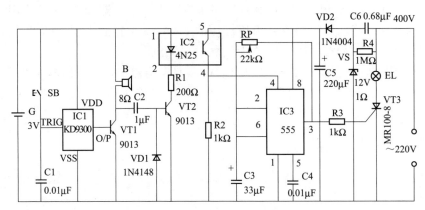

图 5-55　闪烁灯光门铃电路

(2) 工作原理

由基本的门铃电路和灯光、声音延迟控制电路两部分组成。按下门铃按钮 SB，IC1KD9300 音乐集成电路的 TRIG 端得到一个高电平，O/P 输出音乐集成电路中所储存的音乐信号，并通过三极管 VT 9013 的放大后从扬声器 B 中发出音乐。三极管 VT1 组成的放大电路通过集电极向三极管 VT2 基极输入一个放大信号，在二极管 VD1 的整流作用下，使得三极管 VT2 饱和导通。光耦合器 IC2 中的发光二极管发出亮光，使得光耦合器的 4、5 脚之间呈现低阻抗性，使得 IC3 555 时基电路的 4 脚为高电平，IC3 电路开始起振（IC3 555 时基电路接成低频自激振荡），3 脚输出低频方波脉冲，通过 R3 触发晶闸管 VT3 的门极，VT3 导通，门灯开始闪烁。当音乐播完后，扬声器 B 停止发声，三极管 VT1、VT2 截止，使得 IC2 光耦合电路的 4、5 脚之间呈现高阻抗性，则 IC3 555 时基电路的 4 脚为低电平，使得 555 电路处于强制复位状态，此时 3 脚输出低电平，晶闸管 VT3 在交流过零时截止，门灯熄灭。此时电路处于等待下次按钮 SB 按下的初始状态。

(3) 元器件选择

555 集成电路选用 NE555、μA555、SL555 等时基集成电路；IC1 选用普通的门铃芯片如 KD9300；光耦合器选用 4N25 型光耦合器；三极管 VT1、VT2 选用硅 NPN 型 9013，要求 $\beta \geqslant 100$；电阻器可选用 RTX-1/4W 型碳膜电阻器；晶闸管 VT3 选用 MR100-8 型；扬声器选用 $\phi 27\text{mm} \times 9\text{mm}$、8Ω、0.1W 超薄微型动圈式扬声器；C1、C2、C4 选用瓷介电容器；C3、C5 选用电解电容器；C6 选用 CBB-400 型聚丙烯电容器；VD1 选用 IN4004 型硅整流二极管；VS 选用 12V、1W 的 2CW105 硅稳压二极管。

5.4.6　声控玩具电子狗

本文介绍一种利用声音来控制玩具电子狗发声的电路，拍一下手掌，发出两声狗叫，将其装入长毛绒玩具狗上使狗更加可爱、有趣。

(1) 电路原理图

声控玩具电子狗电路图如图 5-56 所示。

(2) 工作原理

电路核心器件是使用了一块 BH-SK-1 声控专用集成电路和一块模拟狗叫声的专用集成

电路 KD-5608。掌声被话筒 MIC 接收到转换成电信号，然后通过电容器 C1 耦合进入到集成块 IC1 的 1 脚中，经 IC1 内部两级放大器放大后，然后使 IC1 的 9 脚变为高电平，此时三极管 VT1 导通，发光二极管 LED1、LED2 点亮，该发光二极管构成玩具狗的两只眼睛。与此同时，IC1 的 4 脚输出一个单稳态脉冲信号，该脉冲输入到 IC2 的 2 脚，从而触发了狗叫声模拟电路，使之发出狗叫声信号，该信号从 IC2 的 9 脚输出，经三极管 VT2 放大后，推动扬声器 BL 发出洪亮的"汪汪"声。

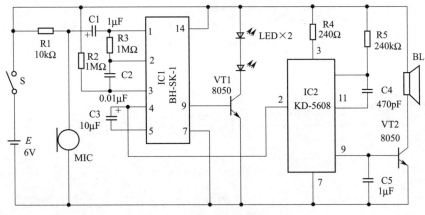

图 5-56　声控玩具电子狗电路图

(3) 元器件选择与制作

IC1 采用北京半导体器件三厂五分厂出产的 BH-SK-1 型声控集成电路，IC2 采用浙江晶龙电子有限公司出产的 KD-5608 型狗叫声集成电路，这两种集成电路均系 CMOS 电路，在焊接时宜电烙铁外壳接地，同时温度不宜过高，焊接时间尽可能短（小于 3s），否则极易损坏。MIC 采用驻极体微型传声器，亦可用收录机中的微型传声器代用。VT1、VT2 均选用8050 型 NPN 三极管，$\beta \geqslant 120$。BL 可以根据玩具狗体积的大小，酌情选择。

元器件焊接完毕，调整 R1 的阻值，使 MIC 两端的电压稍高于电源电压的 1/2，为 3～3.5V 即可，此时的声控效果较为理想，改变 C3 的容量可以控制延时量的大小，其他电路一般不需调整即可正常工作。

5.4.7　声控电子音乐玩具

本电路能在 10m 距离内用拍手或日哨声开启。开启时奏出优美动听的乐曲，两眼不停地转动发亮，一会红，一会绿，十分有趣。乐曲奏完自动停止。

(1) 电路原理图

声控电子音乐玩具电路图如图 5-57 所示。

(2) 工作原理

压电片 YD 将声音转变为电信号，经 VT1 和 VT2 组成的直接耦合放大器放大后，由 C2 耦合到 VT3 基极，使其导通触发音乐集成电路 IC，乐曲信号经 VT4 放大推动喇叭发声。与此同时，部分音频信号经 R7 进入开关电路 VT5 基极，使其导通后送入 VT6 和 VT7 组成的多谐振荡器。调整 R8（C4）或 R9（C5）数值，可改变振荡周期。

(3) 元器件选择与制作

所有晶体管均选用 3CG 型 PNP 硅管，要求 $\beta \geqslant 50$ 即可；YD 选用 $\phi 27$mm 或 $\phi 35$mm

的，直径越大，触发灵敏度越高；LED1、LED2 为变色发光二极管，型号不限；IC 可选用 KD-9300 等音乐电路。

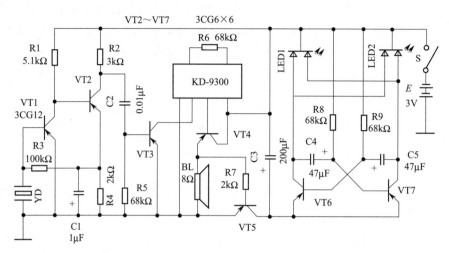

图 5-57 声控电子音乐玩具电路

调试时，先用高阻耳机串一个 $0.01\mu F$ 的电容后接于 VT2 集电极上，然后用一墨水瓶将压电片紧压在台面上，调整 R3 阻值，到耳机内声音最大为止。这时用口哨声或拍手声即可使电路工作，喇叭发声时应注意双色发光管是否交替地发红绿光。如振荡过快（发橙色光），可将 R8（R9）阻值增大，或增大 C4（C5）容量，使周期降至每秒钟 3 次以下。

玩具外壳可自制成动物形象。压电片可用快干胶贴于机壳内壁适当的位置上。若灵敏度过高时（即乐曲反复奏个不停），可给压电片串一适当的电阻或电容器。

5.4.8 视力保护测光器

这个视力保护测光器，当光线照度符合要求时，绿色发光二极管亮；光线低于标准照度时，红色发光二极管将发出阵阵闪光，以示警告，从而可有效保护视力。

(1) 电路原理图

视力保护测光器电路图如图 5-58 所示。

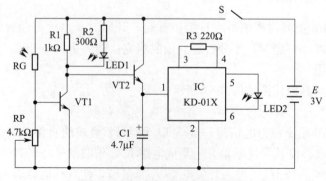

图 5-58 视力保护测光器电路图

(2) 工作原理

RG 是光敏电阻器，它与电位器 RP 构成分压器，分压点接在 VT1 的基极。当环境光线较强，RG 阻值变小，分压点即 VT1 的基极电位上升，VT1 因此而导通，绿色发光二极管 LED1 通电发光，此时 VT1 集电极为低电位，VT2 截止。闪光集成电路 IC 得不到电源不工作，红色发光二极管 LED2 不亮。

如果环境光线较暗，RG 阻值变大，VT1 基极电位下降，VT1 由导通变为截止，LED1 停止发光。这时 VT1 集电极输出高电位，VT2 由 R1 获得正向偏流而导通，IC 即接通正电源，闪光集成电路开始工作，红色发光二极管 LED 就会发出醒目的阵阵闪光，提醒人们光线太暗，已不宜继续学习。

调节电位器 RP，即可改变分压比，以便将测光器的转折点调整在标准光线照度。

(3) 元器件选择

IC 是专用闪光集成电路，型号为 KD-01X。它采用黑膏软封装，硅晶片用黑膏封装在一块直径为 $\phi22mm$ 的小印制线路板上，印制电路板上开有 4 个小圆孔，3、4 孔用来插焊电阻 R3，5、6 孔用来插焊发光管 LED2，1、2 焊盘分别为电源的正极端和负极端。该芯片闪光频率有 1.2Hz 和 2.4Hz 两种，每种频率都是由芯片内电路振荡电阻决定，外界不可调。它的工作电压范围较宽，为 $1.35\sim5V$，静态功耗很小，3V 电源时，静态电流小于 $2\mu A$。R3 是发光管 LED2 的限流电阻，一般可取值 220Ω。

VT1、VT2 可用普通 3DG201、9011 等型号硅 NPN 小功率三极管，要求 $\beta\geqslant100$。LED1、LED2 可分别采用圆形绿色和红色发光二极管。

RG 为 MG45 型非密封型光敏电阻器，暗阻和亮阻相差倍数愈大愈好。RP 为 WH7 型卧式微调电位器。R1～R3 均为 RTX 型 1/8W 碳膜电阻器。C1 为 CD11-6.3V 型电解电容器。

(4) 安装和调试

图 5-59 是测光器的印制电路板接线图，其尺寸为 $60mm\times35mm$。

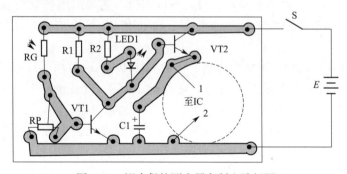

图 5-59 视力保护测光器印制电路板图

R3 和 LED2 直接插焊在 IC 的小印制板上，将 IC 固定在自制印制电路板上，接好电源线 1、2。其他元器件均安装在自制印制电路板上，最后制作一个合适的外壳，并在对准光敏电阻器 RG 的地方，开一个透光小孔。

调试：将测光器置于标准照度下，RP 阻值由大逐渐调小，调试开始时，LED1 应发光，LED2 不发光。在 RP 逐渐调小时，调到某一位置上，LED1 恰好熄灭，LED2 恰好闪闪发光。保持 RP 不变，增大光照，LED1 应发光，LED2 不亮；减弱光照，LED1 熄灭，LED2 发出醒目的闪光。此时认为 RP 已调好，可用火漆封固电位器 RP，使它不再变动。

5.4.9 电子疲劳消除器

电子疲劳消除器是音乐电流理疗器，它对腰酸背痛和消除肌肉疲劳有较好的疗效。

(1) 电路原理图

电子疲劳消除器电路图如图 5-60 所示。

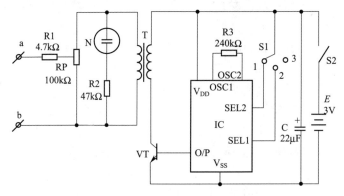

图 5-60 电子疲劳消除器电路图

(2) 工作原理

IC 是四声模拟声音乐集成电路，它输出的音乐低频电流经三极管 VT 放大后，通过变压器 T 升压，再通过 RP、R1 由接线柱 a、b 输出。

RP 用来调节输出强度。S1 为理疗电流波形选择开关，可获得 3 种不同输出波形，以满足不同理疗需要。氖泡 N 为输出指示灯。

(3) 元器件选择与制作

IC 为四声模拟声音乐集成电路，型号为 KD-9561，它采用黑膏软封装，即将硅晶片用黑膏封装在一块小印制电路板上，三极管 VT 和电阻 R3 可直接插焊在 IC 的小印制电路板上。

VT 最好采用 9013 型硅 NPN 小功率三极管，$\beta \geqslant 100$；N 可用 NH-416 型氖泡。

RP 为带开关（S2）小型线性（X 型）电位器；R1～R3 均为 RTX 型 1/8W 碳膜电阻器；C 为 CD11-6.3V 型电解电容器。

T 可采用市售 220V/6～9V、3～5VA 的小型电源变压器，原低压端接 VT 集电极，220V 高压端作为输出端；S1 为 1×3 小型拨动开关；电源用 2 节 5 号电池。

理疗电极可用敷铜板制作，裁剪成 5 分硬币大小圆片状，接好软接线。共做两个理疗电极，分别接到接线柱 a、b 上。使用时，为了更舒适，可在电极与皮肤之间垫上几层湿纱布。

(4) 调试使用

接通电源，氖泡 N 发光，表示 a、b 有脉冲电流输出。一手握持一个电极，另一电极接触肌肉酸痛处，将电位器 RP 由小逐渐调大，使肌肉有"跳""麻""胀"感觉即可，输出强度不要过大。每次理疗 10～20min，一天的劳累即可消除。理疗时可将 K1 置于适当位置；当 K1 置于位置 1 时，IC 输出机枪声信号，"麻、胀"感节律较强；S1 位于 2 位置，IC 输出消防车"呜呜"声信号，"麻、胀"感较柔和；S1 位于 3 位置，IC 输出刑警车电笛信号，"麻、胀"感介于前两者之间，可以根据个人实际情况进行选择。

5.4.10 声控音乐娃娃

声控音乐娃娃是一个装饰性很强的小摆设，当你拍一下手掌，娃娃就会鸣奏一首电子乐曲，同时镶嵌在娃娃衣裙里的彩灯能发出和乐曲同步的闪光，十分有趣和讨人喜欢。该娃娃电子线路的一个显著特点是它的声波接受器和发送器是同一个扬声器，这就消除了一般声控音乐玩具的受话器（话筒）和送话器（扬声器）之间相互干扰的问题。

(1) 电路原理图

声控音乐娃娃电路图如图 5-61 所示。

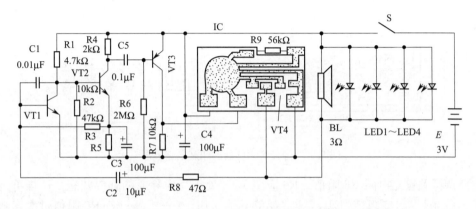

图 5-61 声控音乐娃娃电路图

(2) 工作原理

平时由于 R6 阻值很大，VT3 处于尚未导通状态，音乐集成电路 IC 无触发信号不工作，BL 无声，LED 不发光。当拍一下手掌，声波信号由扬声器 BL 接收后，经 R8、C2 送到 VT1 的基极。VT1、VT2 组成直耦式放大器对声波信号进行放大。放大后信号由 VT2 集电极输出，经 C5 送到 VT3 基极，其信号负半周和 R6 的直流偏置相叠加使 VT3 导通，即向音乐 IC 触发端输入正脉冲信号，音乐 IC 被触发工作，输出音乐信号由 BG4 放大推动扬声器，即播放电子乐曲声，和扬声器相并联的四个发光二极管 LED1～4 也就随乐曲声闪闪发光。

娃娃在奏乐过程中，VT4 除向 BL 注入音乐信号外，同时还通过 R8、VT1 的 be 结向电容 C2 充电，其充电结果使 VT1 的发射结处于反向偏置，因此 VT1 在娃娃奏乐过程中始终处于截止状态，所以音乐信号不会被 VT1、VT2 放大。音乐信号终止后，C2 经一两秒钟才能将所充电压放完，VT1 才能从截止状态恢复到放大状态，故可接收第二次击掌声波触发。在 VT1 由截止状态恢复到放大状态的瞬间，VT1 集电极相当于输出一个负脉冲，经 VT3 反相后输出为正脉冲，因 VT3 为 PNP 型管，对正脉冲无反应，所以扬声器 BL 奏乐结束的状态变化不会引起自我触发，只有第二次拍手击掌，娃娃才能再次被触发工作。

(3) 元器件选择

IC 可用普通 KD-9300 音乐集成电路。VT1、VT2 可用 9011、3DG201 等型号 NPN 硅三极管，放大倍数 β 值可在 100～200 间选用；VT3 应采用 9012、3 CG3 等型号 NPN 硅三极管，β 值取 100 左右；VT4 是音乐 IC 的外接功放三极管，在此电路里它还要驱动四个发光二极管，因此最好选用集电极耗散功率较大的 8050 型塑封功率三极管，β 值大于 50 即可；发光二极管 LED1～LED4 可视个人喜爱选用红、绿、黄等色的圆形发光管，C1、C5 用 CT1 型瓷片电容器，其余电容用 CD11-6.3V 型电解电容器；电阻均为 RTX 型 1/8W 碳膜电阻器；BL 为 8Ω、2in 电动扬声器；电源用 2 节 5 号电池。

(4) 制作与调试

图 5-62 是声控音乐娃娃的印制电路板接线圈，印制电路板尺寸为 45mm×22mm。除 C4、R8 直接焊在 IC 小印制电路板上，其余阻容元件和三极管都插焊在自制印制电路板上。元器件插焊好后，再将 IC 小印制电路板与自制印制电路板对接，用 4 根长约 5mm 的裸铜丝（可用剪下的元件脚）用焊锡连接成一个整体。

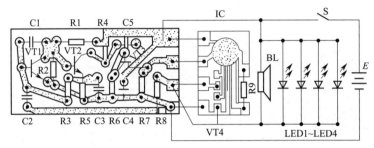

图 5-62　声控音乐娃娃的印制电路板图

电路调试关键是电阻 R6 阻值，R6 应使 VT3 处于尚未导通的临界状态，这样可有较高的触发灵敏度。若 R6 阻值过小，VT3 始终导通，BL 奏乐不停；若 R6 阻值过大，则触发灵敏度低，需要很响的拍手声才能使电路触发工作。电路正常时，合上开关 S，电路因冲击电流作用，IC 即被触发，BL 发声，LED1～LED4 闪光，但一首乐曲终止后，BL 应能自动停止发声，同时发光管熄灭。在 20m² 房间里任何角落击一下手掌，电路应能触发工作。如果乐曲终止后，电路又重新开始工作，奏乐和闪光，说明 R6 阻值过小，应增大电阻值。如声控灵敏度过低，可适当减小 R6 阻值，应调整其直至满意为止。经实测，此声控娃娃只对拍手声敏感，普通谈话声和收录机播放的音乐声不会引起误触发工作。

5.4.11　电子生日礼物

朋友过生日时，你可以送他一个生日礼物，只要轻轻触碰它，它就会讲两句英文"祝你生日快乐"（Happy Birthday），最后还会鸣奏一曲"祝你生日快乐"的电子音乐。

(1) 电路原理图

电子生日礼物的电路图如图 5-63 所示。

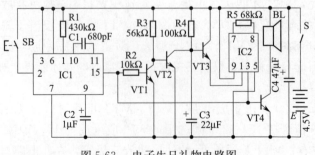

图 5-63　电子生日礼物电路图

(2) 工作原理

它主要采用了两块新颖语音和音乐集成电路，IC1 为 CIC5607 语言集成电路，内存英语 "Happy Birthday"；IC2 为 CW9309 或 CW9310 音乐集成电路，其中 9309 内存乐曲名为 "快乐生日"，9310 内存乐曲名为 "祝你生日快乐"。

电路工作过程是：当按动开关 SB，IC1 即输出语言信号，由 15 脚输出经 VT4 放大，推动扬声器 BL 发声。同时语言信号又经 R2 送到 VT1 基极，使 VT1 导通，VT2 由原来导通态转为截止态，这时电源通过 R4 向电容 C3 充电，充电时间即为 IC2 的延迟时间。在 C3 充电时间内，VT3 基极呈低电位，VT3 截止，IC2 不工作。当 C3 两端电压上升到 VT3 开门电平时，VT3 导通，IC2 触发端 1 脚获得高电位，IC2 工作，3 脚输出音乐信号经 VT4 放大，推动扬声器发声。

(3) 元器件选择与制作

IC1 可选用 CIC5607、KD5607、NS268 等语言集成电路，它采用黑膏软封装，即硅晶片封装在一块 23mm× 17mm 的小印制电路板上，其外形和管脚序号见图 5-64 所示。IC2 可采用 CW9300 及 KD9300 系列的音乐门铃芯片，应选用与生日有关的乐曲，如序号为 9309、9310 等。

三极管 VT1～VT4 均可采用 9013 型硅 NPN 三极管，VT1～VT3 的 β 值在 100～150 之间；VT4 的 β 值最好在 150～250 之间。

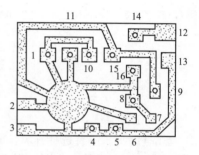

图 5-64 语言集成电路

R1～R5 均为 RTX 型 1/8W 碳膜电阻器。C1 为 CC1 型瓷片电容器，其余电容均为 CD11-6.3V 型电解电容器。BL 为 8Ω、2 英寸动圈式电动扬声器、电源用 4.5V，目的是增大发声音量。

R1、C1，C2 和 VT4 可以直接插焊在 IC1 的小印制电路板上，R5 插焊在 IC2 的小印制电路板上。其余元器件可以焊接在自制的印制电路板上。整个电子机芯安装在塑料圣诞老人或其他玩具体内。SB 根据个人可开动脑筋巧妙安装，一般可装在玩具底部，当玩具放在桌上时，SB 被顶开。当把玩具拿起来时，由于重力作用，SB 闭合，电路受到触发而工作。

(4) 调试

此电路成败关键在于 IC2 的延迟时间。按动一次 SB，IC1 的 15 脚即输出两句语言声信号，15 脚能维持 5～6s 高电位，所以 IC2 延迟时间应控制在 5s 左右，延迟时间过短，语言声还未结束，扬声器即开始奏电子乐曲；延迟时间过长，IC1 的 15 脚恢复低电平，IC2 无法工作。IC2 的延迟时间长短，主要由 R4、C3 的时间常数决定，三极管的 β 值及电源电压值也有影响。调试时，可通过调整电阻 R4 阻值来达到要求。此机处于静止状态时，IC1 的 15 脚为低电位，VT1 截止、VT2 导通、VT3 截止、IC2 也不工作。此时整机耗电极微。如长期不用，可以断开开关 S。

5.5 娱乐与保健应用电路

5.5.1 耳聋助听-收音两用机

助听器是耳聋患者的福音，这里介绍的耳聋助听-收音两用机采用两块集成电路组成，体积小巧，工作可靠。

(1) 电路原理图

耳聋助听-收音两用机的电路如图 5-65 所示。

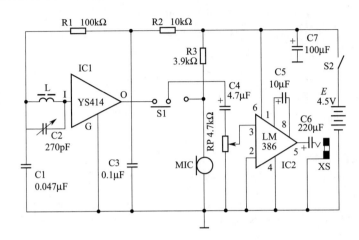

图 5-65　耳聋助听-收音两用机电路

(2) 工作原理

S1 是助听、收音选择开关，S1 拨向左端（即图示位置）是收音工作状态，S1 拨向右端是助听位置。IC1 是收音专用集成电路，它内部已集成了三级高频放大器、一级检波器和自动增益控制电路，由于它的输入阻抗极高，所以输入端 I 和调谐回路 LC2 直接耦合，音频信号由输出端 O 输出，经 S1、C4、RP 送入功放集成电路 IC2 的 3 脚，放大后音频信号由 5 脚输出经 C6、XS 推动耳机发声。

需要助听时将 S1 拨向右端，声音经话筒 MIC 转换成相应的电信号，通过 S1、C4、RP 加到 IC2 的 3 脚进行放大，最后经 5 脚输出推动耳机发声。

(3) 元器件选择与制作

图 5-66
YS414 管脚图

IC1 为收音专用集成电路，型号为 YS414，其工作电压范围为 1.1～1.6V，正常工作电流为 0.3mA。电路里设置了降压电阻 R2（10kΩ），使 IC1 的工作电压稳定在 1.5V 左右。

YS414 外形和塑封小功率三极管相似，仅有 3 个引出脚 I、O 和 G，其管脚排列如图 5-66 所示。

IC2 为 LM386 功放集成电路，它采用塑封双列直插封装，共有 8 个引出脚。

调谐线圈 L 需要自制：用 ϕ0.07mm ×7mm 多股编织纱漆包线在长 55mm 的中波扁磁棒上密绕 75 匝即可。C2 为 270pF 密封双连可变电容器，实际使用时只用其中任一连。

MIC 为驻极体电容话筒，如 CRZ2-9 型等。RP 和 S2 联动，为带开关小型电位器，用来调节耳机放音音量，R1～R3 为 RTX 型 1/8W 碳膜电阻器。C1、C3 为瓷片电容器，C4～C7 为 CD11-6.3V 型电解电容器。

XS 为 ϕ3.5mm 口径的两芯耳机插孔，如 CKX2-3.5-2 型等。耳机可用 8Ω 低阻耳塞机。K1 为 LX2 小型拨动开关。电源电压可在 4.5～6V 间选用，如果缩小体积，可采用 4F22 型 6V 层叠式电池。

此机只要元器件良好，接线无误，接通电源后就能正常工作，不必作任何调试。

5.5.2 高保真助听器

(1) 电路原理图

高保真助听器电路如图 5-67 所示。

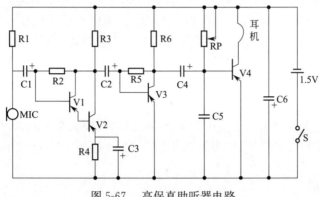

图 5-67 高保真助听器电路

(2) 电路工作原理

三极管 V1、V2 及电阻 R1、R2 等，组成高增益话筒前置放大电路。由拾音器 MIC 拾取来的微弱语音信号，经电容 C1 耦合至前置放大电路，被三极管 V1、V2 放大后的语音信号，再次被三极管 V3、V4 逐级放大。这样被放大的语音信号，足以推动 8Ω 耳塞机发出响亮的声音，"助听"人戴上耳塞机后即可起到助听作用。

(3) 元件清单

MIC：电容式驻极话筒。

V1、V2：PNP 型锗三极管 9015，$\beta>80$。

V3：PNP 型锗三极管 3906，$\beta>80$。

V4：PNP 型锗三极管 3906，$\beta>80$。锗三极管适合于低压情况工作。

耳机：8Ω 立体声海绵耳塞机，最好将其并联使用。

R1、R6：2.7kΩ；R2：150kΩ；R3：4.7kΩ；R4：82Ω；R5：82kΩ；RP：22kΩ。

C1、C3：10μF；C2、C4、C6：4.7μF；C5：5100pF。

5.5.3 电子催眠器

本文介绍的电子催眠器是利用白噪声的镇静和安宁作用制成，其效果优于单调雨滴声催眠器。

(1) 电路原理图

电子催眠器电路图如图 5-68 所示。

(2) 工作原理

接通电源后，电流经过电阻 Rl 向电容 C 充电，VT1 作为稳压管，其内部发生的噪声电流（电子无规则运动所产生）经三极管 VT2 放大后由耳机 BE 输出，发出柔和的"咝咝"轻微响声，能催人入眠。

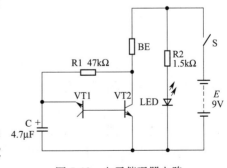

图 5-68 电子催眠器电路

(3) 元器件选择与制作

VT1 为 3DK2 型开关三极管，集电极悬空；经试验，用其他型号的三极管或稳压二极管效果都不如 3DK2 好。V12 用 3DK4 或 3DG12 等型号硅 NPN 三极管，$\beta \geqslant I50$；LED 可用红色普通发光二极管，在这里用作电源指示。

R1、R2 为 RTX 型 1/8W 碳膜电阻器，C 可用 CD11-16V 型电解电容器；BE 为 8Ω 低阻耳塞；电源电压可在 9～15V 间选用，为缩小体积，可用层叠式电池。

使用时，将耳塞 BE 放在枕边，柔和的噪声就会诱导人们进入梦乡。对于重度失眠患者，可配少量安眠药物，帮助入睡。注意本机噪声功率已足够，不能再加大功率了，否则噪声过大，就会失去柔和感和催眠效果。

5.5.4 禁烟警示器

本例介绍的禁止吸烟警示器，可用于家庭居室或各种不宜吸烟的场合（例如医院、会议室等）。当有人吸烟时，该禁止吸烟警示器会发出"请不要吸烟！"的语言警示声，提醒吸烟者自觉停止吸烟。

(1) 电路原理图

禁烟警示器电路如图图 5-69 所示。该禁止吸烟警示器电路由烟雾检测器、单稳态触发器、语言发生器和功率放大电路组成，烟雾检测器由电位器 RP1、电阻器 R1 和气敏传感器组成。单稳态触发器由时基集成电路 IC1、电阻器 R2、电容器 C1 和电位器 RP2 组成。语音发生器电路由语音集成电路 IC2、电阻器 R4-R5、电容器 C2 和稳压二极管 VS 组成。音频功率放大电路由晶体管 V、升压功放模块 IC3、电阻器 R6、R7，电容器 C3、C4 和扬声器 BL 组成。

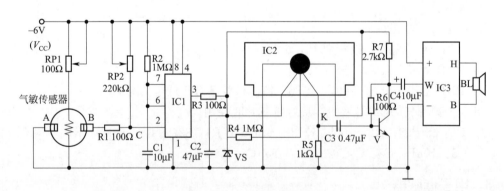

图 5-69 禁烟警示器电路

(2) 工作原理

气敏传感器未检测到烟雾时，其 A、B 两端之间的阻值较大，IC1 的 2 脚为高电平（高于 $2V_{CC}/3$），3 脚输出低电平，语音发生器电路和音频功率放大电路不工作，BL 不发声。在有人吸烟、气敏传感器检测到烟雾时，其 A、B 两端之间的电阻值变小，使 IC1 的 2 脚电压下降，当该脚电压下降至 $V_{CC}/3$ 时，单稳态触发器翻转，IC1 的 3 脚由低电平变为高电平，该高电平经 R3 限流、C2 滤波及 VS 稳压后，产生 4.2V 直流电压，供给语音集成电路 IC2 和晶体管。IC2 通电工作后输出语音电信号，该电信号经 V 和 IC3 放大后，推动 BL 发出"请不要吸烟！"的语音警告声。

（3）元器件选择

R1～R7 选用 1/4W 碳膜电阻器或金属膜电阻器，RP1 和 RP2 可选用小型线性电位器或可变电阻器；C1、C2 和 C4 均选用耐压值为 16V 的铝电解电容器；C3 选用独石电容器；VS 选用 1/2W、4.2V 的硅稳压二极管；V 选用 S9013 或 C8050 型硅 NPN 晶体管；IC1 选用 NE555 型时基集成电路；IC2 选用内储"请不要吸烟！"语音信息的语音集成电路；IC3 选用 WVH68 型升压功放厚膜集成电路；BL 选用 8Ω、1～3W 的电动式扬声器；气敏传感器选用 MQK-2 型传感器。

（4）制作与调试

该禁止吸烟警示器，可以作为烟雾报警器来检测火灾或用作有害气体、可燃气体的检测报警。调整 RP1 的阻值，可改变气敏传感器的加热电流（一般为 130mA 左右）。调整 RP2 的阻值，可改变单稳态触发器电路动作的灵敏度。

5.5.5 自动温度控制器

本电路通过温度的变化可以对用电设备进行控制其运行的状态。

（1）电路原理图

电路原理如图 5-70 所示。

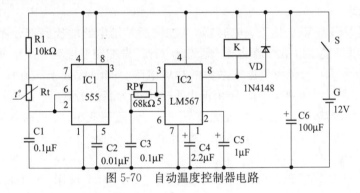

图 5-70　自动温度控制器电路

（2）工作原理

IC1555 集成电路接成自激多谐振荡器，Rt 为热敏电阻，当环境温度发生变化时，由电阻器 R1、热敏电阻器 Rt、电容器 C1 组成的振荡频率将发生变化，频率的变化通过集成电路 IC1 555 的 3 脚送入频率解码集成电路 IC2 LM567 的 3 脚，当输入的频率正好落在 IC2 集成电路的中心频率时，8 脚输出一个低电平，使得继电器 K 导通，触点吸合，从而控制设备的通、断，形成温度控制电路的作用。

（3）元器件选择

IC1 选用 NE555、μA555、SL555 等时基集成电路；IC2 选用 LM567 频率解码集成电路；VD 选用 IN4148 硅开关二极管；R1 选用 RTX-1/4W 型碳膜电阻器；C1、C2、C3 选用 CT1 瓷介电容器；C4、C5 选用 CD11-25V 型的电解电容器；K 选用工作电压 9V 的 JZC—22F 小型中功率电磁继电器；Rt 可用常温下为 51kΩ 的负温度系数热敏电阻器；RP 可用 WSW 型有机实心微调可变电阻器。

（4）制作与调试方法

在制作过程中只要电路无误，本电路很容易实现，如果元件性能良好，安装后不需要调试即可使用。

5.5.6 鱼缸水温自动控制器

鱼缸水温自动控制器通过运用负温度系数热敏电阻器作为感温探头，通过加热气对鱼缸自动加热。本电路暂态时间取得较小，有利于温控精度，对各种大小鱼缸都适用。

(1) 电路原理图

本电路图如图 5-71 所示。

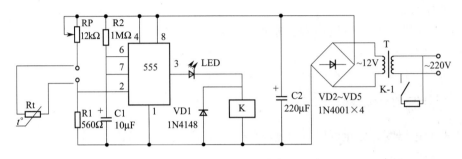

图 5-71　鱼缸水温自动控制器电路

(2) 工作原理

通过二极管 VD2～VD5 整流、电容器 C2 滤波后，给电路的控制部分提供了约 12V 的电压。555 时基电路接成单稳态触发器，暂态为 11s。设控制温度为 25℃，通过调节电位器 RP 使得 RP+Rt=2R1，Rt 为负温度系数的热敏电阻。当温度低于 25℃时，Rt 阻值升高，555 时基电路的 2 脚为低电平，则 3 脚由低电平输出变为高电平输出，继电器 K 导通，触点吸合，加热管开始加热，直到温度恢复到 25℃时，Rt 阻值变小，555 时基电路的 2 脚处于高电平，3 脚输出低电平，继电器 K 断电，触点断开，加热停止。

(3) 元器件选择

IC 选用 NE555、μA555、SL555 等时基集成电路；VD1 选用 IN4148 硅开关二极管；LED 选用普通发光二极管；VD2～VD5 选用 IN4001 型硅整流二极管；Rt 选用常温下 470Ω/ MF51 型的负温度系数热敏电阻器；RP 选用 WSW 有机实心微调电位器；R1、R2 选用 RXT-1/8W 型碳膜电阻器；C1、C3 选用 CD11-16V 型电解电容器；C2 选用 CT1 瓷介电容器；K 选用工作电压 12V 的 JZC-22F 小型中功率电磁继电器。

(4) 制作与调试方法

温度传感探头用塑料电线将热敏电阻器 Rt 连接好，然后用环氧树脂胶将焊接点与 Rt 一起密封，这样就不怕水的侵蚀。在制作过程中只要电路无误，本电路很容易实现，如果元件性能良好，安装后不需要调试即可使用。

5.5.7 电子仿声驱鼠器

猫是老鼠的天敌，利用电子装置来模拟猫叫声驱鼠是一种有效的方法。由于是电子装置，猫叫声可大可小，可快可慢，间隔时间可长可短，且电路结构简单、成本低廉，适合电子爱好者自制用于家庭。

(1) 电路原理图

电子仿声驱鼠器电路工作原理如图 5-72 所示。

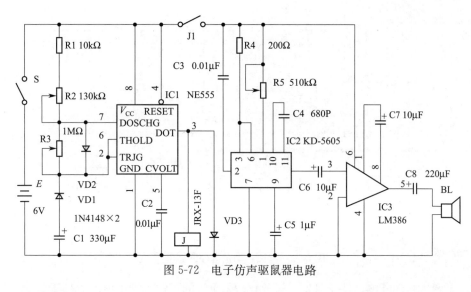

图 5-72 电子仿声驱鼠器电路

(2) 工作原理

由时间控制电路、猫叫声发生电路、功率放大电路等组成。时间控制电路是由时基电路 IC1 NE555 及其外围阻容元件、二极管等组成的。它是一个占空比可调的脉冲振荡器，其占空比由 R2 和 R3 控制。猫叫声发生电路由一块 CMOS 集成电路 IC2 KD-5605 构成，利用存储技术将猫叫声固化在电路内部。功率放大器采用价廉物美的通用小功率音频放大集成电路 IC3 LM386，它的特点是外围元件极少、电压范围宽、失真度小、装配简单。

合上电源开关 S，IC1 便通电工作，在 IC1 的输出端 3 脚上不断有脉冲输出。有脉冲时，继电器 J 励磁吸合，其常开触点 J1 接通，使后级电路获得电源而工作，发生猫叫声，每触发一次 IC2，就有一声猫叫输出，经 IC3 功率放大后，推动扬声器 BL 发出洪亮逼真的声音，使老鼠们闻声丧胆，达到驱鼠的目的。

(3) 元器件选择

IC1 选用 555 型时基集成电路；IC2 选用 KD-5605 音效集成电路；IC3 选用 LM368；继电器选用 JRX-13F 小型继电器，喇叭 BL 应选择 8Ω、3W 以上的扬声器或专用号筒式扬声器，其余器件无特殊要求。

(4) 制作和调试方法

电路安装完成后，只要线路正确，一般无需调试即可正常使用。

5.5.8 电话自动录音控制器

利用本电路作为电话自动录音时，不需在来电时手动打开录音机，只要当电话来时，拿起电话皆可自动录音。

(1) 电路原理图

电话自动录音控制器电路如图 5-73 所示。

(2) 工作原理

集成电路 IC1（LM741）及外围元件组成电压比较器，用以监测电话外线 L1、L2 之间的电压状况。普通拨号电话挂机时 L1、L2 之间的电压为 60V 左右；有电流时叠加了一个 100V 左右的交流信号；当拿起听筒时，L1、L2 之间电压降至 10V 左右。利用这个电压变化，便可判定出电话机的工作状态。每当拿起听筒时，控制电路自动给录音机加电，开始录音；当挂上电

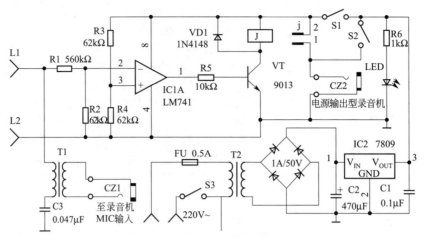

图 5-73　电话自动录音控制器电路

话机时，录音机自动断电，停止录音。运放比较器 IC1 的正输入端由电阻 R3、R4 偏置为 V/2。V 是录音机的工作电压，一般为 9V。则 IC1 正输入端电压为 4.5V。静态电，L1、L2 之间电压为 60V，经 R1、R2 分压，则 IC1 的负输入端电压变为 6V。由于 IC1 的负输入端电压比正输入端电压高，则 IC1 输出低电平，三极管 VT 截止，继电器 J 触点断开，录音机断电不工作。振铃时，尽管有时 IC1 的负输入端电压降到 5V，但仍然高于正输入端的 4.5V，故 IC1 仍输出低电平，录音机仍处于断电状态。当振铃后拿起听筒，L1、L2 之间电压降至 10V。此时 IC1 的负输入端电压降为 1V 左右，低于正输入端电压，故 IC1 输出跳变为高电平，三极管 VT 导通，继电器 J 触点吸合，9V 电压经 CZ2 给录音机供电，开始录音（录音机应事先置于"录音守候"状态）。

通话完毕，挂上听筒时，L1、L2 之间电压又升至 60V，如前所述，继电器 J 又断开，录音停止。用户可将开关 S2 闭合，直接给录音机加电重放、整理录音资料。注意，开关 S2 平时应置于断开位置。S1 用于控制自动录音，当不需电话录音时，可将 S1 打开。

录音机的音频输出信号是由 L1、L2 传输，经 C3、T1 隔直耦合至录音机的 MIC 输入口。录音机的电源由三端稳压器 IC2 提供。

（3）元器件选择

IC1 可选择任意型号的运放；继电器 J 应根据录音机的工作电压及功率选取，一般使用 JZC-21F 即可，T1 采用晶体管收音机输出变压器，初级接 L1、L2，次级接 CZ1，中心抽头不用；其余器件可按图上标注选用。

（4）制作与调试方法

一般录音机的工作电压多为 6V、9V、12V。IC2 应根据录音机的额定工作电压选用 78××系列三端稳压器。选用不同的工作电压，应调整 R3、R4，使之符合原理要求。本例中，R3、R4 可从 10～200kΩ 之间选取，二者应相等。R6、LED 组成电源指示。VD1 的作用是消除继电器线圈的反向电动势，保护 VT。安装时，先用万用表测出外线 L1、L2 的极性，L2 作为地端，然后将装置接入就可使用。

5.5.9　新颖的鱼缸灯

这里介绍的新颖有趣的鱼缸灯，它能使鱼缸里的假山及水草丛中的小灯循环变化闪亮，同时还能播放清脆悦耳的电子乐曲声。

（1）电路原理图

新颖的鱼缸灯电路如图 5-74 所示。

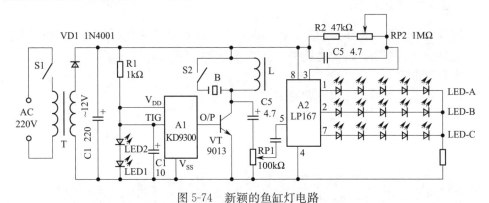

图 5-74　新颖的鱼缸灯电路

（2）工作原理

电路主要由两块集成电路 IC1 与 IC2 组成，220V 交流电经 T 降压、VD1 整流与 C1 滤波后供集成块 IC2 用电。LED1、LED2 有两种功能，一是作为本机电源的工作指示灯；二是可输出稳定的 3.2V 左右的直流电压供集成块 IC1 用电。

IC1 为通用音乐集成电路 KD-9300，其输出端 O/P 输出的乐曲信号经三极管 VT 放大后，由 C3、RP1、C4 加到 IC2 的整流放大器输入端 5 脚去控制 IC2 的压控振荡频率，因而使彩灯 LED-A～LED-C 循环速率跟随音乐信号强弱而变化。调节 RP1 的阻值可改变音乐信号对彩灯循环速率变化的控制程度。S2 为音乐开关，合上 S2 可使压电陶瓷片 B 发出清脆悦耳的电子音乐声，若不需要音乐声，可断开 S2。发声元件不用喇叭而用压电陶瓷片，是因为鱼缸灯的音乐声宜小、宜静，不宜太大、太吵。

IC2 是一块新颖的彩灯专用集成电路 LP167，其内部集成了整流放大器、压控振荡器、三位环形时序计数分配器及 3 个开漏极输出器等。LP167 各引脚主要功能是：1、2、7 脚为 3 个开漏输出端 A、B、C，它受内部压控振荡器和环形时序计数分配器控制，可依次轮流出现高电平，能直接驱动发光二极管闪亮；6 脚为循环方式控制端 CON；当 6 脚悬空或接低电平时，为正向时序，即 A、B、C 输出高电平时序为：A→B→C→A→……；6 脚接高电平时，为逆向时序，即 A、B、C 端出现高电平的时序为：A→C→B→A→……。本电路 6 脚悬空未接，所以为正向时序，通电后发光管按 LED-A→LED-B→LED-C……次序循环发光；4 脚为电源负端，即接地端 GND；8 脚为电源正端 V＋。

（3）元器件选择

IC1 为通用音乐集成电路 KD-9300，IC2 是一块新颖的彩灯专用集成电路 LP167；LED1、LED2 可用普通红色发光管，若不需要鱼缸灯工作指示，可用一只 3V 左右的稳压二极管来取代 LED1 与 LED2；LED-A～LED-C 可分别采用红、绿、黄三种颜色的发光二极管，注意其引线应剪短，连接线应采用柔软的双股细导线，最后用环氧树脂玻璃胶将焊接点封固，这样发光管就不怕水浸润了。电感 L 可采用晶体管收音机里的小型输入或输出变压器的初级绕组；T 为 220V/12V、5VA 小型电源变压器；其他元器件均无特殊要求。

（4）制作与调试方法

使用时，可将红、绿、黄 3 组发光二极管，根据个人的爱好布置在鱼缸的假山或底部沙丘里，调节电位器 RP2 可以改变三组彩灯循环闪烁的频率，调节 RP1 则可改变循环频率受音乐控制的程度。更改 R3 的大小，可以改变彩灯的发光亮度。

5.5.10　电子速效止痛仪

电子速效止痛仪是一种新型的家庭保健医疗电子小产品，它利用电脉冲施加于人体某穴位，从而达到止痛、按摩、缓解之效果，有口袋医院之俗称。

(1) 电路原理图

电子速效止痛仪电路图如图 5-75 所示。

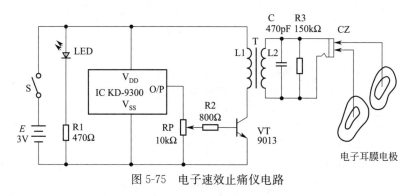

图 5-75　电子速效止痛仪电路

(2) 工作原理

它是由脉冲发生器、升压控制器和电子耳膜电极等组成的。接通电源开关 S，工作指示灯 LED 点亮，同时有电压加到 IC 两端。IC 是一块音乐集成电路，它担任了脉冲发生器的功能，由于 IC 所产生的音乐信号其幅度、节奏都具有随机性，其医疗效果比单一频率、单一幅度的脉冲要好。由 IC 的 O/P 端输出的音乐信号，经 RP 控制后，进入三极管 VT 中进行控制，从而使得脉冲变压器 T 的初级绕组 L1 两端的电压随音乐信号而变化，在 L2 的两端感应出较高的电脉冲，经 C、R3 进行波形修饰后，馈送给电子耳膜电极作用于人体穴位。

(3) 元器件选择、制作与使用

IC 可用任何一种音乐集成电路，如 CW9300、KD-150 系列，也可以用 2580、CW9480或模拟声集成电路 KD-9561、KD-9562 等；T 可用 E7 锰锌铁氧体磁芯，其变压比为 50∶1，L1 用 φ0.2mm 的高强度漆色线绕 30 匝，L2 用 φ0.1mm 的高强度漆包线绕 1500 匝；电子耳膜电极是一种按照耳廓形状设计的导电薄膜，需专制。使用时，电子耳膜应贴紧耳廓，加信号时一定要从小到大，以免引起突变的电刺激感。具体医疗时，每日三次，每次以10～15min时间为宜，一般 7 天为一周期。非病毒性的痛症可用较强的电刺激，每天两次，每次 10～15min。当然，这种止痛仪只是一种保健类小电器，并非万能，如有什么感到不适，应上医院就诊，在医生的指导下正确使用速效止痛仪。

5.5.11　小型电子按摩器

这个小型电子按摩器所用元件少、成本低、体积小、使用方便。

(1) 电路原理图

小型电子按摩器电路图如图 5-76 所示。

(2) 工作原理

用 NE555、C1、C2、R1、W1、R2、RP1 组成脉冲信号发生器。调节电位器 RP1 可改

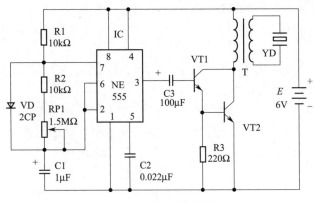

图 5-76　小型电子按摩器电路

变振荡频率，以满足使用者的不同需要。如需要仿气功按摩，可将 RP1 阻值调大，以产生 0.5～10Hz 的次声频振动。作一般按摩时，调节 RP1 阻值，使振动频率达到 20～100Hz 即可。C3 作隔直、耦合用；VT1、R3 组成射极输出器，起到稳定振荡的作用和提高输出功率；VT2、T 组成电压放大，使加到压电陶瓷片 YD 的脉冲电压到 150～200V，就可得到较强的振动。

(3) 元器件选择与制作

所用电阻选 1/8W 金属膜或碳膜电阻均可；电容器 Cl、C3 选小型电解电容，C2 选小瓷片电容；晶体管 VT1 选 3DG6B，VT2 选 3DG12C；变压器 T 用 E140 铁氧体芯，初级用 QZ-2、ϕ0.15mm 漆包线绕 120 圈，次级用 ϕ0.08mm 漆包线绕 5000 圈；换能器选 FY35-1A 压电陶瓷片，外用绝缘薄膜粘封，其圆周压装橡皮圈，固定在加有增振圈的塑料圆筒上。

5.5.12　电子诱鱼器

电子诱鱼器是根据鱼类喜光特性而设计制作，使用诱鱼器能提高垂钓时鱼儿上钩率。

(1) 电路原理图

电子诱鱼器电路图如图 5-77 所示。

(2) 工作原理

它是一个简单的互补型自激多谐振荡器，电路起振后，小电珠 H 就一闪一闪地间隙发光，鱼儿就会向亮光方向游来。振荡频率主要由电阻 R 和电容 C 的充放电时间常数决定，改变它们的数值，可以改变电珠 H 的间隙发光频率。

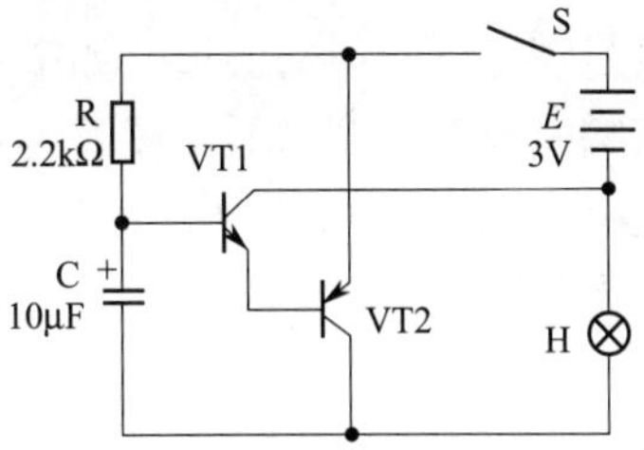

图 5-77　电子诱鱼器电路

(3) 元器件选择与制作

VT1 可用 3DG201、9011、9013 等型号硅 NPN 三极管，$\beta \geqslant 100$；VT2 可用 3AX31B 型锗 PNP 三极管，$\beta \geqslant 50$；H 可用普通手电筒里的 "2.5V、0.3A" 小电珠。

R 为 RTX 型 1/8W 碳膜电阻器；C 为 CD11－6.3V 型电解电容器；电源用 2 节 5 号电池。

由于整个电路比较简单，可以自行设计制作一块小印制电路板，将所有元器件都安装在印制电路板上，电路不用调试，通电后就能工作。使用时，将诱鱼器放入大小合适的玻璃瓶里，瓶内装入一定数量的石卵子，盖紧瓶盖。垂钓前将玻璃瓶用线沉入水下，稍等片刻即可下鱼钩钓鱼。如在黄昏或夜间钓鱼，采用电子诱鱼器，则效果更佳。

5.5.13 自行车电喇叭

这里介绍的电子喇叭，简单易作，只用一节电池，音量大，声音酷似摩托车上的电喇叭，把它安装在自行车上十分适宜。

(1) 电路原理图

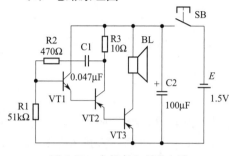

图 5-78　自行车电喇叭电路

自行车电喇叭电路图如图 5-78 所示。

(2) 工作原理

三极管 VT1、VT2 组成互补型自激多谐振荡器，R2、C1 构成正反馈回路，振荡信号由 VT2 发射极输出，直接注入 VT3 基极进行放大，最后推动扬声器 BL 放音。由于三个晶体管都采用直接耦合，信号传输效率高、损耗小，所 H 音量较大。

(3) 元器件选择与制作

VT1 可用 3DC201、9011、9013 等型号硅 NPN 三极管，VT2、VT3 均为 3AX31B 型锗 PNP 三极管。VTI、VT2 的放大倍数 β 值宜在 50～100 间选用，VI3 的 β 值只要大于 30 即可。

R1～R3 均为 RTX 型 1/8W 碳膜电阻器；C1 用 CT4 型独石电容器，C2 为 CD11-6.3V 型电解电容器；BL 可用 8Ω、2.5in 动圈式电动扬声器；SB 为常开按钮，也可用有机玻璃扣和磷铜皮自制；电源 E 用 1 节 2 号电池。

图 5-79 是自行车电喇叭的印制电路板接线图。印制电路板尺寸为 45 mm×30mm。

全部元件均安装在自制的小盒里，然后将它固定在自行车的车把上。这个电子喇叭只要元器件良好，接线无误，一般不需要调试就能正常工作。按下 SB，BL 即发出响亮的"嘟嘟"声响，音量满足一般使用要求。如果变更 R1 数值，能改变喇叭发声音调高低，读者可根据自己喜爱调整。此喇叭工作时耗电为 20mA 左右，如果电源电压提高到 3V，音量可更大，但耗电相应要增大到 40mA 左右。

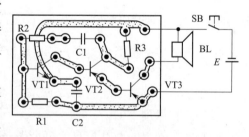

图 5-79　自行车电喇叭印制电路板图

5.5.14 鱼缸电子恒温器

热带鱼具有很高的观赏价值，现在已有不少人饲养。但在北方因天气寒冷难以过冬，如自制一个电子恒温器就能解决这一问题。

(1) 电路原理图

鱼缸电子恒温器电路图如图 5-80 所示。

(2) 工作原理

JEC-2 接成射极耦合双稳态触发器，耦合电阻为 8 脚对地的 R1。RT 为热敏电阻器，它的阻值随温度升高而降低。当鱼缸水温较高时，RT 阻值较小，它与电位器 RP 组成分压器，调节 RP，便可十分方便地确定鱼缸水温的控制点。假设要使鱼缸水温被控制在 18℃左右，这时调节电位器 RP，使鱼缸水温高于这温度时，JEC-2 电路翻转，继电器 K 吸合，其常闭触点 K 跳开，鱼缸加热电阻 R2 断电，加热停止。水温逐渐冷却下降，当温度低于控制温度时，由于 RT 阻值增大，与 RP 分压后使 JEC-2 的 7 脚电位略微低于 2.1V，JEC-2 迅速翻转，继电器 K 释放，常闭触点 K 就接通 R2 的电源，对鱼缸中的水进行加热；当水温再度上升到控制温度时，电路再度翻转，切断 R2 的电源。如此周而复始，从而实现了自动恒温控制。

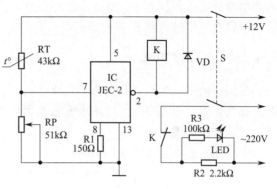

图 5-80　鱼缸电子恒温器电路

由于射极耦合双稳态触发器翻转过程有回差，这虽然使水温控制精度不太高，有一个变化区间，但却十分有利，因为它能避免水温处在控制点临界值时引起继电器抖动现象的发生。改变 R1 阻值，可改变电路的回差。

（3）元器件选择

IC 为 JEC-2 型多功能集成电路，它采用 14 脚扁平陶瓷封装，图 5-81 是它的外形和管脚排列示意图，左上角被剪短的一脚为第 1 脚，按顺时针方向排列，其他各脚分别为第 2、3……14 脚。各脚功能：7 脚为输入端；2 脚为输出端，可外接电阻或继电器，负载电流不宜大于 30mA；5 脚为电源正端 V_{DD}，通常 $V_{DD}=$ +12～+15V；8 脚可根据使用需要外接电阻或直接接地；13 脚为电源负端 V_{SS}；10、11 脚主要用于测试；其他各脚为空脚。

RT 可采用 MF12-1 型负温度系数热敏电阻器；RP 最好采用 WSW 型有机实心微调电阻器；R2 用 2.2kΩ、30W 线绕电阻器；R1、R3 为普通 1/8W 碳膜电阻器。

VD 可用 1N4148 型开关二极管；LED 可用普通圆形红色发光二极管，它在这里用于加热电阻 R2 通电工作指示；K 为 JRX-13F、DC12V 小型电磁继电器；S 为双刀小型拨动开关。

（4）安装与调试

安装时 RT 和 R2 应分装在两个盛有变压器油的细钢管中，如图 5-82 所示。引线从上端接线螺钉引出。为使电阻与管壁绝缘，管内应注入变压器油，但油不宜注入过多，只要能淹住电阻即可，油与木塞之间要留有足够的空间，以免变压器油在温度上升后油面升高后从管中溢出，污染鱼缸的水。

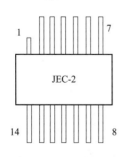

图 5-81　JEC-2 集成电路

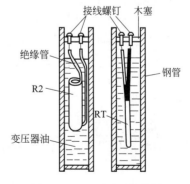

图 5-82　RT 和 R2 安装图

电路所需 12V 直流电可来自简单稳压电源。接通电源后，将装有热敏电阻和加热电阻的两根钢管插入鱼缸水中，并在鱼缸中放入一支温度计，调节电位器 RP，使水温低于控制温度时，刚好使继电器 K 释放即可。

5.5.15　水开报知器

在厨房的煤气炉上烧开水，一旦水沸腾，如不及时熄火，开水就会溢漫出来，将火焰扑灭。煤气外溢，很不安全。使用水开报知器后就能解决此问题。

（1）电路原理图

水开报知器电路如图 5-83 所示。

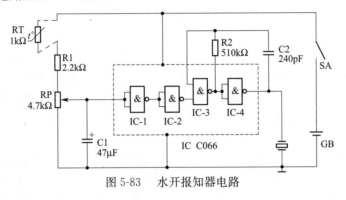

图 5-83　水开报知器电路

（2）工作原理

该电路采用热敏电阻作为温度传感元件，当水温升高后，热敏电阻阻值减小，A 点电位升高，当 A 点电位高于 IC-1 反相器转换电压时，IC-1 将输出低电平，IC-2 输出高电平。使 IC-3、IC-4 组成的音频振荡器工作，压电陶瓷片发声。在 IC-2 输出低电平时，IC-3、IC-4 组成的音频振荡器不工作，压电陶瓷片无声。

（3）元器件选择

IC 选用 C066 二输入端四与非门，工作电压 3～18V，在该电路中电源为 3～6V；RT 热敏电阻选用阻值为 1kΩ 左右；压电陶瓷片选用直径为 27mm；电阻选用普通 1/8W 或 1/4W 金属膜电阻器。

（4）制作与调试方法

找两只废旧光灯启辉器壳子，用铁皮做夹子，把两只启辉器顶部贴紧，并用螺钉紧固。其中一只启辉器可套在水壶口上，以取得水的温度。热敏电阻两只引脚焊接在另一只启辉器盖子上，并装入壳内，注意热敏电阻一定要紧贴内壳壁上，这样便于传热。焊上热敏电阻的外引线，温度传感器就做好了。全部元件焊好检查无误后，即可接通电源调试，将温度传感器套在水壶口上，等水沸腾时调 RP，使压电陶瓷片正好发声，反复调试几次，就可以正式使用。如要改变发声频率可改变 C2 的容量。如果觉得发声不够，可在 IC-4 输出端外接三极管，放大发声效果。

5.6　其他新颖应用电路

5.6.1　新型报时与星期历电子钟

本实例制作的新型指针式大型电子钟，不仅走时准确，还具有整点音乐报时、打点、自动显示星期历等功能。

(1) 电路原理图

新型报时与星期历电子钟电路如图 5-84 所示。

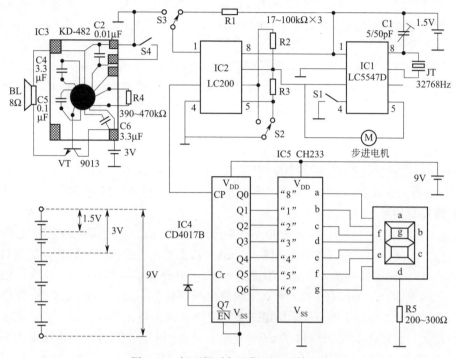

图 5-84 新型报时与星期历电子钟电路

(2) 工作原理

它是由石英电子钟集成电路 IC1，音乐报时、打点、翻日历触发集成电路 IC2，音乐报时、打点执行集成电路 IC3，脉冲计数分配集成电路 IC4，译码驱动集成电路 IC5 和 LED 数码显示器组成的。整个装置的电源可分为 3 组，即 1.5V、3V 和 9V。

IC1 为 LC5547 集成电路，采用 CMOS 工艺制成，外接晶振 JT（频率为 32768Hz），接通电源电路便开始振荡工作，每秒输出一个脉冲驱动步进电动机 M 带动指针计时。该集成电路的内部设有一个集成电容器（典型值为 30pF），为了调校频率方便，还有一个 256Hz 的信号输出，调整 C1 可以微调振荡频率。它的引脚功能如下：1 脚接电源正极；2 脚接地；3 脚为驱动脉冲输出 1；4 脚为控制端；5 脚为驱动脉冲输出 2；6 脚为响闹信号输出（该电路此功能未用）；7 脚 8 脚外接晶体振荡器。IC2 为 LC200 也是 CMOS 集成电路，它的特点是低电源电压、低功耗。当其 1 脚接高电平（V_{DD}）时，电路处于正常工作状态；当 1 脚接低电平时，特使内部的时脉冲输出和日脉冲输出电路复位，要求在正点时调节。2 脚为小时报时输出端，可以用来直接驱动音响或音乐片；3 脚为日历翻转触发信号输出端；4 脚为接地端；5 脚和 6 脚为调节日历使用端。6、5 脚的高、低电平轮流一次，送入 1h，连续调节，可使日历（星期历）在准确时间内翻转；7 脚为时钟信号输入端，其频率为 $f=0.5Hz$，即周期为 2s，可接至 LC5547 的 3 脚或 5 脚。

IC3 为 KD-482GB，它是一块程控 16 首双音曲及打点集成电路，采用软包封形式，其印板的面积为 24.5mm×14.5mm。内部设有程序控制，晚上 10 点至凌晨 5 点不报时，俗称

"电脑程控"。它的电源电压为 2.5～5V，静态电流仅为 $2\mu A$，外接的振荡电阻 R4 可以调整音乐节奏的快、慢。刚接通电源时，第一次报时是早晨 6 点钟。

IC4 为 CD4017B，它是一块十进制脉冲计数分配集成电路，当 IC2 的 3 脚每隔 24h 输出一个高电平脉冲时，其脉冲进入到 IC4 的 CP 端，它的输出端 Q0～Q7 便依次变为高电平，当第 8 个脉冲输入时，Q7 变为高电平，由于 Q7 端与该集成电路的复位端 Cr 相连，故每当第 8 个脉冲到来时，Q0 又恢复为高电平。

IC5 为 CH233，它是一块 8 输入端译码驱动集成电路。它的 8 个输入端与 LED 数码管所显示的 1～8 个数字一一对应。例如，当 IC5 的输入端"1"脚为高电平时，LED 数码管上显示"1"，当输入端"8"脚为高电平时，LED 数码管就显示"日"，这个"日"字的笔段选辑合适，就好像一个"日"字，故显示出星期日。

只要一接通电源，IC1 便开始振荡工作，每秒由 3，5 脚引出周期为 2s，即频率为 0.5Hz 的时钟脉冲输入到 IC2 的 7 脚，于是 IC2 的 7 脚每隔 1h 输出一个高电平脉冲触发 IC3 作报时、打点。IC2 的 3 脚则每隔 24h 输出一个高电平脉冲作日历翻转。

(3) 调校与使用

在正点时，如上午（AM）8 点整把 S3 接至低电平，LC200 内部电路全部复零，S3 立即接通高电平，便开始正常工作，等到整点，其 7 脚便输出一个高电平脉冲，然后再调校星期历。每当 S2 打向 6 脚一次，日分频器便送入 1h，只要连续撤动开关 S2 八次，则在深夜 24 点钟，3 脚便输出一个高电平脉冲，IC4 的输出端就位移一次，如原来是 Q0 为高电平则现在变为 Q1 为高电平，相当于星期历由原来的星期日变为现在的星期一。如果欲将星期历显示做得很大，可以将 IC5 CH233 的 a～g 笔段上加接功率驱动器件，用以驱动大型高亮度笔段。S4 是对点用的触发按钮，用于校准正点时触发音乐、打点。该电子钟的外形可根据自己的喜爱自行设计制作。

5.6.2 自动音乐打点报时器

这个自动音乐打点报时器在整点到来时，无需任何人工或机械触发，就可自动奏出一段音乐《西敏寺教堂曲》，然后以模拟钟声打出相应的点数。在夜晚 23 点到早上 5 点可选择"打点报时"或"不打点报时"。该报时器体积小、成本低，安装制作方便简单，与靠机械触发的报时电路相比，它更可靠、更省事。

(1) 电路原理图

自动音乐打点报时器电路如图 5-85 所示。

(2) 工作原理

该报时器之所以具有以上特点是因为它使用了一块软封装的自动走时及程控音乐打点报时集成电路 KD-483。KD-483 能向外提供准确的秒脉冲，直接驱动步进电机；内设 3600s 计算触发脉冲，在设定好时间后，可在整点到来时自动奏乐打点报时。KD-483 的 1、2 两脚外接步进电机，这里只是利用它的自动报时功能，所以 1、2 脚可悬空或接一数千欧电阻。4、5 两脚外接石英晶体振荡器，可用液晶电子表中的石英晶体，振荡频率为 32768Hz，该报时器的精度就取决于该晶体。

(3) 元器件选择与制作

三极管 VT1、VT2 分别选用 9012 和 9013，β 值要 $\geqslant 100$。β 越大，报时声音也越大。开关 S1～S5 选用普通微动开关，其他元件无特殊要求。

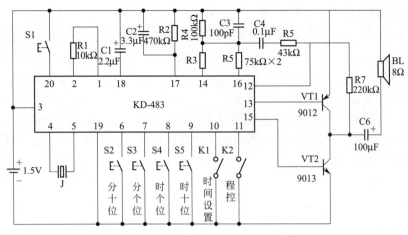

图 5-85 自动音乐打点报时器电路

由于 KD-483 已封装在线路板上，所以制作安装十分方便，为避免损坏集成块，应利用烙铁的余热焊接。调整 C1、C2、R2 的数值，可改变打点的余音长短。

焊接完毕检查无误后，就可通电，进行时间设定，设定时间采用 24h 制。例如现在是下午 4 点 27 分，设定方法如下：先将"时间设定"开关 K1 闭合，然后按动"分个位"按钮 S3 七次，"分十位"按钮 S2 两次，"时个位"按钮 S4 六次，"时十位"按钮 S5 一次，即 16 时 27 分。设定完毕，将 K1 断开，报时器就进行正常走时。在设定过程中，每按动一次 S2～S5，喇叭中均有相应的"嘀"声提醒。S1 是人工触发开关，按动一次 S1，打点数就比前一次多一个，可用于快速校对。K2 是程控选择开关，K2 断开时，晚上 23 点到早上 5 点不进行奏乐打点报时，K2 闭合时，24h 内均有奏乐打点。该报时器所有元器件可装在一小盒内，作为一独立部件，配合石英钟、LED 数字钟完成自动走时和音乐打点报时功能。

5.6.3 电子钟整点语言报时器

用两片集成电路及少量阻容元件，就可制成一个整点语言报时器，作为各类电子钟表的附设装置。由于该装置独成一体，与钟表无任何触发连接，因此，安装使用都很方便。

(1) 电路原理图

电子钟整点语言报时器电路如图 5-86 所示。

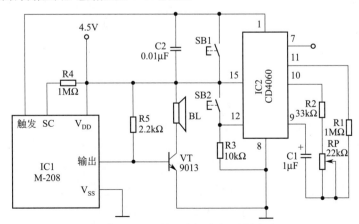

图 5-86 电子钟整点语言报时器电路

（2）工作原理

电路分为 3600s 定时和整点语言报时两部分。3600s 定时由内部含振荡器的 14 级 2 分频集成电路 CD4060 和电阻 R1、R2、电位器 RP、电容 C1 等构成，振荡周期由 R2、R3 和 C1 决定，要求振荡频率经 12 分频后从 IC2 的第 1 脚输出周期为 3600s 的方波脉冲，用脉冲的上升沿去触发 IC 来进行整点报时。

整点报时电路为 M-208 型整点语言报时集成片，它只需两个外接元件 R4 和 VT，R4 为内部振荡器的外接电阻，电阻值的大小决定了报时声调，三极管 VT 进行音频放大。

（3）元器件选择与制作

所用元器件的参数已在图中标明。其中 R2、RP 和 C1 的质量好坏，直接关系到报时器的精确度，因此 R2 要选用温度稳定性较高的金属膜电阻，RP 采用多圈线绕电位器，C1 选用 $1\mu F$、10V 的钽电容，三极管 VT 的放大倍数 $\beta > 150$，SB1、SB2 用小型微动按钮。电源采用 3 节 5 号电池。

由于使用的元器件少，因此 R1、R2、R3、C1、C2 可以直接焊在 IC2 的引出脚上，SB1、SB2 和 RP 用引线方法焊接。同样，R4、R5 和 VT 也可直接焊在 IC1 的小印板上，喇叭、触发端等也用引线连接。元器件焊好后，检查无误，接上电源调试。取电压表和 1/100s 电子秒表一个，用电压表测量 IC2 的 4 分频输出端 7 脚，调节 RP，使该脚输出脉冲的周期（$T=14.0625s$）。测试时，可以连续计 10 个输出脉冲，总周期应在 140.6s 左右，反复调试直到稳定为止。

操作使用时，按复位键 SB2，各输出脚均为零电平，内部振荡分频器开始工作。本报时器采用半钟点对时法。例如现在时间是上午 9 点 25 分，准备好操作，当时间到 9 点 30 分瞬间，马上按一下复位键 SB2，接着再连续地按 AN1 数次，每按一次 SB1，喇叭都会报一个钟点，直到报"嘟！现在时刻是上午九点整"为止，整个对时操作就结束。以后每到一个整点，报时器都会发出悦耳的女声报时声。该报时器日误差在 2min 以内。一旦误差超过 10min，可以稍微调节一下 RP，使其逐渐地缩小误差。M-208 与 KD-482H 一样，本身有程控静音设计，从晚上 11 点到次日凌晨 5 点不报时。

该报时器耗电很少，3 节 5 号电池可用半年以上。

5.6.4 市电电压双向越限报警保护器

该报警保护器能在市电电压高于或低于规定值时，进行声光报警，同时自动切断电器电源，保护用电器不被损坏。该装置体积小、功能全、制作简单、实用性强。

（1）电路原理图

市电电压双向越限报警保护器电路如图 5-87 所示。

（2）工作原理

市电电压一路由 C3 降压，DW 稳压，VD6、VD7、C2 整流滤波输出 12V 稳定的直流电压供给电路。另一路由 VD1 整流、R1 降压、C1 滤波，在 RP1、RP2 上产生约 10.5V 电压检测市电电压变化输入信号。门 IC1A、IC1B 组成过压检测电路，IC1C 为欠压检测，IC1D 为开关，IC1E、IC1F 及压电陶瓷片 YD 等组成音频脉冲振荡器。三极管 VT 和继电器 J 等组成保护动作电路。红色 LED1 作市电过压指示，绿色管 LED2 作市电欠压指示。

市电正常时，非 IC1A 输出高电平，IC1B、IC1C 输出低电平，LED1、LED2 均截止不发光，VT 截止，J 不动作，电器正常供电，此时 B 点为高电平，F4 输出低电平，VD5 导

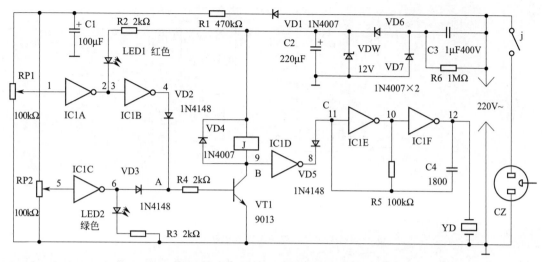

图 5-87　市电电压双向越限报警保护器电路

通，C点为低电平，音频脉冲振荡器停振，YD不发声。当市电过压或欠压时，IC1B、IC1C
其中有一个输出高电平，使A点变为高电位，VT饱和导通，J通电吸合，断开电器电源，
此时B点变为低电位，IC1D输出高电平，VD5截止，反向电阻很大，相当于开路，音频脉
冲振荡器起振，YD发出报警声，同时相应的发光二极管发光指示。

（3）元器件选择与制作

集成芯片IC可选用CD74HC04六反相器，二极管VD1～VD6选择1N4007，电容C1～
C6均选择铝电解电容，耐压400V，稳压管选用12V稳压，继电器J选用一般6V直流继电
器即可，电阻选用普通1/8W或1/4W碳膜电阻器，大小可按图5-87所示。

（4）制作和调试方法

调试时，用一台调压器供电，调节电压为正常值（220V），用一白炽灯作负载，使
LED1、LED2均熄灭，白炽灯亮，然后将调压器调至上限值或下限值，调RP1或RP2使
LED1或LED2刚好发光，白炽灯熄灭，即调试成功。

全部元件可安装于一个小塑料盒中，将盒盖上打两个孔固定发光二极管，打一个较大一
点的圆孔固定压电陶瓷片，并用一个合适的瓶盖给压电片作一个助声腔，使其有较响的鸣
叫声。

5.6.5　数字温度计电路

本电路是通过应用AD590专用集成温度传感器制成的温度计，具有结构简单、使用可
靠、精度高的特点。

（1）电路原理图

数字温度计电路如图5-88所示。

（2）工作原理

100V的交流电压通过变压器T1、整流桥堆UR和电容器C1后，得到一直流电压，再
通过可调稳压器电路μA723C为温度传感器AD590提供稳定的工作电压。AD590温度传感
器是一种新型的电流输出型温度传感器，由多个参数相同的三极管和电阻构成。当传感器两
端加有某一特定的直流工作电压时，如果该温度传感器的温度变化为1℃时，则传感器的输

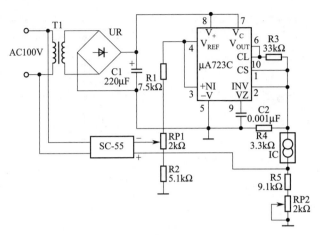

图 5-88　数字温度计电路

出电流变化为 $1\mu A$。传感器的变化电流通过电阻器 R5 和可变电阻器 RP2，转换为电压信号，输出到数字表头，通过数字表显示出温度的变化。

（3）元器件选择与制作

集成电路 IC 选用 AD590 型温度传感器。本电路其他元器件没有特殊要求，可根据电路图给出参数来选择。

（4）制作和调试方法

可通过改变电阻器 R5 和可变电阻器 RP2 的值，来改变输出的灵敏度。

5.6.6　循环工作定时控制器

该电路可设定设备的循环周期时间以及每次工作的时间，可以让设备按照设定的时间不断地循环工作，可应用于定时抽水、定时换气、定时通风等控制场合。

（1）电路原理图

循环工作定时控制器电路如图 5-89 所示。

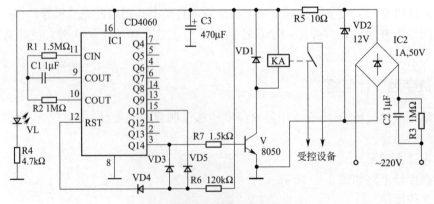

图 5-89　循环工作定时控制器电路

（2）工作原理

电路通过电容 C2 和泄放电阻 R3 降压后，经过桥堆 IC2 整流，VD2 稳压后，得到 12V 左右的直流电压，为 IC1 及其他电路供电。IC1 为 14 位二进制计数/分频器集成电路，通过由 R1、R2、C1 和 IC1 的内部电路构成一定频率的时钟振荡器，为 IC1 的定时提供时钟脉冲。

当电路通电后，首先进入设备的工作间隙等待时间，IC1 内部通过对时钟脉冲的计数和分频实现延时，当计时时间到时（按图中参数，约为 3h），IC1 的 Q14 端输出高电平，使三极管 V 导通，继电器 KA 得点，驱动受控设备开始工作。此时，IC1 又开始对设备工作时间进行计时，定时时间到时（按图中参数，约为 20min），IC1 的 Q14 端重新变为低电平，使 V 截止，设备停止工作。此时，IC1 自动复位，又开始下一次计时，从而可以使设备按照设定时间进行定时循环工作。图中 VL 为工作指示灯。

（3）元器件选择与制作

集成电路 IC1 选用 14 位二进制计数/分频器集成电路 CD4060，也可使用 CC4060 或其他功能相同的数字电路集成块；IC2 选用 1A、50V 的桥堆，也可用 4 只 1N4007 二极管接成；三极管 V 选用 NPN 型三极管 8050，也可使用 9013 或 3DG12 等国产三极管；VD1 选用整流二极管 1N4007；VD1 选用 1W，12V 的硅稳压管，如 1N4742；VD3～VD5 使用开关二极管 1N4148；VL 选用普通发光二极管；电阻 R1、R2、R4、R6 和 R7 选用 1/4W 的金属膜电阻器；R3 和 R5 选用 1/2W 碳膜电阻器；C1 选用涤纶或独石电容器；C2 选用耐压为 450V 及以上的聚丙烯电容器；C3 选用耐压为 16V 的铝电解电容器；KA 选用线圈电压为 12V 的微型继电器，触点容量根据受控设备的功率来确定。

（4）制作与调试方法

电路安装完成后，一般无需调试即能正常工作。当需要调节控制时间时，可调节 R1 和 C1 的参数，也可改变 IC1 输出控制端（Q4～Q14）的位置来实现。

5.6.7 多级循环定时控制器

该电路是一个 3 级定时控制器，可用于控制 3 台设备按照设定的时间依次循环工作，而且每台设备的工作时间可以独立调节，如果需要控制更多设备循环定时工作，只需要增加单元电路的数目即可。电路工作稳定、性能优良、性价比高、操作方便、适合个人和小型企业制作。可用于企业生产自动控制及彩灯控制，也可用于家用电器的趣味控制等。

（1）电路原理图

多级循环定时控制器电路如图 5-90 所示。

（2）工作原理

电路中，由 3 个时基集成电路 LM555 组成 3 个单稳态电路，每个单稳态电路作为一个定时控制单元。3 个单元共同完成 3 级循环定时控制功能。

在接通电源的瞬间，由于 555 集成电路 IC3 和 IC4 的复位端 4 脚都接有时间常数较大的自动复位电路（分别由 R4、C7 和 R7、C11 组成），使 IC3 和 IC4 复位，它们的输出端 3 脚就输出低电平，使三极管 T2、T3 分别截止，继电器 J2、J3 释放。

由于 IC2 复位端 4 脚直接接在电源正极，电源接通时电容 C3 上的电压不能突变，IC2 触发端 2 脚得到触发电压，使其进入暂稳态，其 3 脚输出高电平，三极管 T1 导通，继电器 J1 吸合，J1 触头可控制电器通电工作。同时电源经电位器 VR1 向电容 C5 充电，当 C5 上的电压升高到电源电压的 2/3（4V）时，IC2 结束暂稳，其 3 脚输出低电平使三极管 T1 截止，继电器 J1 释放，其触头控制的电器断电停止工作。调节电位器 VR1 和电容 C5 的参数就可改变继电器 J1 的吸合时间。在 IC2 输出低电位的瞬间，由电容 C6 和电阻 R3 组成的微分电

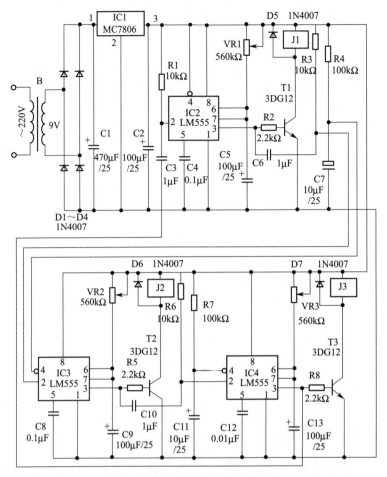

图 5-90　多级循环定时控制器电路

路，将在 IC3 的触发端 2 脚产生负尖脉冲，触发 IC3 进入暂稳态，其输出端 3 脚输出高电位，使三极管 T2 导通，继电器 J2 吸合，其触头控制的电器通电工作。调节电位器 VR2 和电容 C9 的参数就可改暂稳态时间。

当第二单元暂稳态结束时，由电容 C10 和电阻 R6 组成的微分电路，将在 IC4 的触发端 2 脚产生负尖脉冲，触发 IC4 进入暂稳态，其输出端 3 脚输出高电位，使三极管 T3 导通，继电器 J3 吸合，其触头控制的电器通电工作。调节电位器 VR3 和电容 C13 的参数就可改暂稳态时间。

当第三单元暂稳态结束时，经微分电路 C3、R1 去触发第一单元电路，这样依次循环来实现循环定时控制。

（3）元器件选择与制作

电路中，IC1 为三端集成稳压电路，选择 MC7806 型；IC2、IC3、IC4 采用 LM555 时基集成电路；继电器 J1、J2、J3 要根据其控制电器的工作电流来选择，但继电器线圈额定电压应为直流 6V；其他元器件没有特殊要求，按电路标注选择即可。

（4）制作与调试方法

整个电路检查接线无误，通电就能正常工作，电路中的 VR1、C5；VR2、C9；VR3、C13 的参数分别决定 3 个单元电路的定时时间，按电路参数定时时间约为 1.1RC。

5.6.8 双键触摸式照明灯

本电路图使用两个触摸电极片，分别代替在实际生活中的开和关控制。

(1) 电路原理图

双触摸式照明开关电路如图 5-91 所示。

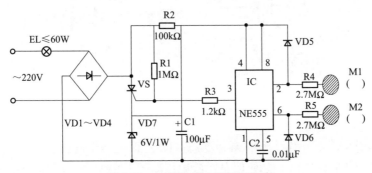

图 5-91 双键触摸式照明灯电路

(2) 工作原理

VS 与 VD7 构成了开关回路。当人触摸到 M1（开）电极片时，人体通过 R4、VD5 整流后给 IC NE555 集成电路的 2 脚一个低电平信号（此时 IC NE555 集成电路接为 RS 触发器），输出脚 3 输出高电平，通过 R3 后触发 VS 的门极，VS 导通，电灯点亮。当人触摸到 M2（关）电极片时，人体通过 R5、VD6 整流后给 IC NE555 集成电路的 6 脚一个低电平信号，输出脚 3 输出低电平，R1 提供的正向触发电压被 R3 通过集成电路的 3 脚对地短路，VS 失去触发电压，当交流过零时即关断，电灯熄灭。

(3) 元器件选择与制作

IC 选用 NE 555 型集成电路；VS 选用 2N6565 型普通塑封小型单向晶闸管；VD1～VD4 选用 1N4007 硅整流二极管；VD7 选用 6.2V、1W 的 2CW105 硅稳压二极管；VD6、VD7 选用 1N4148 型硅开关二极管；R1～R5 均选用 RTX-1/8W 型碳膜电阻器；C1 选用 CD11-16V 型电解电容；C2 选用瓷介电容器。

(4) 制作与调试方法

本电路结构简单、使用方便，只要焊接正确，选用元件正确都能正常工作。由于本电路负载的能力受到稳压管 VD7 的限制，所以负载的功率不宜大于 60W。

5.6.9 自动应急灯电路

本例介绍的自动应急灯，在白天或夜晚有灯光时不工作，当夜晚关灯后或停电时能自动点亮，延时一段时间后能自动熄灭。

(1) 电路原理图

自动应急灯电路如图 5-92 所示。

(2) 工作原理

该自动应急灯电路由光控灯电路、电子开关电路和延时照明电路组成。在白天或晚上有灯光时，光敏二极管 VLS 受光照射而呈低阻状态，VT 截止，IC 内部的电子开关因 5 脚电压为 0V 而处于关断状态，EL 不亮，此时整机的耗电极低。当夜晚光线由强逐渐变弱时，VLS 的内

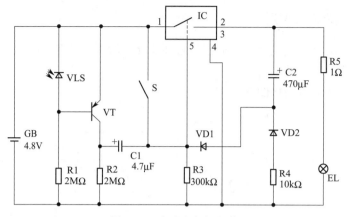

图 5-92　自动应急灯电路

阻也开始缓慢的增大，VT 由截止转入导通状态，R2 上的电压也逐渐增大，但由于 C1 的隔直流作用，此缓慢变化的电压仍不能使 IC 的 5 脚电压高于 1.6V，故 EL 仍不会点亮。

　　若晚上关灯或停电时，光线突然变得很弱，则 VLS 呈高阻状态，VT 迅速饱和导通，在 R2 上产生较大的电压降。由于 C1 上电压不能突变，故在 IC 的 5 脚上产生一个大于 1.6V 的触发电压，使 IC 内部的电子开关接通，EL 通电点亮。与此同时，+4.8V 电压通过 R3、VD1 和 IC 对 C2 充电，以保证即使 VT 截止，IC 的 5 脚仍会有 1.6V 以上的电压，IC 内部的电子开关仍维持接通状态，EL 仍维持点亮。

　　随着 C2 的充电，IC 的 5 脚电压逐渐降低，当该电压低于 1.6V 时，IC 内部的电子开关关断，EL 熄灭，C2 通过 R5、EL、R4 和 VD2 放电，为下次工作做准备。

　　若将 S 接通，该应急灯可用于停电时的连续照明。

(3) 元器件选择与制作

　　IC 选用 TWH8778 型电子开关集成电路，VT 选用 9015 或 8550 型硅 PNP 晶体管；VLS 选用 2DU 系列的光敏二极管；VD1 和 VD2 均选用 1N4007 或 1N4148 型整流二极管。C1 和 C2 选用耐压 10V 以上铝电解电容，R1～R4 选用普通 1/8W 或 1/4W 金属膜电阻器，R5 选用 1W 的金属膜电阻器，EL 选用 3.8V、0.3A 的手电筒用小电珠，S 选用小型拨动式开关，GB 用电池供电。全部电路按图安装完毕后即可正常工作，无需调试。

5.6.10　家用电器过压自动断电装置

　　家用电器在使用过程中，因为市电的不稳定常常受到影响，使用寿命降低，严重的还容易因电压激增而烧毁。本例介绍的过压自动断电可以很好地解决这一问题。

(1) 电路原理图

　　家用电器过压自动断电装置电路如图 5-93 所示。

(2) 工作原理

　　220V 市电经 C1、VD1、DW1 为开关集成电路提供稳定的 12V 工作电压，VD3、R2 和 RP1 构成分压采样电路。当市电电压正常时，DW2 不能导通，TWH8778 第 5 脚工作电压低于 1.6V，继电器 J 不吸合，市电经 J-1 常闭触点为 CZ 插座正常供电；当市电电压高出正常置时，DW2 击穿导通，TWH8778 第 5 脚电位上升到 1.6V，使 IC 翻转，第 3 脚输出高电平，继电器吸合，用电器供电立即切断，从而避免了因过压给用电器带来的危害。

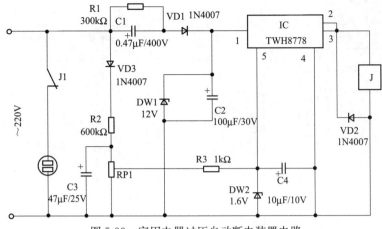

图 5-93　家用电器过压自动断电装置电路

（3）元器件选择与制作

C1 选用 $0.47\mu/400V$ 的电解电容，继电器 J 选用 6V 直流接触器；RP 选用普通微调电位器，芯片 IC 可用 TWH8778 型电子开关或 TWH8752 型电子开关。

（4）制作和调试方法

本装置焊接无误后，将市电接至调压器的输入端，配合调压器并仔细调节 RP1，使继电器 J 在电压为 250V 时吸合，然后将本电路接入市电电网即可正常工作。

5.6.11　小型电子声光礼花器

节日和庆典时燃放礼花，其绚丽缤纷的图案、热烈的爆炸声、欢乐的气氛，能给人们留下美好的印象，但有一定的烟尘污染和爆炸危险隐患。本电路可以模拟礼花燃放装置，达到声形兼备的效果，给人们在安全、环保的环境中带来轻松愉快的氛围。电路结构新颖、元件不多、调试容易，适合自制。也可供小型企业工程技术人员开放设计参考。该装置可用于家庭庆典、朋友聚会、联欢晚会、儿童玩具及一些趣味性场所等。

（1）电路原理图

小型电子声光礼花器电路如图 5-94 所示。

（2）工作原理

采用该电路制作装置，由模拟礼花色彩的发光电路和模拟礼花爆炸声的发声电路两个部分组成。图中 IC1 为时基集成电路 555，由它构成方波发生器，发出的方波振荡信号分两路送出。一路送至十进制集成电路计数器 IC3（CD4017)作为触发信号，使其进行计数。每次计数的结果（CD4017 的 Q0～Q6 之一为"1"时），分别由二极管 D1～D12 传输到相应的集成电双向模拟开关 CD4066 的控制端，可使三个 CD4066（1）、（2）、（3）或单独或组合导通。这样 IC1 的方波信号就可以通过模拟开关驱动相应的三极管 T1～T3 饱和导通，点亮相应的发光二极管 LED1～LED3。

方波振荡信号驱动三极管时，要先经过一个由电阻 Rb 和电容 Cb 组成的微分电路，根据微分电路的特点，后接的三极管是在方波上升沿开始后导通，然后 Vb 点的电压按指数规律率减至 0，因此三极管驱动的 LED 也有一个从突然点亮而渐暗的短暂过程，这个过程的长短可由 Rb 和 Cb 的数值（时间常数）来调整。

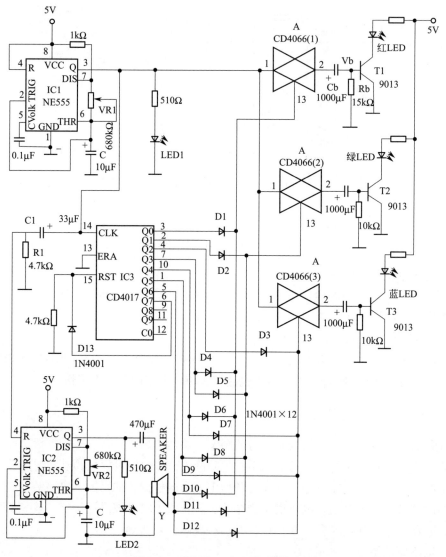

图 5-94　小型电子声光礼花器电路

　　CD4017 计数器的输出与 CD4066 模拟开关的接通状态即发光二极管 LED 的点亮情况由表 5-1 所示。当 CD4017 的 Q7 端为"1"时，计数器复位。随着 555 集成电路 IC1 的振荡信号不断产生，附表中所列现象循环出现，发光二极管发出的 7 种色彩（单色或三基色合成色）也循环不断，并且每种光色的点亮过程会有一种类似烟花闪烁后迅速熄灭的感觉。

表 5-1　发光二极管 LED 的点亮情况

CD4017 输出	CD4066	发光二极管
Q0	CD4066(1)	红 LED
Q1	CD4066(2)	绿 LED
Q2	CD4066(3)	蓝 LED
Q3	CD4066(1)、(2)	红 LED、绿 LED
Q4	CD4066(1)、(3)	红 LED、蓝 LED
Q5	CD4066(2)、(3)	绿 LED、蓝 LED
Q6	CD4066(1)、(2)、(3)	红 LED、绿 LED、蓝 LED

三极管 T1、T2、T3 都是由 RC 微分电路驱动的，如果将三极管 T1 改为 RC 积分电路（R 与 C 在电路中的位置互换）驱动则可使红 LED 在点燃时间上有一个后延，如此当两个以上 LED 都点亮时就会产生时序上的差异，产生动画般的层次感。

另一路模拟燃放礼花的声音由时基集成电路 555IC2 来完成，该电路同样也是一个振荡器，不过，其复位端 4 脚所接的电位器是由 IC1 输出的方波信号经过 R1 和 C1 组成的微分电路后产生的即从方波上升沿起及之后的一段时间内，IC2 的 4 脚才能保持高电平 "1"，并使其工作，所产生的振荡信号直接驱动扬声器和三极管驱动的 LED 点亮同步，发出类似礼花爆炸的声响。

（3）元器件选择与制作

IC1、IC2 选择 555 型集成电路，IC3 计数器选择 CD4017 等型集成电路，集成电路双向模拟开关可选择 CD4066 等型，LED1、LED2 可选择普通发光二极管，红、绿、蓝 3 个LED 应选择 ϕ5mm 以上的超高亮度发光二极管，其他元器件照电路图所给参数选择即可。

（4）制作与调试方法

电路只要安装正确便可正常工作，调整电位器 VR1 可改变 IC1 的振荡频率，以使每次礼花燃放期间有一个合适的短暂停顿，发光二极管 LED1 用于指示其工作状态。调整电位器VR2 可改变 IC2 的振荡频率，以使扬声器发出类似礼花的声响，LED2 用于指示其工作状态。

红、绿、蓝这 3 个发光二极管要呈三角形状装置在一起，使它们发光且能调色。在它们发光的前方安置一块由透光孔组成礼花图案的面板，其间距可在实验中调整。在夜晚关灯的房间内，当 LED 点亮时的各种彩光通过该面板投射到白纸或白墙时，就会产生色彩缤纷、星光灿烂、声形并茂的礼花效果。

5.6.12　开关直流稳压电源

本电路通过应用 TWH8778 型电子开关集成电路来实现直流稳压电源的作用。

（1）电路原理图

开关直流稳压电源电路如图 5-95 所示。

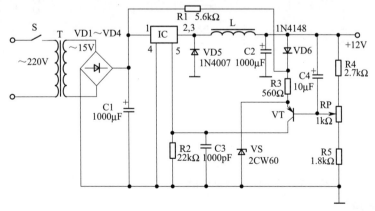

图 5-95　开关直流稳压电源电路

（2）工作原理

当开关 S 闭合后，220V 的交流电压通过 VD1～VD4 整流、电容器 C1 滤波后，分两路输出。一路加在 IC 集成电路的 1 脚,另一路通过电阻器 R1、R3 加在三极管 VT 的发射极端,使三极管 VT 处于饱和导通状态。此时集电极的电压(1.6V 以上)输出到 IC 集成电路的 5 脚,使得 IC 的内部电子开关导通,则 2、3 脚输出电压,使得电感器中电流增加,供给负载。

当输出电压达到 6V 时,稳压管 VS 击穿,电阻器 R3 上的电流增加,导致 R3 上的电压增加,当输出电压达到 12V 时,三极管 VT 从饱和状态变为放大状态。当输出电压超过 12V 时,三极管 VT 的发射极电压降低,使得集电极输出电压下降,当下降到 1.6V(即 IC 集成电路的 5 脚电位下降到 1.6V)时,IC 开关集成电路断开,电感器 L 的电流下降,输出电压也随着下降,当下降到 12V 时,三极管 VT 的集电极电位上升为 1.6V 以上,IC 集成电路再次导通,使得输出电压始终稳定在 12V。

(3) 元器件选择与制作

IC 选用 TWH8778 型电子开关集成电路;R1~R5 选用 RTX-1/4W 型碳膜电阻器;C1 选用耐压为 25V 的铝电解电容器,C2、C4 选用 CD11-16V 电解电容器,C4 选用 CT1 型高频瓷介电容器;VD1~VD4 选用 1N4004 硅型整流二极管,VD5 选用 1N4607 硅型整流二极管,VD6 选用 1N4148 硅型开关二极管;VS 选用 1N4106 或 2CW60 硅稳压二极管;RP 可用 WSW 型有机实心微调可变电阻器;其余器件可参考图上标注。

(4) 制作和调试方法

本电路结构简单,只要按照电路图焊接,选用的元器件无误,无需调试都能正常工作。稳压电源输出电压为 12V,电流为 1A。

5.6.13 采用 555 时基电路的过电压、过电流保护电路

本电路是一个通过 555 时基电路来对负载进行过电压、过电流的保护功能。

(1) 电路原理图

采用 555 时基电路的过电压、过电流保护电路电路如图 5-96 所示。

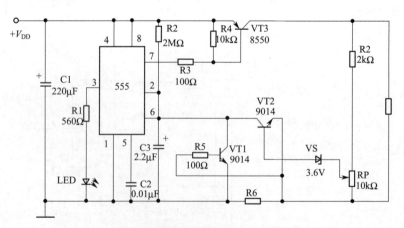

图 5-96 采用 555 时基电路的过电压、过电流保护电路

(2) 工作原理

在负载正常工作时,电源 V_{DD}、三极管 VT3、负载和电阻器 R6 形成回路,电源对负载进行供电。当负载上出现过电流现象时,负载电流的增加使得电阻器 R6 上的电位增加到 0.65~0.7V 时,电阻器 R6 上增加的电位加到了三极管 VT1 的基极使得 VT1 导通。此时,

555 时基电路的 6 脚、2 脚得到一个低电平，555 时基电路立刻置位，3 脚输出高电平，发光二极管 LED 点亮，同时，555 时基电路内的放电管截止，即 7 脚悬空，三极管 VT3 截止，电源和负载断开。电源和负载断开后，电源通过电阻器 R2 对电容器 C3 进行充电，当电容器 C3 两端的电压升到 2/3VDD 时，555 时基电路再次复位，三极管 VT3 导通，VT1、VT2 截止，电源重新加在负载两端，如果还处于过载电流情况下，将重复上述过程，直到负载上电流下降到正常值为止，从而达到了电路对负载的过电流保护作用。若负载上的电压过载了，负载上的过电压加到电阻器 R2 和可变电阻器 RP 上，使得稳压管 VS 正极的电位增加，导致稳压管击穿，使得三极管 VT2 导通，555 时基电路将处于置位状态，同样使得三极管 VT3 截止，达到了过压保护的作用。

（3）元器件选择与制作

555 电路选用 NE555、µA555、SL555 等时基集成电路；三极管 VT1、VT2 选用 9014 型硅 NPN 中功率三极管，三极管 VT3 选用 8550 型硅 PNP 中。功率三极管，要求电流放大系数 $\beta \geq 100$；LED 选用 ϕ5mm 红色发光二极管；R1～R6 选用 RTX-1/4W 型碳膜电阻器；RP 可用 WSW 型有机实心微调可变电阻器；C2 选用 CT1 型瓷介电容器；C1、C3 选用 CD11-25V 型的电解电容器；VS 选用 3.6V、1W 的 2CW105 硅稳压二极管。

（4）制作和调试方法

本电路在使用时可以通过调节电阻器 R6 的大小来控制过电流的大小，其中 R6 和最小过载电流 IS 大小关系可以用公式 R6＝（0.65～0.7）V/IS 估算。同时通过调节可变电阻器 RP 的大小能够设置过电压的大小。

5.6.14 电气设备调温、调速器

本例介绍的调温、调速器采用过零调功电路，可用于各种电热器具（例如电吹风、电饭锅、电熨斗等）的温度调节及串励电动机的调速。

（1）电路原理图

电气设备调温、调速器电路如图 5-97 所示。

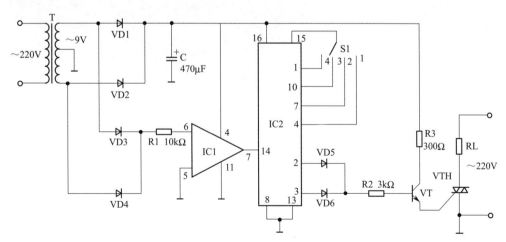

图 5-97 电气设备调温、调速器电路

（2）工作原理

该调温、调速器电路由电源电路，过零检测电路和功率调节电路组成，电源电路由电源

变压器 T，整流二极管 VD1、VD2 和滤波电容器 C 组成。过零检测电路由二极管 VD3、VD4，电阻器 R1 和运算放大器集成电路 IC1 组成。功率调节电路由计数/分配器集成电路 IC2，功率调节开关 S，二极管 VD5、VD6，电阻器 R2、R3，晶体管 VT 和晶闸管 VTH 组成。

交流 220V 电压经 T 降压、VD1 和 VD2 整流及 C 滤波后，产生 9V 直流电压，供给 IC1、IC2 和 V。VD3 和 VD4 整流后产生的脉动直流电压，经 R1 加至 IC1 的反相输入端上。当脉动电压过零（也就是交流电压过零）时，IC1 便输出过零脉冲。IC2 对 IC1 输出的过零脉冲进行计数和脉冲分配后，从 2 脚（Y1 端）和 3 脚（Y0 端）输出高电平触发脉冲，通过 V 来控制晶闸管 VT 的导通角来实现对负载功率的控制。

S 是 4 挡功率调节开关，它用来改变 IC2 的计数方式。当 S 置于"1"挡时，IC2 的 4 脚（Y2 端）通过 5 与 15 脚（复位端）相接，IC1 每输出一个过零脉冲，IC2 的 3 脚或 2 脚就会产生一个触发脉冲，此时 VT 的导通能力最强，负载（用电器）全功率工作；将 S 置于"3"挡时，IC2 的 10 脚（Y4 端）通过 5 与 15 脚相接，IC1 输出 4 个过零脉冲，IC2 才能产生两个触发脉冲，VT 的导通能力降为原来的 50%，负载半功率工作。

（3）元器件选择与制作

R1～R3 选用 1/4W 碳膜电阻器或金属膜电阻器。C 选用耐压值为 25V 的铝电解电容器。VD1～VD6 均选用 1N4007 型硅整流二极管。VT 选用 S9013 或 C8050、S8050 型硅 NPN 晶体管。VTH 选用 10A、600V 的双向晶闸管。IC1 选用 μA471 型运算放大器集成电路；IC2 选用 CD4017 或 CC4017、C187 等型号的十进制计数/脉冲分配器集成电路。T 选用 5～8W、二次电压为双 9V 的电源变压器。

（4）制作和调试方法

如器件选择无误，电路安装正确，焊接完成后，该电路无需调试即可直接使用。

参 考 文 献

[1] 陈学平. 电子技能实训教程. 北京：电子工业出版社，2013.

[2] 刘建清. 电子元器件识别与检测技术. 北京：国防工业出版社，2010.

[3] 王天曦. 电子工艺实习. 北京：电子工业出版社，2013.

[4] 杨清学. 电子产品组装工艺与设备. 北京：人民邮电出版社，2012.

[5] 李雪东. 电子产品制造技术. 北京：北京理工大学出版社，2011.

[6] 邱勇进. 电子制作基础与实践. 北京：化学工业出版社，2015.

[7] 蔡杏山. 零起步轻松学电子元器件. 北京：人民邮电出版社，2012.

[8] 陈振源. 电子产品制造技术. 北京：人民邮电出版社，2013.

[9] 张庆双. 实用电子电路208例. 北京：机械工业出版社，2010.

化学工业出版社电气类图书推荐

书号	书　名	开本	装订	定　价/元
19148	电气工程师手册(供配电)	16	平装	198
21527	实用电工速查速算手册	大32	精装	178
21727	节约用电实用技术手册	大32	精装	148
20260	实用电子及晶闸管电路速查速算手册	大32	精装	98
22597	装修电工实用技术手册	大32	平装	88
18334	实用继电保护及二次回路速查速算手册	大32	精装	98
25618	实用变频器、软启动器及PLC实用技术手册(简装版)	大32	平装	39
19705	高压电工上岗应试读本	大32	平装	49
22417	低压电工上岗应试读本	大32	平装	49
20493	电工手册——基础卷	大32	平装	58
21160	电工手册——工矿用电卷	大32	平装	68
20720	电工手册——变压器卷	大32	平装	58
20984	电工手册——电动机卷	大32	平装	88
21416	电工手册——高低压电器卷	大32	平装	88
23123	电气二次回路识图(第二版)	B5	平装	48
22018	电子制作基础与实践	16	平装	46
22213	家电维修快捷入门	16	平装	49
20377	小家电维修快捷入门	16	平装	48
19710	电机修理计算与应用	大32	平装	68
20628	电气设备故障诊断与维修手册	16	精装	88
21760	电气工程制图与识图	16	平装	49
21875	西门子S7-300PLC编程入门及工程实践	16	平装	58
18786	让单片机更好玩:零基础学用51单片机	16	平装	88
21529	水电工问答	大32	平装	38
21544	农村电工问答	大32	平装	38
22241	装饰装修电工问答	大32	平装	36
21387	建筑电工问答	大32	平装	36
21928	电动机修理问答	大32	平装	39
21921	低压电工问答	大32	平装	38
21700	维修电工问答	大32	平装	48
22240	高压电工问答	大32	平装	48
12313	电厂实用技术读本系列——汽轮机运行及事故处理	16	平装	58
13552	电厂实用技术读本系列——电气运行及事故处理	16	平装	58
13781	电厂实用技术读本系列——化学运行及事故处理	16	平装	58
14428	电厂实用技术读本系列——热工仪表及自动控制系统	16	平装	48
17357	电厂实用技术读本系列——锅炉运行及事故处理	16	平装	59
14807	农村电工速查速算手册	大32	平装	49
14725	电气设备倒闸操作与事故处理700问	大32	平装	48
15374	柴油发电机组实用技术技能	16	平装	78
15431	中小型变压器使用与维护手册	B5	精装	88
16590	常用电气控制电路300例(第二版)	16	平装	48
15985	电力拖动自动控制系统	16	平装	39
15777	高低压电器维修技术手册	大32	精装	98
15836	实用输配电速查速算手册	大32	精装	58
16031	实用电动机速查速算手册	大32	精装	78
16346	实用高低压电器速查速算手册	大32	精装	68
16450	实用变压器速查速算手册	大32	精装	58
16883	实用电工材料速查手册	大32	精装	78
17228	实用水泵、风机和起重机速查速算手册	大32	精装	58
18545	图表轻松学电工丛书——电工基本技能	16	平装	49
18200	图表轻松学电工丛书——变压器使用与维修	16	平装	48
18052	图表轻松学电工丛书——电动机使用与维修	16	平装	48
18198	图表轻松学电工丛书——低压电器使用与维护	16	平装	48

书号	书 名	开本	装订	定 价/元
18943	电气安全技术及事故案例分析	大32	平装	58
18450	电动机控制电路识图一看就懂	16	平装	59
16151	实用电工技术问答详解（上册）	大32	平装	58
16802	实用电工技术问答详解（下册）	大32	平装	48
17469	学会电工技术就这么容易	大32	平装	29
17468	学会电工识图就这么容易	大32	平装	29
15314	维修电工操作技能手册	大32	平装	49
17706	维修电工技师手册	大32	平装	58
16804	低压电器与电气控制技术问答	大32	平装	39
20806	电机与变压器维修技术问答	大32	平装	39
19801	图解家装电工技能100例	16	平装	39
19532	图解维修电工技能100例	16	平装	48
20463	图解电工安装技能100例	16	平装	48
20970	图解水电工技能100例	16	平装	48
20024	电机绕组布线接线彩色图册(第二版)	大32	平装	68
20239	电气设备选择与计算实例	16	平装	48
21702	变压器维修技术	16	平装	49
21824	太阳能光伏发电系统及其应用(第二版)	16	平装	58
23556	怎样看懂电气图	16	平装	39
23328	电工必备数据大全	16	平装	78
23469	电工控制电路图集(精华本)	16	平装	88
24169	电子电路图集(精华本)	16	平装	88
24306	电工工长手册	16	平装	68
23324	内燃发电机组技术手册	16	平装	188
24795	电机绕组端面模拟彩图总集(第一分册)	大32	平装	88
24844	电机绕组端面模拟彩图总集(第二分册)	大32	平装	68
25054	电机绕组端面模拟彩图总集(第三分册)	大32	平装	68
25053	电机绕组端面模拟彩图总集(第四分册)	大32	平装	68
25894	袖珍电工技能手册	大64	精装	48
25650	电工技术600问	大32	平装	68
25674	电子制作128例	大32	平装	48
29117	电工电路布线接线一学就会	16	平装	68
28158	电工技能现场全能通(入门篇)	16	平装	58
28615	电工技能现场全能通(提高篇)	16	平装	58
28729	电工技能现场全能通(精通篇)	16	平装	58
27253	电工基础	16	平装	48
27146	维修电工	16	平装	48
28754	电工技能	16	平装	48
27870	图解家装电工快捷入门	大32	平装	28
27878	图解水电工快捷入门	大32	平装	28

以上图书由化学工业出版社机械电气出版中心出版。如要以上图书的内容简介和详细目录，或者更多的专业图书信息，请登录 www.cip.com.cn。

地址：北京市东城区青年湖南街 13 号 （100011）

购书咨询：010-64518888

如要出版新著，请与编辑联系。

编辑电话：010-64519265

投稿邮箱：gmr9825@163.com